上海市水利建设工程质量检测

主　编　兰士刚
副主编　王　琦
上海市水务建设工程安全质量监督中心站
上　海　勘　测　设　计　研　究　院　有　限　公　司

同济大学出版社
2018 年 6 月

内 容 提 要

为了进一步规范上海市水利建设工程质量检测工作,结合上海市水利工程特点,本书编制组对水利部水利工程质量检测 200 余项参数进行逐次细化分析。编制组广泛调查研究,认真总结实践经验,参考国内、国际标准,征求了本市以及江苏、浙江、安徽等省有关水利专家意见,编制成书。

本书适合水利建设工程及相关专业的从业人员作为工程参考用书。

图书在版编目(CIP)数据

上海市水利建设工程质量检测/兰士刚主编. ——上海:同济
大学出版社,2018.7
  ISBN 978 - 7 - 5608 - 7923 - 9

Ⅰ.①上⋯ Ⅱ.①兰⋯ Ⅲ.①水利工程-质量检验-上海
Ⅳ.①TV512

中国版本图书馆 CIP 数据核字(2018)第 129521 号

上海市水利建设工程质量检测

主 编 兰士刚
副主编 王 琦

出 品 人:华春荣
责任编辑:胡晗欣
助理编辑:宋 立
责任校对:徐春莲
封面设计:陈益平

出版发行:同济大学出版社 www.tongjipress.com.cn
      (上海市四平路 1239 号 邮编:200092 电话:021 - 65985622)
经 销:全国各地新华书店、建筑书店、网络书店
排版制作:南京新翰博图文制作有限公司
印 刷:大丰科星印刷有限责任公司
开 本:787mm×1092mm 1/16
印 张:31
字 数:774 000
版 次:2018 年 7 月第 1 版   2018 年 7 月第 1 次印刷
书 号:ISBN 978 - 7 - 5608 - 7923 - 9
定 价:98.00 元

编 制 单 位 上海市水务建设工程安全质量监督中心站
上海勘测设计研究院有限公司

主要起草人 兰士刚 王 琦 黄 龙 包伟力 王 宵
李 杰 张鹏程 顾夏贤 陆天琳 顾俐格
陈文明 侯宗瑞 方远远 徐 兵 管利平
王茂盛 王 芳 曹国福 肖庆华 臧晶肆
苏 宇 朱 力 陈淑烨 池 赟 车友明
吴继伟 万浩然 张 睍 袁晓宇 陈 欢
宋桂华 张 靖 黄海俊 苏雨威 崔智童
王 江 郭树华 夏兵兵

前　　言

　　水利工程质量检测是运用现代化的检测技术和手段对水利工程质量进行准确、科学的检测、分析和判定的过程。2008年8月28日水利部部务会议审议通过《水利工程质量检测管理规定》(水利部36号令),并于2009年1月1日起施行。《水利工程质量检测管理规定》将水利工程质量检测分为岩土工程、混凝土工程、金属结构、机械电气、量测五大部分,列出了表征水利工程质量的检测参数共232项。

　　为了进一步规范上海市水利建设工程质量检测工作,加强对上海市水利行业检测机构的规范化管理,上海市水务建设工程安全质量监督中心站及上海勘测设计研究院有限公司组织相关人员,结合上海市水利工程特点,对水利工程质量检测的200余项检测参数进行了逐项细化分析,对部分常规检测参数的定义、适用范围以及参数在水利工程中的实际表征意义和在工程质量控制中的作用,进行了详细的说明。列出了各参数对应的相关行业标准及国家标准,同时对行业标准及国家标准中的试验参数、试验方法、数据处理、结果判定进行了详细的分析比较,并对水利工程质量检测参数常用标准中的检测方法、试验步骤进行了较为系统的阐述,对各检测参数所使用的原始记录表及检测报告样式进行了统一的编制和规范。本书紧密结合水利工程质量检测实际工作需要,便于读者快速地了解检测参数的含义、检测方法、选用标准等。本书对水利工程质量检测人员及水利工程建设相关从业人员有较高的参考价值。

　　本书共分为岩土工程、混凝土工程、金属结构、机械电气、量测5个部分,共18个章节。其中,岩土工程部分共4章,包括土工指标、岩石(体)指标、基础处理工程、土工合成材料指标;混凝土工程部分共8章,包括水泥、粉煤灰、粗骨料指标、混凝土指标、钢筋指标、砂浆指标、外加剂指标、沥青指标;金属结构部分共3章,包括锻件、焊接、材料质量与防腐涂层质量、制造安装质量、各式启闭机与清污机;机械电气部分共2章,包括水利机械、电气设备;量测部分为1章。附录部分包括各参数所使用的原始记录表及检测报告样式。

本书编制组经广泛调查研究，认真总结实践经验，参考了国内外众多标准，在编制过程中征求了本市以及江苏、浙江、安徽等省有关水利专家的宝贵意见，在此深表感谢。

限于本书涉及专业类别众多，加之编者水平有限，书中难免存在疏漏和不当之处，恳请读者给予批评指正。

编　者

2018 年 6 月

目 录

第二部分　混凝土工程类

第三部分　金属结构类

第五部分　量测类

附　　录

第一部分　岩土工程类

第1章 土工指标

土是地壳表层的岩石风化后产生的松散堆积物,在地壳表面分布极为广泛,土与各种工程建筑的关系十分密切,特别是在水利工程中,土更是被广泛地利用。如在土层上修筑坝、涵闸、渡槽、桥梁、码头等建筑物,土作为地基材料;修筑土质堤坝、路基和其他土工建筑物时,土被用作建筑材料;此外,如修建航道、沟渠、隧洞、地下厂房及地下管道等,土体则被用作建筑物周围介质和围护材料。土的性质对工程建筑的质量具有直接而又重大的影响。土是由颗粒(固相)、水(液相)和气(气相)所组成的三相松散材料。由于土体颗粒大小和矿物成分以及三相比例的不同,土体的物理化学性质也不相同,土的物理化学性质又在一定程度上决定了土的力学性质。因此,通过一系列的土工试验来确定土的物理、化学、力学性质,对于控制水利工程质量具有非常重要的意义。

1.1 含 水 率

1.1.1 定义

含水率:土的含水率是试样在105~110℃下烘到恒重时所失去的水质量与达恒重后干土质量的比值,以百分数表示,按式(1-1)计算:

$$w = \left(\frac{m}{m_d} - 1 \right) \times 100\% \tag{1-1}$$

式中　w——含水率(%);

　　　m——湿土质量(g);

　　　m_d——干土质量(g)。

土的含水率是土的基本物理指标之一,它反映土的干状态,含水率的变化将使土的一系列物理性质随之改变,它是建筑物地基、路堤、土坝等施工质量控制的重要指标。

1.1.2 适用范围

土的含水率试验适用于有机质(泥炭、腐殖质及其他)含量不超过干质量5%的土,当土中有机质含量在5%~10%时需注明有机质含量。

1.1.3 检测方法及原理(以水利行业标准为主)

水利行业标准采用的含水率试验方法包括烘干法(室内试验标准方法)、酒精燃烧法(适用于简易测定细粒土含水率)和比重法(适用于砂类土)。

1)烘干法

烘干法是通过烘箱将土样烘干至恒重后称量的方法,是室内测定含水率的标准方法。

主要试验步骤：取代表性试样 15～30 g 放置在烘箱内，105～110℃下烘干至恒重，称量并记录烘干前后两次土样的质量，然后计算土体含水率。本试验需进行 2 次平行测定，取其算术平均值。本试验记录格式见附表 1-1，检测报告格式见附录 1.2.1 节。

2）酒精燃烧法

酒精燃烧法是用酒精与土样混合，通过燃烧酒精去除土样内水分的方法，适用于简易测定细粒土含水率。

主要试验步骤：取代表性试样（黏质土 5～10 g，砂质土 20～30 g），放入称量盒内，称量湿土质量。将酒精注入试样，使酒精与试样充分混合，点燃酒精烧至火焰熄灭，三次燃烧后，称量干土质量，然后计算土体含水率。本试验需进行 2 次平行测定，取其算术平均值。本试验记录格式见附表 1-1，检测报告格式见附录 1.2.1 节。

3）比重法

比重法是利用土颗粒比重与水比重的差异来测定土体含水率的方法，适用于简易测定砂类土含水率。砂类土的比重可实测或根据一般资料估计。

主要试验步骤：取代表性砂质土试样 200～300 g，倒入玻璃瓶内，充分搅拌后加满清水称量。倒出混合液，再向瓶中加清水至全部充满，再次称量。按式（1-2）计算土样含水率。本试验记录格式见附表 1-2，检测报告格式见附录 1.2.1 节。

$$w = \left[\frac{m(G_s - 1)}{G_s(m_1 - m_2)} - 1 \right] \times 100\% \qquad (1-2)$$

式中　w——含水率（%）；

　　　m——湿土质量（g）；

　　　m_1——瓶、水、土、玻璃片质量（g）；

　　　m_2——瓶、水、玻璃片质量（g）；

　　　G_s——土粒比重。

1.1.4　检测标准

1）相关标准

水利行业标准：《土工试验规程》（SL 237—1999）。

交通行业标准：《公路土工试验规程》（JTG E40—2007）。

电力行业标准：《水电水利工程土工试验规程》（DL/T 5355—2006）。

国家标准：《土工试验方法标准》（GB/T 50123—1999）。

2）标准说明

土的含水率测定一般分为室内试验方法和室外试验方法，国家标准只包括了室内试验方法（烘干法），水利行业、交通行业、水利水电行业均包括了室内试验方法和室外试验方法，但各标准有较多不同之处，具体见表 1-1。

表 1-1 标准说明

标准号	测试方法	试验参数(烘干法)	备注
SL 237—1999	烘干法、酒精燃烧法、比重法	试样质量:15～30 g。 温度:105～110℃,有机质超过干土质量10%,65～70℃。 烘干时间:黏土类土≥8 h,砂类土≥6 h。 实验结果:2次平行试验取平均值;允许平行差值:含水率<10%为0.5%,10%～40%为1.0%,>40%为2.0%	适用于有机质含量不超过干质量5%的土,5%～10%需注明
JTG E40—2007	烘干法、酒精燃烧法、比重法	试样质量:细粒土15～30 g,砂类土有机质土50 g,砂砾石1～2 kg。 温度:105～110℃,有机质超过干土质量5%或含石膏的土,60～70℃。 烘干时间:细粒土≥8 h,砂类土≥6 h;有机质>5%或含石膏,12～15 h。 实验结果:2次平行试验取平均值;允许平行差值:含水率<5%为0.3%,5%～40%为≤1%,>40%为≤2%,层状和网状构造冻土<3%	适用于黏质土、粉质土、砂类土、砂砾石、有机质土和冻土
DL/T 5355—2006	烘干法、酒精燃烧法、炒干法	试样质量:细粒类土15～30 g;砂类土100～500 g,砾类土2 000～5 000 g。 温度:105～110℃,有机质超过干土质量10%,65～70℃。 烘干时间:细粒土≥8 h,粗粒土≥6 h。 实验结果:2次平行试验取平均值;允许平行差值:含水率<40%为1.0%,≥40%为2.0%	本试验方法适用于最大粒径不大于60 mm的各类土
GB/T 50123—1999	烘干法	试样质量:15～30 g,有机质土、砂类土和整体状构造冻土50 g。 温度:105～110℃,有机质超过干土质量5%,65～70℃。 烘干时间:黏土、粉土≥8 h,砂土≥6 h。 实验结果:2次平行试验取平均值;允许平行差值:含水率<40%为1.0%,≥40%为2.0%	适用于粗粒土、细粒土、有机质土和冻土。对于层状和网状构造冻土试验方法不同

1.2 比 重

1.2.1 参数定义

比重:土的颗粒比重是土在105～110℃下烘至恒值时的质量与土粒同体积4℃纯水质量的比值。

土粒比重是计算土的换算指标的一个必不可少的物理量。土的比重是土中各矿物的比

重之平均值,其值大小与组成土矿物的种类及其含量有关。土颗粒的平均比重,按式(1-3)计算:

$$G_{sm} = \cfrac{1}{\cfrac{p_1}{G_{s1}} + \cfrac{p_2}{G_{s2}}} \tag{1-3}$$

式中　G_{sm}——土颗粒平均比重;

　　　G_{s1}——粒径≥5 mm 的土颗粒比重;

　　　G_{s2}——粒径<5 mm 的土颗粒比重;

　　　p_1——粒径≥5 mm 的土颗粒质量占试样总质量的百分比(%);

　　　p_2——粒径<5 mm 的土颗粒质量占试样总质量的百分比(%)。

1.2.2　适用范围

(1)粒径小于 5 mm 的土,用比重瓶法进行。

(2)粒径大于 5 mm 的土,其中含粒径大于 20 mm 颗粒小于 10%时,用浮称法进行,含粒径大于 20 mm 颗粒大于 10%时,用虹吸筒法进行;粒径小于 5 mm 部分用比重瓶法进行,取其加权平均值作为土粒比重。

(3)一般土粒比重用纯水测定,对含可溶盐、亲水性胶体或有机质的土须用中性液体(如煤油)测定。

1.2.3　检测方法及原理(以水利行业标准为主)

水利行业标准采用的比重试验方法包括比重瓶法、浮称法和虹吸筒法。

1)比重瓶法

比重瓶法是通过测量同体积、同温度纯水与土颗粒质量的差值,来测定土颗粒比重的方法。

主要试验步骤:烘干比重瓶,将烘干土 15 g 装入 100 mL 比重瓶内称量,注纯水至瓶一半,将瓶在砂浴上煮沸一定时间,再将纯水注入比重瓶。将瓶外水分擦干,称量瓶、水、土总质量,称量后立即测出瓶内水的温度。根据测得的温度,从已绘制的温度与瓶、水总质量关系中查得瓶、水总质量。测定含有可溶盐、亲水性胶体或有机质的土比重时,用中性液体(如煤油等)代替纯水,用真空抽气法代替煮沸法。按式(1-4)计算土颗粒比重。本试验需进行 2 次平行测定,其平行差值不得大于 0.02,取其算术平均值。本试验记录格式见附表 1-3,检测报告格式见附录 1.2.1 节。

$$G_s = \frac{m_d}{m_1 + m_d - m_2} G_{wt} \tag{1-4}$$

式中　G_s——土粒比重;

　　　m_d——干土质量(g);

　　　m_1——瓶、水(或中性液体)总质量(g);

　　　m_2——瓶、水(或中性液体)、土总质量(g);

　　　G_{wt}——t ℃时纯水(或中性液体)的比重,精确至 0.001。

2）浮称法

浮称法是通过测量土体颗粒在水中的质量与在空气中的质量,来计算土颗粒比重的方法。

主要试验步骤:取粒径大于 5 mm 的代表性试样 500～1 000 g,冲洗试样,至颗粒表面无尘土和其他污物。将试样浸在水中 24 h 后取出,放入铁丝筐,缓缓浸没入水中,在水中摇晃至无气泡逸出。称量铁丝筐和试样在水中的总质量。取出试样烘干、称量。称量铁丝筐在水中质量,并立即测量容器内水温。按式(1-5)计算土颗粒比重。本试验需进行 2 次平行测定,其平行差值不得大于 0.02,取其算术平均值。本试验记录格式见附表 1-4,检测报告格式见附录 1.2.1 节。

$$G_s = \frac{m_d}{m_d - (m'_2 - m'_1)} G_{wt} \qquad (1-5)$$

式中　m'_1——铁丝筐在水中的质量(g);

　　　m'_2——试样加铁丝筐在水中的总质量(g);

　　　其余符号同式(1-4)。

3）虹吸筒法

虹吸筒法是通过测量土体颗粒排开水的体积及土颗粒质量,来计算土颗粒比重的方法。

主要试验步骤:取粒径大于 5 mm 的代表性试样 1 000～7 000 g。将试样冲洗至颗粒表面无尘土和其他污物。再将试样浸在水中 24 h 后取出,晾干(或用布擦干)其表面水分,称量。注清水入虹吸筒,至管口有水溢出时停止注水。待管口不再有水流出后,关闭管夹,将试样缓缓放入筒中,边放边搅,至无气泡逸出为止。待虹吸筒中水面平静后,开管夹,让试样排开的水通过虹吸管流入量筒中。称量筒与水的总质量,测量筒内水温。取出虹吸筒内试样,烘干称量。按式(1-6)计算土颗粒比重。本试验需进行 2 次平行测定,其平行差值不得大于 0.02,取其算术平均值。本试验记录格式见附表 1-5,检测报告格式见附录 1.2.1 节。

$$G_s = \frac{m_d}{(m_1 - m_0) - (m - m_d)} G_{wt} \qquad (1-6)$$

式中　m——晾干试样质量(g);

　　　m_1——量筒加水总质量(g);

　　　m_0——量筒质量(g);

　　　其余符号同式(1-4)。

1.2.4　检测标准

1）相关标准

水利行业标准:《土工试验规程》(SL 237—1999)。

交通行业标准:《公路土工试验规程》(JTG E40—2007)。

电力行业标准:《水电水利工程土工试验规程》(DL/T 5355—2006)。

国家标准:《土工试验方法标准》(GB/T 50123—1999)。

2）标准说明（表1-2）

表1-2 标准说明

标准号	测试方法	试验参数（比重瓶法）	备注
SL 237—1999	比重瓶法、浮称法、虹吸筒法	试样质量：15(12)g。 比重瓶容积：100(50)mL。 煮沸时间：砂及砂质粉土不应少于30 min，黏土及粉质黏土不应少于1 h。采用中性液体时，用真空抽气法排气，真空度接近一个大气压负压值，从达到1个大气压算起抽气时间1～2 h。 试验结果：2次平行试验取平均值，差值不大于0.02	比重瓶法适用于粒径小于5 mm的土；粒径大于5 mm且粒径大于20 mm颗粒小于10%时，用浮称法；粒径大于20 mm颗粒大于10%，用虹吸筒法；粒径小于5 mm部分用比重瓶法，取其加权平均值作为土粒比重
JTG E40—2007	比重瓶法、浮力法、浮称法、虹吸筒法	试样质量：15(12)g。 比重瓶容积：100(50)mL。 煮沸时间：砂及低液限黏土不应少于30 min，高液限黏土不应少于1 h。采用中性液体时，用真空抽气法排气，真空度宜为100 kPa，抽气时间1～2 h。 试验结果：2次平行试验取平均值，差值不大于0.02	粒径<5 mm的土采用比重瓶法；粒径≥5 mm且≥20 mm的土含量<10%总土质量，采用浮力法或浮称法；粒径≥5 mm且≥20 mm的土含量≥10%总土质量用虹吸筒法
DL/T 5355—2006	比重瓶法、浮称法、虹吸筒法	试样质量：15 g。 比重瓶容积：100 mL。 煮沸时间：砂类土不应少于30 min，黏土、粉土不应少于1 h。采用中性液体时，用真空抽气法排气，真空度宜为当地大气压的负压值，抽气时间不少于1 h。 试验结果：2次平行试验取平均值，差值不大于0.02	粒径≤5 mm的土采用比重瓶法；浮称法适用于粒径≥5 mm且>20 mm颗粒质量小于总质量10%的砾类土；虹吸筒法适用于粒径为5～60 mm的砾类土
GB/T 50123—1999	比重瓶法、浮称法、虹吸筒法	试样质量：15(10)g。 比重瓶容积：100(50)mL。 煮沸时间：砂土不应少于30 min，黏土、粉土不应少于1 h。采用中性液体时，用真空抽气法排气，真空度宜为当地大气压的负压值，抽气时间不少于1 h。 试验结果：2次平行试验取平均值，差值不大于0.02	比重瓶法适用于粒径<5 mm的土；浮称法适用于粒径≥5 mm且粒径>20 mm的颗粒质量小于总土质量的10%，虹吸筒法适用于粒径不小于5 mm，且>20 mm的颗粒质量不小于总土质量的10%

1.3 密 度

1.3.1 参数定义

密度：土的密度是土的单位体积的质量。

密度是土的基本物理指标之一，用它可以换算土的干密度、孔隙比、孔隙率、饱和度等指标。无论是在室内试验或野外勘察以及施工质量控制中，均须测定密度。

1.3.2 适用范围

本试验对一般黏质土，宜采用环刀法。土样易碎裂，难以切削，可采用蜡封法。

1.3.3 检测方法及原理（以水利行业标准为主）

水利行业标准采用的密度试验方法包括环刀法和蜡封法。

1）环刀法

环刀法是利用已知体积的环刀现场取土样，称量后计算土样密度的方法，是测量现场土样密度的传统方法。

主要试验步骤：按工程需要取原状土或制备所需状态扰动土样，整平其两端，将环刀内壁涂一薄层凡士林，刃口向下放在土样上。将环刀垂直下压至土样伸出环刀为止。将两端余土削去修平，取剩余的代表土样测定含水率。擦净环刀外壁后称量。按式(1-7)和式(1-8)计算密度及干密度。本试验需进行 2 次平行测定，其平行差值不得大于 0.03 g/cm³，取其算术平均值。本试验记录格式见附表 1-6，检测报告格式见附录 1.2.1 节。

$$\rho = \frac{m}{V} \tag{1-7}$$

$$\rho_d = \frac{\rho}{1 + 0.01w} \tag{1-8}$$

式中　ρ——密度（g/cm³）；

ρ_d——干密度（g/cm³）；

m——湿土质量（g）；

V——环刀容积（cm³）；

w——含水率（%）。

2）蜡封法

蜡封法是用蜡包裹土体，通过测定浮力来换算土体体积，同时测定土体质量及含水率来计算土体密度的方法。持线浸入刚过熔点的蜡中，全部浸没后提出。冷却后，称土加蜡质量。用线将试样吊在天平一端，浸没于纯水中称量，测记纯水温度。按式(1-8)和式(1-9)计算湿密度及干密度。本试验需进行 2 次平行测定，其平行差值不得大于 0.03 g/cm³，取其算术平均值。本试验记录格式见附表 1-7，检测报告格式见附录 1.2.1 节。

$$\rho = \frac{m}{\frac{m_1 - m_2}{\rho_{wt}} - \frac{m_1 - m}{\rho_n}} \qquad (1-9)$$

式中　ρ——密度(g/cm³);

m——湿土质量(g);

m_1——土加蜡质量(g);

m_2——土加蜡在水中的质量(g);

w——含水率(%);

ρ_{wt}——纯水在 t℃时的密度(g/cm³);

ρ_n——蜡的密度(g/cm³)。

1.3.4　检测标准

1) 相关标准

水利行业标准:《土工试验规程》(SL 237—1999)。

交通行业标准:《公路土工试验规程》(JTG E40—2007)。

电力行业标准:《水电水利工程土工试验规程》(DL/T 5355—2006)。

国家标准:《土工试验方法标准》(GB/T 50123—1999)。

2) 标准说明

土的密度测定分为室内试验方法和室外试验方法,水利行业及水利水电行业标准均只包括了环刀法和蜡封法两种室内试验方法。国家标准及交通行业标准还包括了室外试验方法,见表1-3。

表 1-3　标准说明

标准号	测试方法	试验参数(比重瓶法)	备注
SL 237—1999	环刀法、蜡封法	环刀:内径 61.8 mm,64 mm,高度 20 mm,40 mm,刃口厚度 0.3 mm。试验结果:2 次平行试验取平均值,差值不大于 0.03 g/cm³	环刀法适用于一般黏质土,土样易碎难切削可采用蜡封法
JTG E40—2007	环刀法、电动取土器法、蜡封法、灌水法、灌砂法	环刀:内径 6~8 cm,2~5.4 cm,壁厚 1.5~2.2 mm。试验结果:2 次平行试验取平均值,差值不大于 0.03 g/cm³	环刀法适用于细粒土;电动取土器法适用于硬塑土密度的快速测定;蜡封法适用于易碎裂或不规则的坚硬土;灌水法适用于现场测定粗粒土和巨粒土的密度;灌砂法适用于现场测定细粒土、砂类土和砾类土的密度
DL/T 5355—2006	环刀法、蜡封法	环刀:内径不宜小于 50 mm,高不宜小于 20 mm。试验结果:2 次平行试验取平均值,差值不大于 0.03 g/cm³	环刀法适用于细粒原状土洋和击实样;蜡封法适用于易碎裂土或不规则的坚硬土

标准号	测试方法	试验参数(比重瓶法)	备注
GB/T 50123—1999	环刀法、蜡封法、灌水法、灌砂法	环刀:内径 61.8 mm 和 79.8 mm,高度 20 mm。 试验结果:2 次平行试验取平均值,差值不大于 0.03 g/cm³	环刀法适用于细粒土;蜡封法适用于易碎裂土或不规则的坚硬土;灌砂法及灌水法适用于现场测定粗粒土的密度

1.4 颗 粒 级 配

1.4.1 参数定义

颗粒级配:土中各种粒组所占该土总质量的百分数。

颗粒级配表明土中颗粒大小分布情况,供土的分类及概略判断土的工程性质及选料之用。

1.4.2 适用范围

筛析法,适用于粒径大于 0.075 mm 的土;密度计法,适用于粒径小于 0.075 mm 的土;移液管法,适用于粒径小于 0.075 mm 的土;若土中粗细兼有,则联合使用筛析法及密度计法或移液管法。

1.4.3 检测方法及原理(以水利行业标准为主)

水利行业标准采用的颗粒分析试验方法包括筛析法、密度计法和移液管法。

1)筛析法

筛析法是利用规定孔径的试验筛去分离土样中不同粒组的颗粒,然后计算不同粒组的颗粒占土样总质量的百分比的方法。

主要试验步骤:从风干、松散的土样中,用四分法按规定取出代表性试样。对于无黏性土按以下步骤进行:将取好的试样过孔径为 2 mm 的细筛,分别称量出筛上和筛下土质量。取 2 mm 筛上试样倒入依次叠好的粗筛(2~60 mm)的最上层筛中,2 mm 筛下试样倒入依次叠好的细筛(0.075~2.0 mm)最上层筛中,进行筛析。试验筛宜放在振筛机上振摇,振摇时间为 10~15 min。振摇结束,依次称量留在各级筛网上的试样质量。

对于含有黏土粒的砂砾土按以下步骤进行:将土样中的土团充分碾散,置于清水中搅拌,使试样充分浸润和粗细颗粒分离,将浸润后的混合液过 2 mm 细筛,边搅拌边冲洗边过筛,将筛上土风干称量,进行粗筛筛析。将小于 2 mm 混合液的颗粒继续研磨,稍沉淀后,将上部悬液过 0.075 mm 筛,重复以上操作至悬液澄清。将粒径大于 0.075 mm 砂烘干称量,并进行细筛筛析。当粒径小于 0.075 mm 的试样质量大于总质量 10% 时,按密度计法或移液管法测定粒径小于 0.075 mm 的颗粒组成。

按式(1-10)计算小于某粒径的试样质量占试样总质量的百分数,并绘制颗粒大小分布曲线,以小于某粒径的试样质量占试样总质量的百分数为纵坐标,以粒径(mm)在对数横坐标上进行绘制。必要时按式(1-11)、式(1-12)计算不均匀系数 C_u 和曲率系数 C_c。本试验记录格式见附表 1-8,检测报告格式见附录 1.2.2 节。

$$x = \frac{m_A}{m_B} d_x \tag{1-10}$$

式中　x——小于某粒径的试样质量占总质量的百分数(%);

　　m_A——小于某粒径的试样质量(g);

　　m_B——细筛分析时或用密度计法分析时为所取的试样质量,粗筛分析时为试样总质量(g);

　　d_x——粒径小于 2 mm(或粒径小于 0.075 mm)的试样质量占试样总质量的百分比(%),粗筛分析时为 100%。

$$C_u = \frac{d_{60}}{d_{10}} \tag{1-11}$$

式中　C_u——不均匀系数;

　　d_{60}——限制粒径,在粒径分布曲线上小于该粒径的土含量占总土质量的 60% 的粒径(mm);

　　d_{10}——有效粒径,在粒径分布曲线上小于该粒径的土含量占总土质量的 10% 的粒径(mm)。

$$C_c = \frac{d_{30}^2}{d_{60} d_{10}} \tag{1-12}$$

式中　C_c——曲率系数;

　　d_{30}——在粒径分布曲线上小于该粒径的土含量占总土质量的 30% 的粒径(mm);

　　其余符号同式(1-11)。

2) 密度计法

密度计法是将一定质量的试样加入一定量的分散剂,混合成 1 000 mL 悬液,并使悬液中的土粒均匀分布,根据悬液中不同大小的土粒下沉速度快慢不一的原理,记录规定静置时刻的悬液密度,然后计算不同粒径范围的土粒所占总质量的百分比。

主要试验步骤:取干质量为 30 g 的风干土样(试样中易溶盐含量大于总质量 0.5% 应进行洗盐处理),将风干土样倒入锥形瓶中,注水 200 mL,浸泡过夜。将锥形瓶放在煮沸设备上煮沸约 1 h,将冷却的悬液倒入瓷杯静置 1 min,将上部悬液倒入量筒。杯底沉淀物研散,加水搅拌后静置 1 min,再将悬液倒入量筒,重复以上操作至上部悬液澄清。土中大于 0.075 mm 的颗粒超过试样总质量 15%,应使用 0.075 mm 筛冲洗,将洗筛上颗粒烘干称量,进行细筛分析。将悬液倒入量筒,加入分散剂,注纯水使悬液达 1 000 mL。用搅拌器将悬液上下充分搅拌 1 min,使悬液内土粒分布均匀。取出搅拌器同时放入密度计,测量固定时刻的密度计读数。按规范公式计算颗粒粒径及小于某粒径的试样质量占总质量的百分数。本试验记录格式见附表 1-9,检测报告格式见附录 1.2.2 节。

3) 移液管法

移液管法是将一定质量的试样加入一定量的分散剂,混合成 1 000 mL 悬液,并使悬液中的土粒均匀分布,根据悬液中不同大小的土粒下沉速度快慢不一的原理,计算规定粒径的下沉时间,按比例吸取这一时刻的悬液,蒸发浓缩半干、烘干后称量悬液中小于这一粒径土粒的质量,然后计算不同粒径范围的土粒所占总质量的百分比。

主要试验步骤:取代表性试样(黏质土 10~15 g,砂质土 20 g)按密度计法中的规定制备悬液。将盛试样悬液的量筒放入恒温浴槽中,记录悬液温度。按规范公式计算指定粒径所需下沉静置时间。根据静置时间,提前 10 s 将移液管放入悬液,浸入深度 10 cm,吸取悬液量不少于 25 mL。每吸取一组粒径悬液后必须重新搅拌,再吸取另一组粒径悬液。将悬液蒸发浓缩半干,在 105~110℃ 温度下烘干至恒重,称量干土质量。按式(1-13)计算小于某粒径的试样质量占试样总质量的百分数。本试验记录格式见附表 1-10,检测报告格式见附录 1.2.2 节。

$$X = \frac{m'_s V}{V_1 m_d} \times 100\%$$ (1-13)

式中 X——小于某粒径的试样质量占试样总质量的百分数(%);

　　 m'_s——吸取悬液中(25 mL)土粒的质量(g);

　　 m_d——试样干土质量(g);

　　 V——悬液总体积,$V = 1\,000$ mL;

　　 V_1——移液管每次吸取的悬液体积,$V_1 = 25$ mL。

1.4.4　检测标准

1)相关标准

水利行业标准:《土工试验规程》(SL 237—1999)。

交通行业标准:《公路土工试验规程》(JTG E40—2007)。

电力行业标准:《水电水利工程土工试验规程》(DL/T 5355—2006)。

国家标准:《土工试验方法标准》(GB/T 50123—1999)。

2)标准说明(表 1-4)

表 1-4　标准说明

标准号	测试方法	试验参数(干筛法)	备注
SL 237—1999	筛析法、密度计法、移液管法	粗筛(mm):圆孔,60,40,20,10,5,2。 细筛(mm):2.0,1.0,0.5,0.25,0.1,0.075。 振摇时间:10~15 min。 试验结果:振筛完成后,各级筛网收集的砂,与原质量差值不大于1%	筛析法适用于粒径大于 0.075 mm 的土;密度计法和移液管法适用于粒径小于 0.075 mm 的土
JTG E40—2007	筛析法、密度计法、移液管法	粗筛(mm):60,40,20,10,5,2。 细筛(mm):2.0,1.0,0.5,0.25,0.075。 振摇时间:10~15 min。 试验结果:振筛完成后,各级筛网收集的砂,与原质量差值不大于1%	筛析法适用于粒径 0.075~60 mm 的土;密度计法和移液管法适用于粒径小于 0.075 mm 的土

标准号	测试方法	试验参数(干筛法)	备注
DL/T 5355—2006	筛析法、密度计法、移液管法	筛(mm):60,40,20,10,5,2,1,0.5,0.25,0.075。 振摇时间:10～15 min。 试验结果:振筛完成后,各级筛网收集的砂,与原质量差值不大于1%	筛析法适用于粒径为0.075～60 mm的土;密度计法和移液管法适用于粒径小于0.075 mm的土
GB/T 50123—1999	筛析法、密度计法、移液管法	粗筛(mm):圆孔,60,40,20,10,5,2。 细筛(mm):2.0,1.0,0.5,0.25,0.075。 振摇时间:10～15 min。 试验结果:振筛完成后,各级筛网收集的砂,与原质量差值不大于1%	筛析法适用于粒径为0.075～60 mm的土;密度计法和移液管法适用于粒径小于0.075 mm的土

1.5 相 对 密 度

1.5.1 参数定义

相对密度:无黏性土处于最松状态的孔隙比与天然状态孔隙比之差和最松状态孔隙比与最紧密状态的孔隙比之差的比值,按式(1-14)计算:

$$D_r = \frac{e_{max} - e_0}{e_{max} - e_{min}} \qquad (1-14)$$

式中　D_r——相对密度;

　　　e_0——天然孔隙比或填土的相应孔隙比;

　　　e_{max}——最大孔隙比;

　　　e_{min}——最小孔隙比。

相对密度是无黏性土密实度的指标,它对于评价土作为土工构筑物和地基的稳定性,特别是抗震稳定性方面具有重要的意义。

1.5.2 适用范围

本试验适用于颗粒粒径小于5 mm而且能自由排水的砂砾土。

1.5.3 检测方法及原理(以水利行业标准为主)

水利行业标准采用的测试相对密度的试验方法包括最大孔隙比试验和最小孔隙比试验两部分。最大孔隙比试验用于测定无黏性土的最大孔隙比 e_{max},最小孔隙比试验用于测定无黏性土的最小孔隙比 e_{min}。本试验记录格式见附表1-11,检测报告格式见附录1.2.1节。

　　1)最大孔隙比试验(漏斗法)

最大孔隙比试验是利用漏斗和锥形塞杆,使砂样呈均匀松散堆积的状态,量测此时砂样体积,来计算砂样最大孔隙比。

主要试验步骤:取代表性烘干或充分风干试样,碾散并拌合均匀。称取试样 700 g,均匀倒入漏斗中,利用锥形塞杆使漏斗中的砂样缓慢且均匀分布地落入量筒中,然后测读砂样体积,将量筒口堵住,再将量筒倒转,然后缓慢转回原来位置,如此重复几次,记下体积的最大值。取上述两种方法测得的较大体积值,计算最小密度及最大孔隙比。试样最小干密度及最大孔隙比按式(1-15)、式(1-16)计算。

$$\rho_{dmin} = \frac{m_d}{V_{max}} \tag{1-15}$$

$$e_{max} = \frac{\rho_w G_s}{\rho_{dmin}} - 1 \tag{1-16}$$

式中　ρ_{dmin}——最小干密度(g/cm³);

m_d——试样干质量(g);

V_{max}——试样最大体积(cm³);

e_{max}——最大孔隙比;

ρ_w——水的密度(g/cm³);

G_s——土粒比重。

2)最小孔隙比试验(振打法)

最小孔隙比试验是利用振动叉和击锤将砂样振动击实,然后测量击实后的砂样体积,计算最小孔隙比。

主要试验步骤:取代表性烘干或充分风干试样,碾散并拌合均匀。称取试样 600~800 g,倒入 1 000 mL 容器内,用振动叉敲打容器两侧,同时用击锤击实试样,至试样体积不变为止(一般击 5~10 min)。用削土刀削去表面多余试样,称量容器内试样质量,并记录试样体积,计算最大密度及最小孔隙比。试样最小干密度及最大孔隙比按式(1-17)、式(1-18)计算。最小与最大密度均需进行 2 次平行测定,取其算术平均值,其平行差值不得超过 0.03 g/cm³。

$$\rho_{dmax} = \frac{m_d}{V_{min}} \tag{1-17}$$

$$e_{min} = \frac{\rho_w G_s}{\rho_{dmax}} - 1 \tag{1-18}$$

式中　ρ_{dmax}——最大干密度(g/cm³);

V_{min}——试样最大体积(cm³);

e_{min}——最大孔隙比;

其余符号同式(1-15)和式(1-16)。

1.5.4　检测标准

1)相关标准

水利行业标准:《土工试验规程》(SL 237—1999)。

交通行业标准:《公路土工试验规程》(JTG E40—2007)。

电力行业标准:《水电水利工程土工试验规程》(DL/T 5355—2006)。

国家标准:《土工试验方法标准》(GB/T 50123—1999)。

2) 标准说明

相对密度试验由最大孔隙比试验和最小孔隙比试验两部分组成,水利行业、国家标准及其他行业标准所采用的检测方法基本相同。

1.6 击 实 试 验

1.6.1 定义

击实试验:用标准的击实方法,测定土的密度与含水率的关系,从而确定土的最大干密度与最优含水率。击实试验可以为控制路堤、土坝或填土地基等的密实度及质量评价提供重要依据。

1.6.2 适用范围

本试验分为轻型击实试验和重型击实试验两种,轻型击实试验适用于粒径小于 5 mm的黏性土,重型击实试验适用于粒径小于 20 mm 的土。

1.6.3 检测方法及原理(以水利行业标准为主)

击实试验是用不同的击实功(锤重×落距×锤击次数)分别锤击不同含水率的土样,并测定相应的干容重,从而求得最大干容重、最优含水率的方法。根据击实功的不同,可以分为轻型击实试验和重型击实试验。

试样制备分为干法制备和湿法制备:干法制备是取一定量的代表性风干土样(轻型约20 kg,重型约 50 kg),碾散过筛(轻型过 5 mm 筛,重型 20 mm 筛)拌匀,并测定土样的风干含水率。根据预估塑限最优含水率,按依次相差约 2% 的含水率,加一定量的水制备一组(不少于 5 个)试样,静置一定时间。湿法制备是取天然含水率的代表性土样(轻型约 20 kg,重型约50 kg),碾散过筛(轻型过 5 mm 筛,重型过 20 mm 筛)拌匀,分别风干或加水至所要求的不同含水率。

试样击实:从制备好的试样中称取一定量的土料,分 3 层或 5 层倒入击实筒内并将土面整平,分层击实。击实后的每层试样高度应大致相等,两层交接面的土面应刨毛,击实完成后,超出击实筒顶的试样高度应小于 6 mm。

沿击实筒顶细心修平试样,拆除底板,擦净筒外壁,称量。用推土器从击实筒内推出试样,从试样中心处取 2 份土料(轻型为 15~30 g,重型为 50~100 g)平行测定土的含水率,称量精确至 0.01 g,平行误差不得超过 1%。重复以上试验步骤对其他含水率土样进行击实。

计算及制图:计算击实后各试样的含水率和干密度。以干密度为纵坐标,含水率为横坐标,绘制干密度与含水率的关系曲线。曲线上的峰值点的纵、横坐标分别代表土的最大干密度和最优含水率。如曲线不能给出峰值点,应进行补点试验。本试验记录格式见附表 1-12,检测报告格式见附录 1.2.3 节。

1.6.4 检测标准

1) 相关标准

水利行业标准:《土工试验规程》(SL 237—1999)。

交通行业标准:《公路土工试验规程》(JTG E40—2007)。

电力行业标准:《水电水利工程土工试验规程》(DL/T 5355—2006)。

国家标准:《土工试验方法标准》(GB/T 50123—1999)。

2) 标准说明(表1-5)

表 1-5 标准说明

标准号	测试方法	试验参数(湿法制样)	备注
SL 237—1999	轻型击实、重型击实	试样质量:轻型 20 kg,重型 50 kg。 试样数:不少于 5 个。 落锤:轻型 2.5 kg,落高 30.5 cm,击实功 592.2 kJ/m³;重型 4.5 kg,落高 45.7 cm,击实功 2 684.9 kJ/m³。 击实筒:内径 10.2 cm,高 11.6 cm(轻型);内径 15.2 cm,高 11.6 cm(重型)。 击实次数:轻型击实分 3 层,每层 25 击;重型击实分 5 层,每层 56 击。 击实完成超过筒顶试样高度应小于 6 mm	轻型击实适用于粒径小于 5 mm 的黏性土;重型击实试验适用于粒径小于 20 mm 的土
JTG E40—2007	轻型击实、重型击实	试样质量:轻型每个试样 3 kg,重型每个试样6 kg。 试样数:不少于 5 个。 落锤:轻型 2.5 kg,落高 30 cm,击实功 598.2 kJ/m³;重型 4.5 kg,落高 45 cm,击实功 2 687 kJ/m³。 击实筒:内径 10 cm,高 12.7 cm(轻型Ⅰ-1,重型Ⅱ-1);内径 15.2 cm,高 17 cm(轻型Ⅰ-2,重型Ⅱ-2)。 击实次数:轻型击实分 3 层每层 27(Ⅰ-1 型)[或 59(Ⅰ-2 型)]击;重型击实分 5 层,每层 27 击(或分 3 层,每层 98 击)。 击实完成后,小试筒试样不应高出筒顶 5 mm(大试筒 6 mm)	轻型击实适用于粒径不大于 20 mm 的土;重型击实试验适用于粒径不大于 40 mm 的土
DL/T 5355—2006	轻型击实、重型击实	试样质量:轻型 20 kg,重型 50 kg。 试样数:不少于 5 个。 落锤:轻型 2.5 kg,落高 30.5 cm,击实功 592.2 kJ/m³;重型 4.5 kg,落高 45.7 cm,击实功 2 687.9 kJ/m³。 击实筒:内径 10.2 cm,高 11.6 cm(轻型);内径 15.2 cm,高 11.6 cm(重型)。 击实次数:轻型击实分 3 层,每层 25 击;重型击实分 5 层,每层 56 击。 击实完成超过筒顶试样高度应小于 6 mm	轻型击实适用于粒径小于 5 mm 的黏性细粒类土;重型击实试验适用于粒径不大于 20 mm 的黏性粗粒类土

标准号	测试方法	试验参数（湿法制样）	备注
GB/T 50123—1999	轻型击实、重型击实	试样质量：轻型 20 kg，重型 50 kg。 试样数：不少于 5 个。 落锤：轻型 2.5 kg，落高 30.5 cm，击实功 592.2 kJ/m³；重型 4.5 kg，落高 45.7 cm，击实功 2 684.9 kJ/m³。 击实筒：内径 10.2 cm，高 11.6 cm（轻型）；内径 15.2 cm，高 11.6 cm（重型）。 击实次数：轻型击实分 3 层，每层 25 击；重型击实分 5 层，每层 56 击（或 3 层每层 94 击）。 击实完成超过筒顶试样高度应小于 6 mm	轻型击实试验适用于粒径小于 5 mm 的黏性土；重型击实试验适用于粒径小于 20 mm 的土

1.7　三轴压缩强度

1.7.1　定义

三轴压缩试验是测定土的抗剪强度的一种较为完善的方法，它通常用 3～4 个圆柱形试样，分别在不同的恒定周围压力（即小主应力 σ_3）下，施加轴向压力[即产生主应力差（$\sigma_1-\sigma_3$）]进行剪切直至破坏，然后根据摩尔-库仑理论，求得抗剪强度参数。

1.7.2　适用范围

三轴压缩试验适用于测定细粒土和砂类土的总抗剪强度参数和有效抗剪强度参数。根据排水条件的不同，本试验分为不固结不排水剪（UU）、固结不排水剪（CU 或 $\overline{\text{CU}}$）、固结排水剪（CD）。

（1）不固结不排水剪（UU）试验是在施加周围压力和增加轴向压力直至破坏过程中均不允许试样排水。本试验可以测得总抗剪强度参数 c_k，φ_k。

（2）固结不排水剪（CU 或 $\overline{\text{CU}}$）试验是试样先在某一周围压力作用下排水固结，然后在保持不排水的情况下，增加轴向压力直至破坏。本试验可以测得总抗剪强度参数 c_{cu}，φ_{cu} 或有效抗剪强度参数 c'，φ' 和孔隙压力系数。

（3）固结排水剪（CD）试验是试样先在某一周围压力作用下排水固结，然后在允许试样充分排水的情况下增加轴向压力直到破坏。本试验可以测得有效抗剪强度参数 c_d，φ_d 和变形参数。

1.7.3　检测方法及原理（以水利行业标准为主）

三轴压缩试验是将土制成圆柱体套在橡胶膜内，放在密封的压力室内，然后向压力室内压入水，使试件在各方向受到围压 σ_3，并在试验过程中保持不变，然后再通过传力杆对试件施加竖向压力，竖向压力逐渐增大直至试件受剪破坏。此时试件所受竖向应力为 σ_1，以 $\frac{\sigma'_1+\sigma'_3}{2}$ 为圆心，以 $\frac{\sigma'_1-\sigma'_3}{2}$ 为半径在 τ-σ 应力平面上绘制一组破损应力圆，并绘制不同围压下破损应力圆的包线,即可求得土样抗剪强度参数。

主要试验步骤:

(1)试样制备和饱和。

试样直径为 39.1 mm,61.8 mm,101.0 mm,试件高径比(H/D)应为 2.0~2.5。根据不同的土样特性,采用不同的方法制成规定尺寸的土样,同时测定试样密度和含水率。制样完成后根据不同土样特性,可分别采用抽气饱和、水头饱和、二氧化碳饱和及反压力饱和方式进行土样饱和。

(2)试样安装和固结。

不固结不排水剪试验(UU 试验):在压力室底座上,依次放上不透水板、试样及不透水试样帽,将橡皮膜用承膜筒套在试样外,并用橡皮圈将橡皮膜两端与底座及试样帽分别扎紧。安装好压力室罩,将活塞杆对准试样中心,向压力室内注满纯水,关闭排水阀及孔隙压力阀,开围压阀,施加所需围压。旋转手轮,同时转动活塞,使试样帽与活塞杆及测力计接触,将轴向测力计和轴向位移计读数调零。

固结不排水剪试验(测孔隙压力,$\overline{\text{CU}}$试验):压力室底座上依次放上透水板、湿滤纸、试样、湿滤纸、透水板,试样周围贴浸水的滤纸条 7~9 条,用承膜筒将试样套膜并安装在底座上。打开孔隙水压力阀和量管阀,使水缓慢地从试样底部流入,排除试样与橡皮膜之间的气泡,关闭孔隙水压力阀和量管阀,打开排水阀,使试样帽中充水,排除管路中气泡,将试样帽置于试样顶端,将橡皮膜扎紧在试样帽上。降低排水管,使其水面至试样中心高程以下 20~40 cm,排出试样与橡皮膜之间的多余水分,然后关排水阀。安装好压力室罩,放低排水管使水面与试样中心齐平,测记其水面读数,关闭排水管阀。开孔隙水压力阀,使孔隙水压力等于大气压力,关孔隙水压力阀,将孔隙水压力调至接近围压,施加围压后打开孔隙水压力阀,稳定后测定孔隙水压力。打开排水阀,直至孔隙水压力消散 95% 以上,固结完成,关排水阀,测记孔隙水压力和排水管水面读数。

固结排水剪试验(CD 试验):试样安装和固结与固结不排水剪试验相同,但在剪切过程中打开排水阀。

(3)试样剪切。

试验机电动机启动之前,按规定将阀门关闭或开启,根据不同试验和土样选择不同剪切速率。开动电机,每隔一定时间测记测力计读数和轴向位移计读数,当出现峰值时,再继续剪切 3%~5% 轴向应变,若测力计读数无明显减少,则剪切至轴向应变增大 15%~20%。$\overline{\text{CU}}$试验(测孔隙压力),测读轴向位移计时应同时测读孔隙压力计的读数;CD 试验,测读轴向位移计时,应同时测读体变管读数或排水管读数。

本试验记录格式见附表 1-13,检测报告格式见附录 1.2.1 节。

1.7.4 检测标准

1)相关标准

水利行业标准:《土工试验规程》(SL 237—1999)。

交通行业标准:《公路土工试验规程》(JTG E40—2007)。

电力行业标准:《水电水利工程土工试验规程》(DL/T 5355—2006)。

国家标准:《土工试验方法标准》(GB/T 50123—1999)。

2) 标准说明(表1-6)

表1-6　标准说明

标准号	测试方法	试验参数	备注
SL 237—1999	不固结不排水剪、固结不排水剪、固结排水剪	试样尺寸：直径 39.1 mm，61.8 mm，101.0 mm，高径比 2.0～2.5。 试样数：3～4个。 试样制备：原状土(切削法)、扰动土(击实法)、冲填土(土膏法)、砂类土。 试样饱和：抽气饱和、水头饱和、二氧化碳饱和、反压饱和。 剪切应变速率：UU试验 0.5%/min～1.0%/min；$\overline{CU}$试验(测孔隙压力)粉质土 0.1%/min～0.5%/min，黏质土 0.05%/min～0.1%/min，高密度黏性土＜0.05%/min；CU试验 0.5%/min～1.0%/min；CD试验0.003%/min～0.012%/min	三轴压缩试验适用于测定细粒土和砂类土的总抗剪强度参数和有效抗剪强度参数
JTG E40—2007	不固结不排水剪、固结不排水剪、固结排水剪	试样尺寸：最小直径 35 mm，最大直径 101.0 mm，高径比 2.0～2.5。 试样数：3～4个。 试样制备：原状土(切削法)、扰动土(击实法)、砂类土。 试样饱和：抽气饱和、水头饱和、反压饱和。 剪切应变速率：UU试验 0.5%/min～1.0%/min；$\overline{CU}$试验(测孔隙压力)粉质土 0.1%/min～0.5%/min，黏质土 0.05%/min～0.1%/min；CD试验 0.003%/min～0.012%/min	三轴压缩试验适用于测定细粒土和砂类土的总抗剪强度参数和有效抗剪强度参数
DL/T 5355—2006	不固结不排水剪、固结不排水剪、固结排水剪	试样尺寸：最小直径 35 mm，高径比 2.0～2.5。 试样制备：原状土(切削法)、扰动土(击实法)、砂类土。 试样饱和：抽气饱和、水头饱和、反压饱和。 剪切应变速率：UU试验 0.5%/min～1.0%/min；$\overline{CU}$试验(测孔隙压力)其他类土 0.1%/min～0.5%/min，黏质土 0.05%/min～0.1%/min；CD试验 0.003%/min～0.012%/min	三轴压缩试验适用于测定细粒土和砂类土的总抗剪强度参数和有效抗剪强度参数
GB/T 50123—1999	不固结不排水剪、固结不排水剪、固结排水剪	试样尺寸：最小直径 35 mm、最大直径 101.0 mm，高径比 2.0～2.5。 试样数：3个以上。 试样制备：原状土(切削法)、扰动土(击实法)、砂类土。 试样饱和：抽气饱和、水头饱和、反压饱和。 剪切应变速率：UU试验 0.5%/min～1.0%/min。$\overline{CU}$试验(测孔隙压力)粉质土 0.1%/min～0.5%/min，黏质土 0.05%/min～0.1%/min。CD试验 0.003%/min～0.012%/min	三轴压缩试验适用于测定细粒土和粒径小于 20 mm 的粗粒土的总抗剪强度参数和有效抗剪强度参数

1.8 渗透系数

1.8.1 定义

渗透系数定义为单位水力梯度下的单位流量,表示流体通过孔隙骨架的难易程度。渗透系数是综合反映土体渗透能力的一个指标。影响渗透系数大小的因素很多,主要取决于土体颗粒的形状、大小、不均匀系数和水的黏滞性等,不同种类的土,渗透系数差别很大。

1.8.2 适用范围

土的渗透系数的变化范围很大,渗透系数的测定应采用不同的方法。
(1) 常水头渗透试验,适用于粗粒土(砂质土)。
(2) 变水头渗透试验,适用于细粒土(黏质土和粉质土)。

1.8.3 检测方法及原理(以水利行业标准为主)

1) 常水头渗透试验

常水头渗透试验是在整个试验过程中保持试样上、下游水头不变的方法。主要试验步骤:取代表性的风干试样 3~4 kg,将试样分层装入圆筒内,每层 2~3 cm,用木锤轻击实到一定厚度,以控制其孔隙比。保持土样上、下游水头不变,待水头差和流量稳定后,量测经过一定时间 t 内流经试样的水量。然后保持上游水头不变,调节下游水头,改变水头差,重复测定一定时间 t 内流经试样的水量。按式(1-19)、式(1-20)计算渗透系数。取 3~4 个在允许差值范围内的数值,求其平均值,即为试样在该孔隙比 e 时的渗透系数。

$$k_T = \frac{QL}{AHt} \tag{1-19}$$

$$k_{20} = k_T \frac{\eta_T}{\eta_{20}} \tag{1-20}$$

式中　k_T——水温 T ℃时试样的渗透系数(cm/s);

　　　Q——时间 t 秒内的渗透水量(cm^3);

　　　L——两测压孔中心的试样高度(10 cm);

　　　H——试样两侧水头差(cm);

　　　A——试样过水面积(cm^2);

　　　t——水量收集时间(s);

　　　k_{20}——标准温度(20℃)时试样的渗透系数(cm/s);

　　　η_T——T ℃时水的动力黏滞系数[kPa·s(10^{-6})];

　　　η_{20}——20℃时水的动力黏滞系数[kPa·s(10^{-6})]。

2) 变水头渗透试验

变水头渗透试验是在整个试验过程中水头差一直随时间变化的试验方法。主要试验步骤:根据需要用环刀在垂直或平行土样层面切取原状试样或扰动土制备成给定密度的试样,并进行充分饱和。把装好试样的渗透容器与水头装置连通,在一定水头作用下静置一段时间,待出水管有水溢出,将水头管内充水至需要的高度,关止水夹,测记起始水头 h_1,同时开动秒表,经过时间 t 后,再测记终止水头 h_2,测记 2～3 次后,使水头管水位充水回升至需要高度,再连续测记,共需测记 6 次,试验终止,同时测记试验开始与终止时水温。按式(1－20)、式(1－21)计算渗透系数,取 3～4 个在允许差值范围内的数值,求其平均值,即为试样在该孔隙比 e 时的渗透系数。

$$k_T = 2.3\frac{aL}{At}\lg\frac{h_1}{h_2} \tag{1-21}$$

式中　k_T——水温 T℃时试样的渗透系数(cm/s);

　　　a——变水头管截面积(cm^2);

　　　L——渗径,等于试样高度(cm);

　　　h_1——开始时水头(cm);

　　　h_2——终止时水头(cm);

　　　A——试样的截面积(cm^2);

　　　t——时间(s)。

本试验记录格式见附表 1－14 和附表 1－15,检测报告格式见附录 1.2.1 节。

1.8.4　检测标准

1)相关标准

水利行业标准:《土工试验规程》(SL 237—1999)。

交通行业标准:《公路土工试验规程》(JTG E40—2007)。

电力行业标准:《水电水利工程土工试验规程》(DL/T 5355—2006)。

国家标准:《土工试验方法标准》(GB/T 50123—1999)。

2)标准说明

渗透试验根据土质不同一般分为常水头渗透试验和变水头渗透试验,水利行业、国家标准及其他行业标准所采用的检测方法基本相同。

1.9　固　结　试　验

1.9.1　定义

固结试验:测定土体在外力作用下排水、排气、气泡压缩性质的一种测试方法。

固结试验用于测定试样在侧限与轴向排水条件下的变形和压力,或孔隙比和压力的关系,变形和时间的关系,以便计算土的压缩系数 a_v、压缩指数 C_c、回弹指数 C_s、压缩模量 E_s、固结系数 C_v 及原状土的先期固结压力 p_c 等,为估算建筑物沉降量及历经不同时间的固结度提供必备的计算参数,例如土的固结系数 C_v 越大,土的固结速度越快。

1.9.2　适用范围

固结试验适用于饱和的黏质土,当只进行压缩试验时,允许用于非饱和土。对于渗透性较大的细粒土,若计算沉降要求精度不高,且不需要求固结系数时,可采用快速固结试验法。

1.9.3 检测方法及原理(以水利行业标准为主)

固结试验是将土样放在金属环刀内,在侧限条件下施加法向压力,观察土在不同压力下的压缩变形量,以测定土的压缩性指标。

1) 标准固结试验

主要试验步骤:根据工程需要,切取原状土试样或制备给定密度与含水率的扰动土试样,测定试样含水率及密度。将带有环刀的试样装入固结容器内,试样上下需放置滤纸及透水板。确定需要施加的各级压力,如需测定沉降速率,加压后按规定时间顺序测记量表读数至稳定为止。不需要测定沉降速率时,稳定标准规定为每级压力下固结 24 h。测记稳定读数后,再施加第 2 级压力。依次逐级加压至试验结束。当需要做回弹试验时,可在某级压力下固结稳定后卸压,直至卸至第 1 级压力。每次卸压后的回弹稳定标准与加压相同,并测记每级压力及最后一级压力的回弹量。试验结束后,取出试样,测定试验后含水率。分别按式(1-22)~式(1-26)计算试样的初始孔隙比 e_0、各级压力下固结稳定后的孔隙比 e_i、压缩系数 a_v、压缩模量 E_s 和体积压缩系数 m_v。以孔隙比 e 为纵坐标,压力 p 为横坐标,绘制孔隙比 e 与压力 p(或 $\lg p$)的关系曲线。根据 e-$\lg p$ 曲线可以求出先期固结压力。根据孔隙比 e 与 $\lg p$ 的关系可以计算压缩指数 C_c 及回弹指数 C_s。固结系数 C_v 根据时间平方根法或时间对数法求得。

$$e_0 = \frac{\rho_w G_s (1 + 0.01 w_0)}{\rho_0} - 1 \tag{1-22}$$

$$e_i = e_0 - (1 + e_0) \frac{\Delta h_i}{h_0} \tag{1-23}$$

式中　G_s——土粒比重;

ρ_w——水的密度(g/cm³);

ρ_0——试样的初始密度(g/cm³);

w_0——试样的初始含水率(%)。

e_i——某级压力下的孔隙比;

Δh_i——某级压力下试样高度变化(cm);

h_0——试样初始高度(cm)。

$$a_v = \frac{e_i - e_{i+1}}{p_{i+1} - p_i} \tag{1-24}$$

$$E_s = \frac{1 + e_0}{a_v} \tag{1-25}$$

$$m_v = \frac{1}{E_s} = \frac{a_v}{1 + e_0} \tag{1-26}$$

式中,p_i 为某一压力值(kPa)。

2) 快速固结试验

快速固结法规定试样在各级压力下的固结时间为 1 h,仅在最后一级压力下,除测记 1 h

的量表读数外,还应测读压缩稳定时的量表读数,稳定标准为量表读数每小时变化不大于0.005 mm。

3)应变控制加荷固结试验

本方法是试样在侧限和轴向排水条件下,采用应变速率控制连续加荷确定试样的固结量和固结速率,适用于饱和细粒土。

主要试验步骤:将试样安装在固结仪实验装置上,对试样施加1 kPa预压力,使仪器上下各部件接触,调整孔隙水压力传感器和位移传感器至零位或初始读数。选择适宜的应变速率,其标准应使试样底部产生的孔隙水压力在试验时的任何时间为施加垂直应力的3%~20%。在所选的常应变速率下,施加轴向荷载,使产生轴应变。按规范规定时间采集轴荷载、超孔隙水压力和变形值数据。连续加荷直到预期应力或应变为止。当要求回弹或卸荷特性时,试样在等于加荷时的应变速率条件下卸荷,关闭孔压量测系统,按规定时间间隔记录轴向荷载和变形。回弹完成后,打开孔压量测系统,监测孔隙水压力,并允许其消散。所有试验完成后,取出试样,称量、烘干,求得干密度及含水率。按规范要求计算各土的压缩性指标。本试验原始记录表见附表1-16,检测报告格式见附录1.2.1节。

1.9.4 检测标准

1)相关标准

水利行业标准:《土工试验规程》(SL 237—1999)。

交通行业标准:《公路土工试验规程》(JTG E40—2007)。

电力行业标准:《水电水利工程土工试验规程》(DL/T 5355—2006)。

国家标准:《土工试验方法标准》(GB/T 50123—1999)。

2)标准说明(表1-7)

表1-7 标准说明

标准号	测试方法	试验参数	备注
SL 237—1999	标准固结试验、快速固结试验、应变控制加荷固结试验	试样尺寸:环刀内径61.8 mm,79.8mm,高度20 mm。 法向压力:12.5、25、50、100、200、400、800、1 600、3 200 kPa。 稳定条件:至少24 h(标准固结试验);每小时变形不大于0.005 mm(快速固结试验);达到指定应变(应变控制加荷固结试验)	固结试验适用于饱和的黏质土,当只进行压缩试验时,允许用于非饱和土
JTG E40—2007	单轴固结仪法、快速试验法	试样尺寸:环刀内径61.8 mm,79.8 mm,高度20 mm。 法向压力:25,50,100,200,300,400 kPa。 稳定条件:24 h,最后1小时变形量不超过0.01 mm(单轴固结仪法);各级荷载压缩时间1 h,最后1 h变形量不超过0.01 mm	单轴固结仪法适用于饱和黏质土,当只进行压缩时,允许用于非饱和土;快速实验法适合于确定饱和黏质土的各项土性指标

标准号	测试方法	试验参数	备注
DL/T 5355—2006	标准固结试验、快速固结试验、应变控制加荷固结试验	试样尺寸：环刀内径 61.8 mm，79.8 mm，高度 20 mm。 法向压力：12.5，25，50，100，200，400，800，1 600，3 200 kPa。 稳定条件：24 h（标准固结试验）；每小时变形不大于 0.005 mm（快速固结试验）；达到指定应变（应变控制加荷固结试验）	固结试验适用于饱和的细粒土，进行压缩试验时，允许用于非饱和土；快速法适用于饱和或非饱和细粒类土的压缩试验；应变控制连续加荷固结试验适用于饱和的细粒类土
GB/T 50123—1999	标准固结试验、应变控制加荷固结试验	试样尺寸：环刀内径 61.8 mm，79.8 mm，高度 20 mm。 法向压力：12.5，25，50，100，200，400，800，1 600，3 200 kPa。 稳定条件：至少 24 h（标准固结试验）；达到指定应变（应变控制加荷固结试验）	固结试验适用于饱和的细粒土，进行压缩试验时，允许用于非饱和土；应变控制连续加荷固结试验适用于饱和的细粒类土

1.10 休 止 角

1.10.1 定义

休止角：无黏性土在松散状态堆积时其坡面与水平面所形成的最大倾角。休止角反映了无黏性土的内摩擦特性和散落性能。

1.10.2 适用范围

本试验适用于无黏性土在风干状态或水下状态下的休止角测定。

1.10.3 检测方法及原理（以水利行业标准为主）

主要操作步骤：取代表性的充分风干试样若干，并选取相应的圆盘，将带铁杆的圆盘置入装有试样的底盘内，用小勺沿圆盘铁杆四周倾倒试样，直至圆盘外缘完全盖满为止。缓慢提升圆盘至离开底盘内试样为止，测记此时锥顶与铁杆接触处的刻度。水下状态休止角测定，将盛土圆盘缓慢沉入水槽内，然后按规范注入试样，再缓慢提升圆盘至锥顶端到达水面，测记此时锥顶与铁杆接触处的刻度。按式（1－27）计算休止角。本试验需进行 2 次平行测定，取算术平均值，以整数（°）表示。本试验记录格式见附表 1－17，检测报告格式见附录1.2.1 节。

$$\tan a_0 = \frac{2h}{d} \qquad (1-27)$$

式中　h——试样堆积圆锥高度（cm）；

　　　d——圆锥底面直径（cm）。

1.10.4 检测标准

1) 相关标准

水利行业标准：《土工试验规程》(SL 237—1999)。

电力行业标准：《水电水利工程土工试验规程》(DL/T 5355—2006)。

2) 标准说明

无黏性土休止角试验，只在水利行业标准及电力行业标准中列出，试验方法基本一致，所使用的圆盘尺寸及试验结果略有不同。

1.11 有 机 质

1.11.1 定义

有机质：以碳、氮、氢、氧为主体，还有少量的硫、磷以及金属元素组成的有机化合物的通称。

1.11.2 适用范围

本试验方法适用于有机质含量不超过 150 g/kg(15%)的土。

1.11.3 检测方法及原理(以水利行业标准为主)

本试验采用重铬酸钾容量法测定其中的有机碳含量，再乘以经验系数 1.724 换算成有机质含量，并以 1 kg 烘干土中所含有机质的克数表示，单位为 g/kg。

主要试验步骤：首先标定硫酸亚铁(或硫酸亚铁铵)标准溶液，当试样中含有机碳小于 8 mg 时，用分析天平称取剔除植物根并通过 0.15 mm 筛的风干试样 0.1~0.5 g，放入干燥的试管底部，用滴定管缓慢滴入重铬酸钾标准溶液 10 mL，摇匀，并在试管口插入小漏斗。将试管放在 190℃ 左右的油浴锅内，试管内温度控制在 170~180℃，煮沸 5 min，取出冷却。将试管内试液倒入锥形瓶内，用纯水洗净试管内部，控制试液在 60 mL，加入 3~5 滴邻啡罗啉指示剂，用硫酸亚铁标准溶液滴定，当溶液由黄色经绿色突变至橙红色时为止。记下硫酸亚铁标准溶液用量，精确至 0.01 mL。试样试验的同时，应采用纯砂进行空白试验。按式(1-28)计算有机质含量。

$$W_u = \frac{0.003 \times 1.724 \times C_F \times (V_2 - V_1)}{m_d \times 10^{-3}} \tag{1-28}$$

式中 W_u——有机质含量(g/kg)；

$\quad\quad C_F$——硫酸亚铁标准溶液浓度(mol/L)；

$\quad\quad V_2$——测定试样时硫酸亚铁标准溶液用量(mL)；

$\quad\quad V_1$——空白试验时硫酸亚铁标准溶液用量(mL)；

$\quad\quad m_d$—— 烘干土质量(g)。

本试验记录格式见附表 1-18，检测报告格式见附录 1.2.1 节。

1.11.4 检测标准

1）相关标准

水利行业标准：《土工试验规程》(SL 237—1999)。

交通行业标准：《公路土工试验规程》(JTG E40—2007)。

电力行业标准：《水电水利工程土工试验规程》(DL/T 5355—2006)。

国家标准：《土工试验方法标准》(GB/T 50123—1999)。

2）标准说明

有机质试验在水利行业、国家标准及其他行业标准所采用的检测方法基本相同,均采用重铬酸钾容量法测定。

第2章 岩石(体)指标

岩石是一种自然造物,其形成受地质作用支配,这是岩石与其他人工制造的材料和结构物的根本不同之处。由于岩石是地质历史的产物,在漫长的地质历史中,建造之后又经历了多次改造,形成了各种地质构造形迹,如断层、节理、裂隙等。结构面和结构体的组合称为岩体,不包含结构面的结构体称为岩块。

由于岩块相对完整,因此可以作为一种均质材料,即具有连续性、均匀性、各向同性。而岩体由于包含了结构面,不是一种均质材料,因此岩体的基本属性是非连续、非均匀、各向异性的。另外,岩体赋存于地应力和地下水环境中,这也是岩体不同于一般材料的重要特征。

水利工程岩石试验包括岩石物理力学性质试验、岩体强度和变形试验、岩体应力测试、岩石声波测试以及工程岩体观测等内容。

2.1 颗 粒 密 度

2.1.1 定义

颗粒密度:岩石固体矿物颗粒部分的单位体积内的质量,按式(2-1)计算。

$$\rho_s = \frac{m_s}{v_s} \qquad (2-1)$$

式中 ρ_s——颗粒密度(g/cm^3);

m_s——岩石的固体部分的质量(g);

v_s——固体体积(cm^3)。

岩石的颗粒密度是选择建筑材料、研究岩石风化、评价地基基础工程岩体稳定性及确定围岩压力等必需的计算指标。

2.1.2 适用范围

岩石颗粒密度试验可分为比重瓶法和水中称量法。比重瓶法适用于各类岩石,水中称量法适用于除遇水崩解、溶解和干缩湿胀以及密度小于 1 g/cm^3 的岩石以外的其他各类岩石。

2.1.3 检测方法及原理(以水利行业标准为主)

水利行业采用的岩石颗粒密度试验方法包括比重瓶法和水中称量法。

1)比重瓶法

主要试验步骤:将岩石试件(每个试件质量不宜小于 150 g)用粉碎机或研钵粉碎成岩

粉,使之全部通过 0.25 mm 筛孔,用磁铁吸去铁屑。将制备好的岩粉放置在烘箱内,在 105～110℃温度下烘干至恒重。四分法取代表性试样 15 g,将岩粉装入烘干的比重瓶内,注入试液(纯水或煤油)至比重瓶容积的一半处。将经过排除气体的试液注入比重瓶至近满,塞好瓶塞,排除多余液体,称量瓶、试液和岩粉的总质量,同时测量瓶内试液温度。洗净比重瓶,注入与试验同温度的试液,称瓶和试液的总质量。然后按式(2-2)计算岩石颗粒密度。本试验需进行 2 次平行测定,取其算术平均值。本试验记录格式见附表 2-11,检测报告格式见附录 2.2.1 节。

$$\rho_s = \frac{m_s}{m_1 + m_s - m_2}\rho_w \qquad (2-2)$$

式中 ρ_s——岩石颗粒密度(g/cm^3);

m_s——烘干岩粉质量(g);

m_1——瓶、试液总质量(g);

m_2——瓶、试液、岩粉总质量(g);

ρ_w——与试验温度同温度的试液密度(g/cm^3)。

2) 水中称量法

主要试验步骤:对试件进行烘干、自然吸水和强制饱和。将强制饱和试件置于水中称量装置上,称量试件在水中的质量,并测量水温。按式(2-3)计算岩石颗粒密度。本试验需进行 2 次平行测定,取其算术平均值。本试验记录格式见附表 2-2,检测报告格式见附录 2.2.1 节。

$$\rho_s = \frac{m_s}{m_s - m_w}\rho_w \qquad (2-3)$$

式中 ρ_s——岩石颗粒密度(g/cm^3);

m_s——烘干岩粉质量(g);

m_w——强制饱和试件在水中的称量(g);

ρ_w——与试验温度同温度的试液密度(g/cm^3)。

2.1.4 检测标准

1) 相关标准

水利行业标准:《水利水电工程岩石试验规范》(SL 264—2001)。

电力行业标准:《水电水利工程岩石试验规程》(DL/T 5368—2007)。

交通行业标准:《公路工程岩石试验规程》(JTG E41—2005)。

国家标准:《工程岩体试验方法标准》(GB/T 50266—2013)。

2) 标准说明

岩石颗粒密度主要采用比重瓶法,国家标准、电力行业标准和交通行业标准只包括了比重瓶法的试验方法,水利行业标准还包括了水中称量法的试验方法,所有的比重瓶法大致相同,见表 2-1。

表 2-1　标准说明

标准号	测试方法	试验参数(比重瓶法)	备注
SL 264—2001	比重瓶法 水中称量法	试样质量:15 g。 温度:105~110℃。 烘干时间:≥6 h。 实验结果:2次平行试验取平均值。 允许平行差值:0.02 g/cm³	—
DL/T 5368—2007	比重瓶法	试样质量:15 g。 温度:105~110℃。 烘干时间:≥6 h。 实验结果:2次平行试验取平均值。 允许平行差值:0.02 g/cm³	—
JTG E41—2005	比重瓶法	试样质量:15 g。 温度:105~110℃。 烘干时间:6~12 h。 实验结果:2次平行试验取平均值。 允许平行差值:0.02 g/cm³	—
GB/T 50266—2013	比重瓶法	试样质量:15 g。 温度:105~110℃。 烘干时间:≥6 h。 实验结果:2次平行试验取平均值。 允许平行差值:0.02 g/cm³	—

2.2　含　水　率

2.2.1　定义

岩石含水率:指试件烘到恒重时所失去水的质量和试件干质量的比值,以百分数表示,按公式(2-4)计算:

$$w = \frac{m - m_s}{m_s} \times 100\%$$

(2-4)

式中　w——岩石含水率(%);

　　　m——试件烘干前的质量(g);

　　　m_s——试件烘干后的质量(g)。

岩石含水率可间接地反映岩石中空隙的多少、岩石的致密程度等特性。

2.2.2　适用范围

本试验适用于不含矿物结晶水和含矿物结晶水的岩石。

2.2.3　检测方法及原理(以水利行业标准为主)

各行业采用的岩石含水率试验方法均为烘干法。

主要试验步骤:试件制备,试件应在现场采取,不得采用爆破取样,室内不得采用湿法加工,试件在采取、运输、存储和制备过程中,含水率的变化不应超过1%。试件尺寸应大于组成岩石最大颗粒粒径的10倍。试件质量不得小于40 g,每组试件数量不宜少于6个。

取代表性试样,对于不含矿物结晶水的岩石,在105～110℃温度下烘干至恒重,对于含矿物结晶水的岩石,在40℃±5℃烘干至恒重。称量并记录烘干前后的质量,然后计算岩石含水率,本试验需进行6次平行测定,取其算术平均值。本试验记录格式见附表2-3,检测报告格式见附录2.2.1节。

2.2.4 检测标准

1) 相关标准

水利行业标准:《水利水电工程岩石试验规范》(SL 264—2001)。

电力行业标准:《水电水利工程岩石试验规程》(DL/T 5368—2007)。

交通行业标准:《公路工程岩石试验规程》(JTG E41—2005)。

国家标准:《工程岩体试验方法标准》(GB/T 50266—2013)。

2) 标准说明

相关标准的岩石含水率均采用烘干法,但各标准有些许不同之处,具体见表2-2。

表 2-2 标准说明

标准号	测试方法	试验参数(烘干法)
SL 264—2001	烘干法	试样质量:≥40 g。 温度:不含矿物结晶水的岩石,105～110℃,含矿物结晶水的岩石,40±5℃。 烘干时间:24 h。 实验结果:6次平行试验取平均值,结果精确至0.01
DL/T 5368—2007	烘干法	试样质量:40～60 g。 温度:不含矿物结晶水的岩石,105～110℃,含矿物结晶水的岩石,55～65℃。 烘干时间:24 h。 实验结果:5次平行试验取平均值,结果精确至0.01
JTG E41—2005	烘干法	试样质量:≥40 g。 温度:不含矿物结晶水的岩石,105～110℃,含矿物结晶水的岩石,55～65℃。 烘干时间:不含矿物结晶水的岩石,12～24 h,含矿物结晶水的岩石,24～48 h。 实验结果:5次平行试验取平均值,精确至0.1%
GB/T 50266—2013	烘干法	试样质量:40～200 g。 温度:105～110℃。 烘干时间:24 h。 实验结果:5次平行试验取平均值,结果精确至0.01

2.3 饱和与天然抗压强度

岩石的抗压强度是反映岩石力学性能的主要指标之一。它在岩体工程分类、建筑材料选择及工程岩体稳定性评价计算中都是必不可少的指标。岩石的抗压强度包括单轴抗压强度和三轴压缩强度。

2.3.1 定义

单轴抗压强度：岩石试件在无侧限条件下受轴向荷载作用出现压缩破坏时，单位面积上所承受的轴向作用力。岩石抗压强度是反映岩石力学特征的重要参数，是划分岩石级别和评定岩石质量的重要指标，也是岩体工程和建筑物基础设计的重要参数。

三轴压缩强度：岩石试件在三向压应力状态下受轴向力作用破坏时，单位面积所承受的载荷。实际工程中，岩体一般都处于三向应力状态，因此研究岩石在三向应力状态下的破坏准则、强度和变形特性，能较确切地反映出工程岩体本构特征和客观条件，对工程岩体的评价更为符合实际情况，特别是对软岩的强度研究更为突出。

2.3.2 适用范围

单轴抗压强度试验适用于制备成规则试件的各类岩石。

三轴压缩强度试验适用于能制成圆柱体试件的各类岩石。

2.3.3 检测方法及原理（以水利行业标准为主）

水利行业标准的岩石抗压强度包括单轴抗压强度和三轴压缩强度。

1）单轴抗压强度

主要试验步骤：根据要求选择天然状态、烘干状态或饱和状态的试件，量取试件尺寸，将制备好的试件置于试验机承压板中心，对正上、下承压板，不得偏心。以 0.5～1.0 MPa/s 的速度加载直至破坏。按式（2-5）、式（2-6）计算岩石单轴抗压强度及软化系数，本试验需进行 3 次平行测定，取其算术平均值。本试验记录格式见附表 2-4，检测报告格式见附录 2.2.1 节。

$$R = \frac{P}{A} \tag{2-5}$$

$$\eta = \frac{\overline{R_w}}{\overline{R_d}} \tag{2-6}$$

式中　R——岩石单轴抗压强度（MPa）；

$\quad\quad P$——破坏载荷（N）；

$\quad\quad A$——试件截面面积（mm^2）；

$\quad\quad \eta$——软化系数；

$\quad\quad \overline{R_w}$——饱和状态下单轴抗压强度平均值（MPa）；

$\overline{R}_d$——干燥状态下单轴抗压强度平均值(MPa)。

2)三轴压缩强度

主要试验步骤:对制备好的试件采取防油措施,然后根据要求装好试件,排出压力室内的空气,先以 0.05 MPa/s 的加载速率同步施加侧向和轴向压力至预定的压力值,并保持侧向压力在试验过程中始终不变。再以 0.5~1.0 MPa/s 的加载速率施加轴向载荷直至试件破坏,记录试验全过程的轴向载荷和变形值。按式(2-7)~式(2-9)分别计算轴向应力、轴向应变及横向应变,本试验需进行 5 次平行测定,取其算术平均值。本试验记录格式见附表 2-5,检测报告格式见附录 2.2.1 节。

$$\sigma_1 = \frac{P}{A} \qquad (2-7)$$

$$\varepsilon_{hu} = \frac{U_{hp}}{H} \qquad (2-8)$$

$$\varepsilon_{du} = \frac{U_{dp}}{D} \qquad (2-9)$$

式中　σ_1——轴向应力(MPa);

P——轴向破坏载荷(N);

A——试件截面面积(mm^2);

ε_{hu}——轴向应变;

U_{hp}——试件轴向压缩变形量(mm);

H——试件高度(mm);

ε_{du}——横向应变;

U_{dp}——试件横向变形(mm);

D——试件直径(mm)。

2.3.4　检测标准

1)相关标准

水利行业标准:《水利水电工程岩石试验规范》(SL 264—2001)。

电力行业标准:《水电水利工程岩石试验规程》(DL/T 5368—2007)。

交通行业标准:《公路工程岩石试验规程》(JTG E41—2005)。

国家标准:《工程岩体试验方法标准》(GB/T 50266—2013)。

2)标准说明

水利行业、电力行业和国家标准均包括了单轴抗压强度和三轴压缩强度的试验方法,交通行业标准只有单轴抗压强度试验方法,各标准略有不同,具体见表 2-3。

表 2－3　标准说明

标准号	单轴抗压强度	三轴压缩强度
SL 264—2001	试件尺寸：直径或边长为48~54 mm的圆柱体或方柱体，高度与直径或边长之比为2.0~2.5。 加载速率：0.5~1.0 MPa/s。 实验结果：3次平行试验取平均值，并列出每个试验值，强度取三位有效数字，软化系数精确到0.01	试件尺寸：直径或边长为48~54 mm的圆柱体或方柱体，高度与直径或边长之比为2.0~2.5。 加载速率：先以0.05 MPa/s施加侧压和轴压至预定值，再以0.5~1.0 MPa/s施加轴压至破坏。 实验结果：5次平行试验取平均值
DL/T 5368—2007	试件尺寸：直径为48~54 mm的圆柱体，高径比为2.0~2.5。 加载速率：0.5~1.0 MPa/s。 实验结果：3次平行试验取平均值，强度取三位有效数字	试件尺寸：直径为试验机承压板直径的0.98~1.00，高径比为2.0~2.5。 加载速率：先以0.05 MPa/s施加侧压和轴压至预定值，再以0.5~1.0 MPa/s施加轴压至破坏。 实验结果：5次平行试验取平均值
JTG E41—2005	试件尺寸：建筑地基用：直径50 mm±2 mm，高径比2:1的圆柱体；桥梁工程用：边长70 mm±2 mm的立方体；路面工程用：直径或边长和高均为50 mm±2 mm的圆柱体或立方体。 加载速率：0.5~1.0 MPa/s。 实验结果：强度取6次平行试验平均值，并列出每个试验值，精确到0.1 MPa，软化系数取3次平行试验平均值，允许平行差值不超过20%，精确到0.01	—
GB/T 50266—2013	试件尺寸：直径为48~54 mm的圆柱体，高径比为2.0~2.5。 加载速率：0.5~1.0 MPa/s。 实验结果：3次平行试验取平均值，强度取三位有效数字，软化系数精确到0.01	试件尺寸：直径为试验机承压板直径的0.96~1.00，高径比为2.0~2.5。 加载速率：先以0.05 MPa/s施加侧压和轴压至预定值，再以0.5~1.0 MPa/s施加轴压至破坏。 实验结果：5次平行试验取平均值

2.4　抗剪强度

2.4.1　定义

抗剪强度：岩石在剪切载荷作用下破坏时所能承受的最大剪应力。研究抗剪强度可以为大坝、边坡和地下洞室岩体稳定性分析提供抗剪强度参数。岩石抗剪强度按试验方法的不同分为岩石直剪强度和岩石三轴抗剪强度。岩石直剪强度又分为抗剪断强度和抗剪（摩擦）强度，室内剪切试验通常测定的是抗剪断强度。研究岩石抗剪强度的目的主要是为大坝、边坡和地下洞室岩体稳定性分析提供抗剪强度参数。

2.4.2 适用范围

本试验适用于岩块、结构面和混凝土与岩块接触面。

2.4.3 检测方法及原理(以水利行业标准为主)

检测方法为水利行业标准采用的平推法。

主要试验步骤:制备边长不小于 150 mm 的立方体或直径不小于 150 mm 的圆柱体试样,安装试件,受剪切方向宜与工程岩体受力方向一致。然后按要求分级施加法向载荷,记录法向位移,再分级施加剪切载荷直至破坏,记录剪切位移,按式(2-10)及式(2-11)分别计算法向应力及剪应力。

$$\sigma = \frac{P}{A} \qquad\qquad (2-10)$$

$$\gamma = \frac{Q}{A} \qquad\qquad (2-11)$$

式中 σ——法向应力(MPa);

  γ——剪应力(MPa);

  P——法向载荷(N);

  Q——剪切载荷(N);

  A——有效剪切面积(mm^2)。

本试验记录格式见附表 2-6,检测报告格式见附录 2.2.1 节。

2.4.4 标准说明

1)相关标准

水利行业标准:《水利水电工程岩石试验规范》(SL 264—2001)。

电力行业标准:《水电水利工程岩石试验规程》(DL/T 5368—2007)。

交通行业标准:《公路工程岩石试验规程》(JTG E41—2005)。

国家标准:《工程岩体试验方法标准》(GB/T 50266—2013)。

2)标准说明

水利行业、电力行业、交通行业和国家标准的抗剪强度均采用直剪强度,各标准略有不同,具体见表 2-4。

表 2-4 标准说明

标准号	测试方法	试验参数	备注
SL 264—2001	平推法	试件尺寸:边长≥150 mm 的立方体或者直径≥150 mm 的圆柱体。 试件数量:≥5 个。 法向载荷:无须固结的可一次性施加,需固结的分 5 级施加。 剪切载荷:分 10~12 级施加	—

标准号	测试方法	试验参数	备注
DL/T 5368—2007	平推法	试件尺寸：边长≥150 mm 的立方体或者直径≥150 mm 的圆柱体。 试件数量：5 个。 法向载荷：无须固结的一次性施加，需固结的分 1～3 级施加。 剪切载荷：分 8～12 级施加	—
JTG E41—2005	平推法	试件尺寸：边长≥50 mm 的立方体或者直径≥50 mm 的圆柱体，也可采用不规则试件。 试件数量：≥5 个。 法向载荷：无须固结的可一次性施加，需固结的分 5 级施加。 剪切载荷：分 10～12 级施加	至少用 3 个试件做剪切平行测定
GB/T 50266—2013	平推法	试件尺寸：边长≥50 mm 的立方体或者直径≥50 mm 的圆柱体。 试件数量：≥5 个。 法向载荷：无须固结的一次性施加，需固结的分 1～3 级施加。 剪切载荷：分 8～12 级施加	—

2.5 弹 性 模 量

2.5.1 定义

弹性模量：岩石的弹性模量是指在单轴压缩应力条件下，轴向应力与轴向应变之比。岩石是由多种造岩矿物组成的非弹性、非塑性和非均质的多种介质的集合体，其力学属性十分复杂，往往表现出弹性、塑性和黏性等复合性质，因此岩石具有与金属类弹性材料不同的独特的变形特性，弹性模量就是用来表示这种变形特性。

2.5.2 适用范围

本试验可分为电阻应变片法和千分表法，适用于能制成规则试件的各类岩石，坚硬和较坚硬的岩石宜采用电阻应变片法，较软岩宜采用千分表法，对于变形较大的软岩和极软岩，可采用百分表测量变形。

2.5.3 检测方法及原理（以水利行业标准为主）

1) 电阻应变片法

主要试验步骤：制备直径或边长为 48～54 mm 的圆柱体或方柱体，选择合适的电阻应变片，在试件互相垂直的两对面分别贴上纵、横向应变片，然后焊接导线。再将试件置于试验机进行调平，以 0.5～1.0 MPa/s 的速率加载，逐级测量载荷与应变值，直至试件破坏，测值不少于 10 组。绘制应力与纵向应变和横向应变关系曲线,按式(2-12)计算应力,按式(2-13)计算弹性模量。本试验记录格式见附表 2-7,检测报告格式见附录 2.2.1 节。

$$\sigma = \frac{P}{A} \qquad\qquad (2-12)$$

$$E = \frac{\sigma_b - \sigma_a}{\varepsilon_{1b} - \varepsilon_{1a}} \qquad\qquad (2-13)$$

式中　σ——应力(MPa);

　　　P——载荷(N);

　　　A——试件截面面积(mm^2);

　　　E——弹性模量(MPa);

　　　σ_b——应力与纵向应变关系曲线上直线段终点的应力值(MPa);

　　　σ_a——应力与纵向应变关系曲线上直线段起点的应力值(MPa);

　　　ε_{1b}——应力为 σ_b 时的纵向应变值;

　　　ε_{1a}——应力为 σ_a 时的纵向应变值。

2) 千分表法

主要试验步骤:制备直径或边长为 48~54 mm 的圆柱体或方柱体。对于较软岩,可直接将测量表架安装在试件上;对于软岩和极软岩,可将测表安装在磁性表架上,磁性表架安装在下承压板上,纵向测表表头与上承压板边缘接触,横向测表表头与试件接触,测读初始值,对应的测表安装在对称位置。再将试件置于试验机进行调平,以 0.5~1.0 MPa/s 的速率加载,逐级测读载荷与应变值,直至试件破坏,测值不少于 10 组。绘制应力与纵向应变和横向应变关系曲线,按式(2-13)计算弹性模量,按式(2-14)、式(2-15)计算纵、横向应变。本试验记录格式见附表 2-8,检测报告格式见附录 2.2.1 节。

$$\varepsilon_h = \frac{\sum_1^4 (U_h - U_{h0})}{4L} \qquad\qquad (2-14)$$

$$\varepsilon_d = \frac{\sum_1^4 (U_d - U_{d0})}{2D} \qquad\qquad (2-15)$$

式中　ε_h——纵向应变;

　　　ε_d——横向应变;

　　　U_h——纵向测表读数(mm);

　　　U_d——横向测表读数(mm);

　　　U_{h0}——纵向测表初始读数(mm);

　　　U_{d0}——横向测表初始读数(mm);

　　　L——纵向测量标距(mm);

　　　D——试件直径、横向测量标距(mm)。

2.5.4　标准说明

1) 相关标准

水利行业标准:《水利水电工程岩石试验规范》(SL 264—2001)。

电力行业标准:《水电水利工程岩石试验规程》(DL/T 5368—2007)。

交通行业标准:《公路工程岩石试验规程》(JTG E41—2005)。

国家标准:《工程岩体试验方法标准》(GB/T 50266—2013)。

2) 标准说明

水利行业、电力行业、交通行业和国家标准均规定了电阻应变片法和千分表法的试验方法。根据多年经验,用千分表法测量岩石的变形特性,具有操作比较简单、试验周期较短的优点。在此对各标准的千分表法进行比较,具体见表2-5。

表 2-5 标准说明

标准号	测试方法	试验参数(千分表法)	备注
SL 264—2001	电阻应变片法 千分表法	试件尺寸:直径或边长为48~54 mm的圆柱体或方柱体,高度与直径或边长之比为2.0~2.5。 试样数量:≥3个。 实验结果:以应力与纵向应变关系曲线上直线段的斜率来表示弹性模量	—
DL/T 5368—2007	电阻应变片法 千分表法	试件尺寸:直径为48~54 mm的圆柱体,高度与直径之比为2.0~2.5。 试样数量:3个。 实验结果:以应力与纵向应变关系曲线上直线段的斜率来表示弹性模量	—
JTG E41—2005	电阻应变片法 千分表法	试件尺寸:直径为50±2 mm,高径比为2:1的圆柱体。 试样数量:6个。 实验结果:在应力与纵向应变关系曲线上找加载最大值的0.8倍和0.2倍的点做割线,以此割线的斜率来表示弹性模量	其中3个试件测定单轴抗压强度
GB/T 50266—2013	电阻应变片法 千分表法	试件尺寸:直径为48~54 mm的圆柱体,高度与直径之比为2.0~2.5。 试样数量:3个。 实验结果:以应力与纵向应变关系曲线上直线段的斜率来表示弹性模量	—

2.6 抗 拉 强 度

2.6.1 定义

抗拉强度:岩石试件在外力作用下抵抗拉应力的能力,为岩石试件拉伸破坏时的极限载荷与受拉截面积的比值。拉伸断裂是岩体破坏的主要类型之一,因此岩石的抗拉强度是岩石的重要特性之一,是地下洞室、隧道工程和岩质边坡等岩体工程设计的重要参数。

2.6.2 适用范围

本试验采用劈裂法,适用于能制成规则试件的各类岩石。

2.6.3 检测方法及原理(以水利行业标准为主)

主要试验步骤:通过试件直径的两端,在试件的侧面沿轴线方向画两条加载基线,将两根垫条沿加载基线固定。将试件置于试验机承压板中心调平,以 0.1~0.3 MPa/s 的速率加载直至试件破坏,记录破坏载荷,按式(2-16)计算岩石的抗拉强度。本试验记录格式见附表 2-9,检测报告格式见附录 2.2.1 节。

$$\sigma_t = \frac{2P}{\pi DH} \tag{2-16}$$

式中 σ_t——岩石的抗拉强度(MPa);

   P——破坏载荷(N);

   D——试件直径(mm);

   H——试件高度(mm)。

2.6.4 标准说明

1)相关标准

水利行业标准:《水利水电工程岩石试验规范》(SL 264—2001)。

电力行业标准:《水电水利工程岩石试验规程》(DL/T 5368—2007)。

交通行业标准:《公路工程岩石试验规程》(JTG E41—2005)。

国家标准:《工程岩体试验方法标准》(GB/T 50266—2013)。

2)标准说明

水利行业、电力行业、交通行业和国家标准对抗拉强度均采用劈裂法,试验方法略有不同,见表 2-6。

表 2-6 标准说明

标准号	测试方法	试验参数	备注
SL 264—2001	劈裂法	试件尺寸:直径为 48~54 mm,高度与直径比为0.5~1.0 的圆柱体。 加载速率:0.1~0.3 MPa/s。 实验结果:取三位有效数字	—
DL/T 5368—2007	劈裂法	试件尺寸:直径为 48~54 mm,高度与直径比为0.5~1.0 的圆柱体。 加载速率:0.3~0.5 MPa/s。 实验结果:3 次平行试验取平均值,计算值取三位有效数字	—
JTG E41—2005	劈裂法	试件尺寸:直径为 50 mm±2 mm,高径比为0.5~1.0 的圆柱体。 加载速率:0.3~0.5 MPa/s。 实验结果:3 次平行试验取平均值,并列出每个值,精确至 0.1 MPa	—

标准号	测试方法	试验参数	备注
GB/T 50266—2013	劈裂法	试件尺寸:直径为 48~54 mm,高度与直径比为 0.5~1.0 的圆柱体。 加载速率:0.3~0.5 MPa/s。 实验结果:3 次平行试验取平均值,计算值取三位有效数字	—

2.7 岩石(体)声波速度

2.7.1 定义

岩石(体)声波速度:根据声波在岩石中的传播速度,分为岩块声波测试和岩体声波测试。岩石(体)声波测试是以声波在岩石中的传播特性与岩石的物理力学参数相关性为基础,通过测定声波在岩石中的传播特性参数,为评价工程岩体力学性质提供依据。

2.7.2 适用范围

岩块声波测试适用于能加工成规则试件的各类岩石。

岩体声波测试适用于各级岩体。

2.7.3 检测方法及原理(以水利行业标准为主)

岩石声波测试分岩块声波测试和岩体声波测试。

岩块声波测试主要试验步骤:试验前先测定声波在一套有机玻璃标准试验棒中的传播时间,确定仪器系统的零延时。测纵波时采用黄油或凡士林作为耦合剂,测横波时采用铝箔或铜箔作为耦合剂。采用直达波法(直透法)时,将换能器布置在试件两端面,采用折射波法(平透法)时,将换能器布置在试件同侧面,并量测发射换能器与试件接触面中心点到接收换能器与试件接触面中心点之间的距离。非受力状态下测试,应将试件置于测试架上。对发射和接收换能器施加接触压力,测读纵波和横波在试件中的传播时间。受力状态下的声波测试,宜与单轴压缩变形试验同时进行。按式(2-17)、式(2-18)或式(2-19)、式(2-20)计算声波波速。本试验记录格式见附表 2-10,检测报告格式见附录 2.2.1 节。

$$v_P = \frac{L}{t_P - t_0} \tag{2-17}$$

$$v_s = \frac{L}{t_s - t_0} \tag{2-18}$$

$$v_P = \frac{L_2 - L_1}{t_{P2} - t_{P1}} \tag{2-19}$$

$$v_s = \frac{L_2 - L_1}{t_{s2} - t_{s1}} \tag{2-20}$$

式中 v_P——纵波速度(m/s);

v_s——横波速度(m/s);

L——发射与接收换能器中心点间的距离(m),精确至 0.001 m;

t_P——纵波在试件中的传播时间(s),精确至 0.1 μs;

t_s——横波在试件中的传播时间(s),精确至 0.1 μs;

t_0——仪器系统的零延时(s);

$L_1(L_2)$——平透法发射换能器至第一(二)个接收换能器两中心的距离(m);

$t_{P1}(t_{s1})$——平透法发射换能器至第一个接收换能器纵(横)波的传播时间(s);

$t_{P2}(t_{s2})$——平透法发射换能器至第二个接收换能器纵(横)波的传播时间(s)。

岩体声波测试主要试验步骤:根据要求布置好测点,做好测试准备,测定仪器的零延时。将荧光屏上的光标(游标)关门信号调整到纵波或横波初始位置,测读声波传播时间,对智能化声波仪可利用自动关门装置测读声波传播时间。每一测点测读两次,取其平均值为读数值。对异常测段和测点,必须测读三次,最大读数差不宜大于 3%,以测值最接近的两次测值平均值作为读数值。按式(2-17)、式(2-18)或式(2-19)、式(2-20)计算声波波速。本试验记录格式见附表 2-11,检测报告格式为文字型报告。

2.7.4 标准说明

1) 相关标准

水利行业标准:《水利水电工程岩石试验规范》(SL 264—2001)。

电力行业标准:《水电水利工程岩石试验规程》(DL/T 5368—2007)。

国家标准:《工程岩体试验方法标准》(GB/T 50266—2013)。

2) 标准说明

水利行业、电力行业和国家标准均包含了岩石和岩体声波速度的检测方法,检测方法略有差异,具体见表 2-7。

表 2-7 标准说明

标准号	岩石声波速度	岩体声波速度	备注
SL 264—2001	试件尺寸:直径为 48~54 mm 的圆柱体,高径比为 2.0~2.5。 测试方法:超声波法(平透法和直透法)。 实验结果:6 次平行试验取平均值,并列出每个测值,计算值取三位有效数字	测试方法:超声波法。 实验结果:每一测点测读两次,取其平均值为读数值。对异常测段和测点,必须测读三次,最大读数差不宜大于 3%,以测值最接近的两次测值的平均值作为读数值	—
DL/T 5368—2007	试件尺寸:超声波法:直径为 48~54 mm 的圆柱体,高径比为 2.0~2.5;共振法:直径为 48~54 mm 的圆柱体,高径比为 3~5。 测试方法:超声波法(平透法和直透法),共振法。 实验结果:3 次平行试验取平均值,计算值取三位有效数字	测试方法:超声波法。 实验结果:每对测点读数三次,读数之差不宜大于 3%	—

标准号	岩石声波速度	岩体声波速度	备注
GB/T 50266—2013	试件尺寸：直径为 48～54 mm 的圆柱体，高径比为 2.0～2.5。 测试方法：超声波法（平透法和直透法）。 实验结果：3 次平行试验取平均值，计算值取三位有效数字	测试方法：超声波法。 实验结果：每对测点读数三次，读数之差不宜大于 3%	—

2.8　变 形 模 量

2.8.1　定义

岩体变形模量：岩石在载荷作用下，首先发生的物理力学现象是变形，随着载荷的不断增加，或在恒定载荷作用下，随时间的增长，岩石变形逐渐增大，最终导致岩石破坏。岩体变形模量是其所受正应力与总应变之比[式(2-21)]，是岩石变形特性的常用指标之一。

$$E_0 = \frac{\sigma}{\varepsilon_s + \varepsilon_P} \tag{2-21}$$

岩体变形试验方法分为承压板法、狭缝法、单(双)轴压缩法、液压枕径向加压法和水压法等，这五种试验方法各有其优缺点。其中承压板法使用最普遍，积累的经验和资料也较多。

2.8.2　适用范围

本试验可分为刚性承压板法和柔性承压板法，柔性承压板法又可分为双枕法、四枕法、环形枕法和中心孔法。刚性承压板法适用于各级岩体，柔性承压板法适用于完整和较完整的岩体。

2.8.3　检测方法及原理(以水利行业标准为主)

刚性承压板法主要试验步骤：按要求制备试点，在试点表面铺一层水泥浆，放置刚性承压板并挤出多余水泥浆，使承压板平行于试点表面。在承压板上依次安装千斤顶、钢垫板、传力柱、钢垫板，在钢垫板和岩体间填筑砂浆或安装反力装置，施加接触压力使整个系统接触紧密。在承压板上对称布置四个测表，等分 5 级施加压力并记录变形值，绘制压力与变形之间的关系曲线，计算岩体变形参数，按式(2-22)计算变形模量。本试验记录格式见附表 2-12，检测报告为文字型报告。

$$E = \frac{\pi}{4} \frac{(1 - \mu^2)PD}{W} \tag{2-22}$$

式中　E——变形模量(MPa)；

　　　μ——岩体泊松比；

　　　P——按承压面单位面积计算的压力(MPa)；

　　　D——承压板直径(cm)；

W——岩体表面变形(cm)。

柔性承压板法主要试验步骤:按要求制备试点,在试点表面铺垫水泥砂浆,放置液压枕,挤出多余的水泥砂浆,并使液压枕平行于试点表面。在液压枕上叠置钢垫板,必要时叠置传力箱,并依次安装钢垫板、加载设备、钢垫板、传力柱、钢垫板,在钢垫板和岩体间填筑砂浆或安装反力顶板,施加接触压力使整个系统接触紧密。在中心布置一个测表,双枕法或四枕法试验除在中心布置一个测表外,在液压枕间缝隙的中线上对称试点中心分别距中心 0.25 倍缝长处布置 2 个或 4 个测表。等分 5 级施加压力并记录变形值,绘制压力与变形之间的关系曲线,计算岩体变形参数。本试验记录格式见附表 2-13,检测报告为文字型报告。

环形枕法测量岩体表面变形时,变形参数按式(2-23)计算:

$$E = \frac{2(1-\mu^2)P}{W}(r_1 - r_2) \qquad (2-23)$$

式中 W——环形枕中心表面岩体变形(cm);

r_1——环形承压面外半径(cm);

r_2——环形承压面内半径(cm);

其余符号同式(2-22)。

双枕法测量岩体表面变形时,变形参数按式(2-24)计算:

$$E = \frac{4(1-\mu^2)P}{\pi W}\left[(a\,\mathrm{arcsinh}\,\frac{b}{a} - L\,\mathrm{arcsinh}\,\frac{b}{L}) + b(\mathrm{arcsinh}\,\frac{a}{b} - \mathrm{arcsinh}\,\frac{L}{b})\right] \quad (2-24)$$

式中 a——承压面外缘至缝隙中心线的距离(cm);

b——缝隙中心线上试点中心至缝隙端部的距离(cm);

L——承压面内缘至双枕缝隙中心线的距离(cm);

其余符号同式(2-22)。

四枕法测量岩体表面变形时,变形参数按式(2-25)计算:

$$E = \frac{8(1-\mu^2)P}{\pi W}\left[0.88(a+L) - (a\,\mathrm{arcsinh}\,\frac{L}{a} + L\,\mathrm{arcsinh}\,\frac{a}{L})\right] \qquad (2-25)$$

式中 a——承压面外缘至缝隙内中心线的距离(cm);

L——承压面内缘至缝隙内中心线的距离(cm);

其余符号同式(2-22)。

2.8.4 标准说明

1)相关标准

水利行业标准:《水利水电工程岩石试验规范》(SL 264—2001)。

电力行业标准:《水电水利工程岩石试验规程》(DL/T 5368—2007)。

国家标准:《工程岩体试验方法标准》(GB/T 50266—2013)。

2)标准说明

水利行业、电力行业和国家标准中的承压板法测量岩体变形模量均包含刚性承压板法和柔性承压板法,略有不同,具体见表2-8。

表 2-8　标准说明

标准号	刚性承压板法	柔性承压板法
SL 264—2001	试点制备:承压面积≥2 000 cm²,试点边缘至洞壁边缘应大于承压板直径或边长的1.5倍,至洞口或掌子面的距离应大于承压板直径或边长的2倍,至临空面距离应大于承压板直径或边长的6倍,试点间距应大于承压板直径或边长的3倍。 加压与传力系统:放置承压板,上面装千斤顶、钢垫板、传力柱、钢垫板。 测量系统:承压板上对称布置4个测表,采用4个测表的变形平均值作为岩体变形值,当其中一个测表失效,可采用另外3个测表(变形均匀时)或另一对称的两个测表(变形不均匀时)的平均值作为变形值,并予以说明	试点制备:承压面积≥2 000 cm²,试点边缘至洞壁边缘应大于承压板直径或边长的1.5倍,至洞口或掌子面的距离应大于承压板直径或边长的2倍,至临空面距离应大于承压板直径或边长的6倍,试点间距应大于承压板直径或边长的3倍。 加压与传力系统:中心孔法试验应在放置液压枕之前,在钻孔内安装钻孔多点位移计。双枕法和四枕法的液压枕应对称试点中心放置,在液压枕上放置钢垫板、传力箱、钢垫板、加载设备、钢垫板、传力柱、钢垫板。 测量系统:中心布置1个测表,双枕法和四枕法应另在液压枕间缝隙的中线上对称试点中心分别距中心0.25倍键长处布置2个或4个测表
DL/T 5368—2007	试点制备:承压面积≥2 000 cm²,试点边缘至洞壁边缘应大于承压板直径或边长的2倍,至洞口或掌子面的距离应大于承压板直径或边长的2.5倍,至临空面距离应大于承压板直径或边长的6倍,试点间距应大于承压板直径或边长的4倍。 加压与传力系统:放置承压板,上面装千斤顶、钢垫板、传力柱、钢垫板。 测量系统:承压板上对称布置4个测表	试点制备:承压面积≥2 000 cm²,试点边缘至洞壁边缘应大于承压板直径或边长的2倍,至洞口或掌子面的距离应大于承压板直径或边长的2.5倍,至临空面距离应大于承压板直径或边长的6倍,试点间距应大于承压板直径或边长的4倍。 加压与传力系统:中心孔法试验应在放置液压枕之前,在钻孔内安装钻孔多点位移计。在液压枕上放置环形钢板、环形传力箱、垫板、液压枕或千斤顶、垫板、传力柱、垫板。 测量系统:应在环形液压枕中心表面布置1个测表
GB/T 50266—2013	试点制备:承压板的直径或边长≥30 cm,试点边缘至洞壁边缘应大于承压板直径或边长的2倍,至洞口或掌子面的距离应大于承压板直径或边长的2.5倍,至临空面距离应大于承压板直径或边长的6倍,试点间距应大于承压板直径或边长的4倍。 加压与传力系统:放置承压板,上面装千斤顶、钢垫板、传力柱、钢垫板。 测量系统:承压板上对称布置4个测表	试点制备:承压板的直径或边长≥30 cm,试点边缘至洞壁边缘应大于承压板直径或边长的2倍,至洞口或掌子面的距离应大于承压板直径或边长的2.5倍,至临空面距离应大于承压板直径或边长的6倍,试点间距应大于承压板直径或边长的4倍。 加压与传力系统:中心孔法试验应在放置液压枕之前,在钻孔内安装钻孔多点位移计。在液压枕上放置环形钢板、环形传力箱、垫板、液压枕或千斤顶、垫板、传力柱、垫板。 测量系统:应在环形液压枕中心表面布置1个测表

第3章 基础处理工程

大多数建筑物是建造在岩土层上,一般把支承建筑物的岩土层称为地基。由天然土层直接支承建筑物的称为天然地基,软弱土层经加固后支承建筑物的称为人工地基。与地基相接触的建筑物底部则称为基础。基础起着承上启下的作用,也就是说作用于建筑物上的所有荷载都要通过基础传到地基中去。地基作为建筑物的主要受力构件,从其受力机理来讲,概括起来有以下两方面:

(1)强度及稳定性问题。

当地基的抗剪强度不足以支撑上部结构的自重及外荷载时,地基就会产生局部或整体剪切破坏。它会影响建(构)筑物的正常使用,甚至引起开裂或破坏。承载力较低的地基容易产生地基承载力不足问题而导致工程事故。土的抗剪强度不足除了会引起建筑物地基失效的问题外,还会引起其他一系列的岩土工程稳定问题,如边坡失稳、基坑失稳、挡土墙失稳、堤坝垮塌、隧道塌方等。

(2)变形问题。

当地基在上部结构的自重及外界荷载的作用下产生过大的变形时,会影响建筑物的正常使用;当超过建筑物所能容许的不均匀沉降时,结构可能开裂。高压缩性土的地基容易产生变形问题。一些特殊土地基在大气环境改变时,由于自身物理力学特性的变化而往往会在上部结构荷载不变的情况下产生一些附加变形,如湿陷性黄土遇水湿陷、膨胀土的遇水膨胀和失水干缩、冻土的冻胀和融沉、软土的扰动变形等。这些变形对建筑物的安全都是不利的。

为避免发生以上可能的破坏,以提高地基承载力,改善其变形性质或渗透性质为目的而采取的工程措施称为地基处理。从确保工程有效性及安全角度来看,对地基处理进行现场检测是非常重要的。

3.1 原 位 密 度

3.1.1 定义

原位密度是指工程现场原位土单位体积的质量,通常以 g/cm^3 表示。其目的是测定原位土的密度,以了解原位土的疏密和干湿状态并对填方工程进行施工质量控制。试验方法主要有环刀法、灌砂法、灌水法、核子射线法等。

3.1.2 适用范围

环刀法、核子射线法适用于细粒土,灌砂法、灌水法适用于砾类填土。其中,核子射线法密度测定范围为 $1.2\sim2.7\ g/cm^3$,探测深度为 $30\sim50\ cm$。

3.1.3 检测方法及原理(以水利行业标准为主)

常规原位密度检测方法的原理是通过测定试样体积和试样质量来求取,试验时,将土充满给定容积的容器,然后称取该体积土的质量;或者测定一定质量的土所占的体积。

对于黏性土,环刀法操作简便而准确,在室内和野外均普遍采用;灌砂法、灌水法适用于野外砂、砾石施工现场;近几年来,用于现场测定土体原位密度的核子射线法已趋成熟,可根据相关规程规定采用。核子射线法的原理是:利用放射性物质中的高速中子和土体中氢原子撞击损失能量来测定土中体积含水率;利用 γ 射线通过土中时与土颗粒的原子冲击散射的特性,测定到达土中的 γ 射线计数换算土的密度。

1) 环刀法

环刀法测定原位密度适用于容易成型的黏性细粒土,环刀的尺寸就是试样的尺寸,主要仪器设备包括环刀、天平等。本试验记录格式见附表 3-1,检测报告格式见附录 1.2.1 节。

主要试验步骤:

① 按工程需要取原状土样,整平两端,环刀内壁涂一薄层凡士林,刀口向下放在土样上。

② 用修土刀或钢丝锯将土样上部削成略大于环刀直径的土柱,然后将环刀垂直下压,边压边削至土样伸出环刀上部为止。削去两端余土,使与环刀口面齐平,并用剩余土样测定含水量。

③ 擦净环刀外壁,称环刀与土质量 m_1,精确至 0.1 g。

④ 按式(3-1)及式(3-2)计算湿密度及干密度:

$$\rho = \frac{m_1 - m_2}{V} \tag{3-1}$$

$$\rho_{\mathrm{d}} = \frac{\rho}{1 + 0.01\omega} \tag{3-2}$$

式中　ρ——湿密度(g/cm³);

　　　m_1—— 环刀和土质量(g);

　　　m_2——环刀质量(g);

　　　V——环刀体积(cm³);

　　　ρ_{d}——干密度(g/cm³);

　　　ω——含水率(%)。

2) 灌砂法

灌砂法测定原位密度的目的是测定工程现场土体的密度或对填方工程进行施工质量控制。灌砂法即挖坑填砂法,分为用套环和不用套环两种,其密度试验仪器设备主要包括漏斗、台秤、量砂容器等。本试验记录格式见附表 3-2(用套环)、附表 3-3(不用套环),检测报告格式见附录 1.2.1 节。

主要试验步骤(用套环时):

① 在试验地点的压实土基面上,将面积约 40 cm×40 cm 的一块地面铲平,在检查填土压实密度时,应将表面未压实的土层清除,并将压实土层铲去一部分,其深度视需要而定,使

试坑底能达到规定的深度。

② 将仪器安装好,用固定器将套环固定。称盛量砂的容器加量砂的质量,开漏斗阀,将量砂经漏斗灌入套环内,待套环灌满后,拿掉漏斗、漏斗架及防风筒,用直尺刮平套环上砂面。将刮下的量砂倒回量砂容器,称量砂容器加第一次剩余量砂质量。

③ 将套环内的量砂取出,称其质量后倒回量砂容器内。

④ 在套环内挖试坑,挖坑时应将已松动的试样全部取出,放入盛试样的容器内,将盖盖好,称容器加试样的质量,并取代表性试样测定含水率。

⑤ 在套环上重新装上防风筒,漏斗架及漏斗,将量砂经漏斗灌入试坑内,量砂下落速度大致相等,直到灌满套环。

⑥ 去掉漏斗、漏斗架及防风筒,用直尺刮平套环上的砂面,使与套环边齐平,刮下的量砂全部倒回量砂容器内,不得丢失。称量砂容器加第二次剩余量砂质量。

⑦ 不用套环的试验步骤与用套环的步骤基本相同,只要去掉套环的安装和拆卸即可。

⑧ 按照式(3-3)及式(3-4)计算湿密度和干密度:

用套环时:
$$\rho = \frac{(m_4 - m_6) - \left[(m_1 - m_2) - m_3\right]}{\dfrac{m_2 + m_3 - m_5}{\rho_n} - \dfrac{m_1 - m_2}{\rho'_n}} \tag{3-3}$$

不用套环时:
$$\rho = \frac{m_4 - m_6}{\dfrac{m_1 - m_7}{\rho_n}} \tag{3-4}$$

式中　ρ——量砂的湿密度(g/cm^3);

　　　ρ_n——往试坑内灌砂时量砂的平均密度(g/cm^3);

　　　ρ'_n——挖试坑前,往套环内灌砂时量砂的平均密度(g/cm^3);

　　　m_1——量砂容器加原有量砂的质量(g);

　　　m_2——量砂容器加第一次剩余量砂的质量(g);

　　　m_3——从套环中取出的量砂质量(g);

　　　m_4——试样容器加试样质量(包括少量遗留砂质量)(g);

　　　m_5——量砂容器加第二次剩余量砂的质量(g);

　　　m_6——试样容器质量(g);

　　　m_7——量砂容器加剩余量砂的质量(g)。

3) 灌水法

灌水法测定原位密度的目的和适用范围与灌砂法一致,仪器设备主要包括直径均匀并附有刻度的储水筒、聚乙烯塑料薄膜、台秤等。本试验记录格式见附表3-4,检测报告格式见附录1.2.1节。

主要试验步骤:

① 与灌砂法相同,应先将试验地面整平,整平后用水准尺检查,面积要大于套环面积。

② 确定试坑尺寸,挖到要求的深度,将坑内松动的试样全部取出,放入盛试样的容器内,称容器加试样质量。取有代表性的试样测定含水率。

③ 试坑挖好后,放上相应尺寸的套环,并用水准尺找平,在套环内铺设塑料薄膜,使塑料薄膜与坑壁贴紧,量测灌水参考水平面至地面间的体积。

④ 记录储水筒内初始水位高度,开储水筒内注水开关,将水缓慢注入塑料薄膜中,直至水筒与套环上边缘齐平时关注水开关,不应使套环内水溢出。持续 $2 \sim 5$ min,记录储水筒内水位高度。

⑤ 按式(3-5)计算试坑容积:

$$V = (H_2 - H_1)A_w - V_0 \qquad (3-5)$$

式中　V——试坑容积(cm^3);

　　　H_1——储水筒内初始水位高度(cm);

　　　H_2——储水筒内注水终了时水位高度(cm);

　　　A_w——储水筒横断面面积(cm^2);

　　　V_0——套环体积(cm^3)。

湿密度、干密度的计算按照环刀法中计算公式进行。

4) 核子射线法

核子射线法是利用放射性物质中的高速中子和土体中氢原子撞击损失能量来测定土中体积含水量;利用 γ 射线通过土中时与土颗粒的原子冲击散射的特性,测定到达土中的 γ 射线计数换算土的密度。主要仪器设备包括 γ 放射源、γ 射线检测器及其他仪器设备。

主要试验步骤:

① 将测试地点整平,清除松散土。

② 导向板导向,用钻具打一个与地面垂直的、孔深大于测试深度 5 cm 的测试孔。

③ 打开设备电源预热 10 min,检查设备工作正常时,可进行测试。

④ 使用仪器测试前,记录标准计数率 S_1。

⑤ 将仪器放在测孔的表面,通过可动放射源杆,将放射源逐次下插,插入时不要扰动孔壁。每次插入量为 2.5 cm 或 5.0 cm,记录实测计数率,一直插至测试深度,放射源不能插入测试孔底部。

⑥ 测试过程中,应注意测试数据的合理性与准确度的要求。测试的总计数($N = nt$)要满足要求,进行必要的重复测试,取其平均值。

⑦ 连续测试后,记录标准计数率 S_2。

⑧ 整理计算,按式(3-6)计算测试地点的计数率比 R_C:

$$R_C = \frac{n}{S} = \frac{n}{(S_1 + S_2)/2} \qquad (3-6)$$

式中　R_C——计数率比;

　　　n——实测计数率(次/min);

　　　S——标准计数率(次/min)。

用计数率比 R_C,从标定曲线求得湿密度 ρ_0。按照式(3-7)及式(3-8)计算干密度 ρ_d 和含水率 ω:

$$\rho_d = \rho_0 - \rho_\omega \qquad (3-7)$$

$$\omega = \frac{\rho_\omega}{\rho_0 - \rho_\omega} \times 100\% = \frac{\rho_\omega}{\rho_d} \times 100\% \qquad (3-8)$$

式中 ρ_d——干密度（g/cm³）；

ρ_0——湿密度（g/cm³）；

ρ_w——水的密度（g/cm³）；

ω——含水率（%）。

3.1.4 检测标准

1）相关标准

水利行业标准：《土工试验规程》（SL 237—1999）。

电力行业标准：《水电水利工程粗粒土试验规程》（DL/T 5356—2006）。

2）标准说明

原位密度试验有多种试验方法，水利行业《土工试验规程》（SL 237—1999）中对环刀法、灌砂法、灌水法、核子射线法均作了规定，电力行业标准《水电水利工程粗粒土试验规程》（DL/T 5356—2006）中对灌砂法、灌水法作了规定，具体见表3-1。

表3-1　标准说明

试验方法	灌砂法		灌水法	
标准号	SL 237—1999	DL/T 5356—2006	SL 237—1999	DL/T 5356—2006
适用范围	砾类填土	粒径不大于60 mm的粗粒类土	砾类填土	各类土
操作方法	用套环、不用套环两种	用套环、不用套环两种	塑料薄膜储水	塑料薄膜储水

3.2　标准贯入试验

3.2.1　定义

标准贯入试验：用质量为（63.5±0.5）kg的穿心锤，以（76±2）cm的自由落距，将一定规格尺寸的标准贯入器在孔底预打入土中15 cm，记录再打入30 cm的锤击数即为标准贯入试验的指标，称为标准贯入击数。

标准贯入试验（Standard Penetration Test，简称SPT）实质上也是一种动力触探试验的方法，是在国内外应用最广泛的一种地基现场原位测试。其试验目的是用测得的标准贯入锤击数 N，查明场地的底层剖面和各底层在垂直和水平方向的均匀程度及软弱夹层；判断砂土的密实程度或黏性土的稠度，以确定地基土的容许承载力；评定砂土的振动液化势和估计单桩的承载力；检验地基加固处理效果。一般情况下，土的承载力越高，标准贯入器打入土中的阻力就越大，标准贯入击数 N 就越大，反之，则标准贯入击数就小。

标准贯入试验操作简单、地层适用性广，对不易钻探取样的砂土和砂质粉土尤为适用，当土中含有较大碎石时使用受限制。标准贯入试验的缺点是离散性比较大，故只能粗略评定土的工程性质。

3.2.2 适用范围

本试验适用于黏质土和砂质土。

3.2.3 检测方法及原理(以水利行业标准为主)

标准贯入试验原理是利用一定的落锤能量,将与触探杆相连接的探头打入土体中,根据打入的难易程度来判断土的工程性质。标准贯入试验一般在钻孔中进行,以消除探杆侧摩阻力的影响,其试验设备主要由标准贯入器、落锤(穿心锤)、钻杆、锤垫等组成。本试验记录格式见附表 3-5,检测报告格式见附录 1.2.1 节。

主要试验步骤:

① 先用钻具钻至试验土层标高以上 15 cm 处,清除孔底的虚土和残土,为防止孔中发生流砂和塌孔,一般需下套管或泥浆护壁;

② 将贯入器放入孔内,注意保持贯入器、钻杆、导向杆联接后的垂直度,以保证落锤的垂直施打;

③ 采用自动落锤法,将贯入器以每分钟 15～30 次的频率击打入土中 15 cm 后,开始记录每打入 10 cm 的锤击数,累计 30 cm 的锤击数为标准贯入击数 N,如遇密实土层,N 大于 50 击的情况下,记录 50 击时的贯入深度;

④ 进行下一深度的贯入试验,直到完成所需深度。

⑤ 整理计算,当 N 大于 50 击时,按式(3-9)换算相应于贯入 0.3 m 的锤击数 N:

$$N = \frac{0.3n}{\Delta S} \tag{3-9}$$

式中 n——所选取贯入的锤击数;

ΔS——对应锤击数为 n 的贯入深度(m)。

⑥ 绘制击数(N)和贯入深度标高(H)关系曲线。

3.2.4 检测标准

1) 相关标准

水利行业标准:《土工试验规程》(SL 237—1999)。

国家标准:《岩土工程勘察规范》(GB 50021—2001(2009))。

电力标准:《水电水利工程钻孔土工试验规程》(DL/T 5354—2006)。

2) 标准说明

标准贯入试验相关标准的仪器设备及试验方法规定基本一致,仅在设备尺寸要求上有细微区别,具体见表 3-2。

表 3-2   标准说明

标准号	SL 237—1999	GB 50021—2001(2009)	DL/T 5354—2006
适用范围	黏质土、砂质土	砂土、粉土和一般黏性土	细粒类土、砂类土
落锤	(63.5±0.5)kg	63.5 kg	63.5 kg

标准号	SL 237—1999	GB 50021—2001(2009)	DL/T 5354—2006
落距	(76±2)cm	76 cm	76 cm
贯入器靴	长度 75 mm	长度 50~76 mm	长度 50~76 mm
	刃口角度 18°~20°	刃口角度 18°~20°	刃口角度 19°
	靴壁厚 2.5 mm	刃口单刃厚度 1.6 mm	靴壁厚 2.5 mm
贯入器身	长度>450 mm	长度>500 mm	长度 700 mm
	外径(51±1)mm	外径 51 mm	外径 51 mm
	内径(35±1)mm	内径 35 mm	内径 35 mm
钻杆	直径 42 mm,直线度误差小于 0.1%	直径 42 mm,直线度误差小于 0.1%	直径 42 mm,直线度误差小于 0.1%

3.3 地基承载力试验

3.3.1 定义

地基承载力是指地基土单位面积上所能承受荷载的能力,通常以 kPa 表示。地基承载力的意义是指在建筑物荷载作用下,能够保证地基不发生失稳破坏,同时也不产生建筑物所不允许的沉降时的最大地基压力。

地基承载力的确定方法,一般可以分为现场原位试验、理论公式以及根据地基土的物理性质指标,从有关规范中直接查取三大类。其中,现场原位试验一般有现场荷载试验、标准贯入试验和触探试验等。本试验检测报告格式采用文字报告格式,见附录 3.2.1 节。

3.3.2 平板载荷试验

平板载荷试验是在一定面积的承压板上向地基土逐级施加荷载,观测地基土的承受压力和变形的原位试验,是一种被广泛应用的土工原位测试方法。

3.3.2.1 适用范围

本试验适用于各类地基土,所反映的相当于承压板下 1.5~2.0 倍承压板直径(或宽度)的深度范围内地基土的强度、变形的综合性状。

3.3.2.2 检测方法及原理(以水利行业标准为主)

平板载荷试验一般可用于评价地基土的承载力,也可用于计算地基土的变形模量。其试验目的一种为破坏性试验,以获得地基的极限承载力;一种为校核性试验,检验地基是否达到设计要求的承载力指标。

平板载荷试验设备主要由承压板、加荷装置(包括压力源、载荷台架或反力构架)、沉降观测装置等组成。

主要试验步骤:

① 在有代表性的地点,整平场地,开挖试坑,试坑宽度不小于承压板直径(或宽度)3 倍;

② 安装承压板,安装前应整平试坑面,铺约 1 cm 厚的中砂垫层,安装载荷台架或反力构架,安装沉降观测装置;

③ 荷载一般按等量分级施加,每级荷载增量一般取预估土层极限压力的 1/10~1/8,在沉降速率达到相对稳定后施加下一级荷载;

④ 按时观测沉降量,在达到破坏阶段或满足设计要求情况下终止试验。

3.3.2.3　检测标准

1) 相关标准

水利行业标准:《土工试验规程》(SL 237—1999)。

地方标准:《地基基础设计规范》(上海市)(DGJ 08—11—2010);

　　　　　《地基处理技术规范》(上海市)(DG/TJ 08—40—2010)。

国家标准:《建筑地基基础设计规范》(GB 50007—2011)。

建设行业标准:《建筑地基处理技术规范》(JGJ 79—2012)。

2) 标准说明

各标准对于平板载荷试验的规定在原理上是一致的,但在适用范围、承压板尺寸、砂垫层、加荷等级、稳定标准、观测间隔、加荷终止条件、试验结果分析等技术环节上存在一定差别。

3.3.3　静力触探试验

将圆锥形探头按一定速率匀速压入土中,量测其贯入阻力(锥头阻力、侧壁摩阻力)的过程称为静力触探试验。本试验记录格式见附表 3-6。

3.3.3.1　适用范围

本试验适用于黏质土和砂质土。

3.3.3.2　检测方法及原理(以水利行业标准为主)

静力触探试验(Core Penetration Test,简称 CPT)是利用准静力以恒定的贯入速率将一定规格和形状的圆锥探头通过一系列探杆压入土中,同时测读贯入过程中探头所受到的阻力(锥头阻力、侧壁摩阻力)的过程。静力触探是工程地质勘察中的一项原位测试方法,可以用于:划分土层,判定土层类别,查明软、硬夹层及土层在水平和垂直方向的均匀性;评价地基土的工程特性(容许承载力、压缩性质、不排水抗剪强度、水平向固结系数、饱和砂土液化势、砂土密实度等);探寻和确定桩基持力层,预估打入桩的沉桩可能性和单桩承载力;检验人工填土的密实度及地基加固效果。

静力触探试验设备主要由触探主机、反力装置探杆、量测仪器等组成。

主要试验步骤:

① 平整试验场地,设置反力装置,将触探主机对准孔位,调平机座,紧固在反力装置上;

② 将穿入探杆内的传感器接到量测仪器上,预热并调试量测设备;

③ 贯入前试压探头,保证探头垂直贯入土中,启动动力设备并调试正常;

④ 采用自动记录仪时,应安装深度转换装置,采用电阻应变仪或数字测力仪时,应设置深度标尺;

⑤ 按照规范要求将探头贯入土中,并做好记录;

⑥ 测定孔隙水压力消散时,应在预定的深度或土层停止贯入,并按适当的时间间隔或自动测读孔隙水压力消散值,直至基本稳定;

⑦ 在贯入到预定深度或触探主机达到额定贯入力、探头阻力达到最大容许压力、反力装置失效、探杆弯曲超过容许程度的情况下,停止贯入。

⑧ 数据整理计算,按式(3-10)~式(3-14)分别计算比贯入阻力 p_s、锥头阻力 q_c、侧壁摩阻力 f_s、摩阻比 F 及孔隙水压力 u:

$$p_s = k_p \varepsilon_p \tag{3-10}$$

$$q_c = k_q \varepsilon_q \tag{3-11}$$

$$f_s = k_f \varepsilon_f \tag{3-12}$$

$$u = k_u \varepsilon_u \tag{3-13}$$

$$F = \frac{f_s}{q_c} \tag{3-14}$$

式中 k_p, k_q, k_f, k_u——分别为 p_s, q_c, f_s, u 对应的率定系数(kPa/$\mu\varepsilon$,kPa/mV);

$\varepsilon_p, \varepsilon_q, \varepsilon_f, \varepsilon_u$——分别为单桥探头、双桥探头、摩擦筒及孔压探头传感器的应变量或输出电压($\mu\varepsilon$,mV)。

根据需要可以深度(H)为纵坐标,以锥头阻力 q_c(或比贯入阻力 p_s)、侧壁摩阻力 f_s、摩阻比 F 及孔隙水压力 u 为横坐标,绘制 q_c-H(p_s-H),f_s-H,F-H,u-H 关系曲线。

3.3.3.3 检测标准

1)相关标准

水利行业标准:《土工试验规程》(SL 237—1999)。

国家标准:《岩土工程勘察规范》(GB 50021—2001(2009))。

电力标准:《水电水利工程钻孔土工试验规程》(DL/T 5354—2006)。

2)标准说明

各标准对于静力触探试验方法的规定基本一致,具体见表3-3。

表3-3 标准说明

标准号	SL 237—1999	GB 50021—2001(2009)	DL/T 5354—2006
适用范围	黏质土、砂质土	软土、黏性土、粉土、砂土和含少量碎石的土	细粒类土、砂类土
探头	单桥探头、双桥探头和孔压探头	单桥探头、双桥探头和孔压探头	单桥探头、双桥探头和孔压探头
贯入速率	(1.2±0.3)m/min	1.2 m/min	(1.2±0.3)m/min

3.4 桩承载力试验

3.4.1 定义

桩基是一种古老的基础形式,广泛运用于各种建筑物结构中,一般由基桩和连接于桩顶的承台共同组成,基桩是指群桩基础中的单桩。桩基按承载性状可分为摩擦型桩与端承型桩;按使用功能可分为竖向抗压桩、竖向抗拔桩、水平受荷桩、复合受荷桩等。桩基的安全性对于建筑物来说是至关重要的,首先要保证桩与地基土之间的作用是相对稳定的,其次是桩自身具有足够强度,其结构内力必须在材料强度的允许范围内。桩承载力是指单桩轴向抗压承载力、轴向抗拔承载力或水平向承载力,通常以 kN 表示。

桩承载力的现场试验方法主要以静载荷试验与高应变试验进行。本试验检测报告格式采用文字报告格式见附录 3.2.1 节。

3.4.2 静载荷试验

静载荷试验是指按桩的使用功能,分别在桩顶逐级施加轴向压力、轴向上拔力或在桩基承台底面标高一致处施加水平力,观测桩的相应检测点随时间产生的沉降、上拔位移或水平位移,判定相应的单桩竖向抗压承载力、单桩竖向抗拔承载力或单桩水平承载力的试验方法。

3.4.2.1 适用范围

本试验适用于各类型桩基。

3.4.2.2 检测方法及原理(以上海市地方标准为主)

随着工程技术的发展,桩基检测的方法也出现了很多种,但是作为最直接、有效的方法,桩的静载荷试验仍是确定单桩承载力、提供合理设计参数以及检验桩基质量最基本、最重要的方法。其试验目的与平板载荷试验类似,一种为破坏性试验,以获得桩的极限承载力;一种为校核性试验,检验桩是否达到设计要求的承载力指标。

静载荷试验设备主要由加荷装置(包括压力源、载荷台架或反力构架)、沉降观测装置等组成。该试验按加载方式可分为以下几种。

(1)慢速维持荷载法:即逐级加载,每级荷载达到相对稳定后加下一级,直到试桩破坏或满足试验要求,然后卸荷。

(2)多循加卸载法:每级荷载达到相对稳定后卸载到零。

(3)快速维持荷载法:即一般每隔一小时加一级荷载。

主要试验步骤:

1)单桩竖向抗压静载荷试验

① 依照规范及设计要求选取试桩。

② 安装载荷台架(或反力构架),安装沉降观测装置。

③ 荷载一般按等量分级施加,每级荷载增量一般取预估最大试验荷载的 $1/12 \sim 1/10$,第一级可取 2 倍加载级差,在沉降速率达到相对稳定后施加下一级荷载;卸载应分级进行,每级卸载值取加载值的 2 倍。

④ 按时观测沉降量,在达到破坏阶段或满足设计要求情况下终止试验。

2)单桩竖向抗拔静载荷试验

① 依照规范及设计要求选取试桩。

② 安装反力构架,安装上拔位移观测装置。

③ 荷载一般按等量分级施加,每级荷载增量一般取预估最大试验荷载的 $1/12 \sim 1/10$,第一级可取 2 倍加载级差,在沉降速率达到相对稳定后施加下一级荷载;卸载应分级进行,

每级卸载值取加载值的 2 倍。

④ 按时观测上拔位移量,在达到破坏阶段或满足设计要求情况下终止试验。

3) 单桩水平静载荷试验

① 依照规范及设计要求选取试桩;

② 安装水平推力构架,安装上拔位移观测装置;

③ 采用单向多循环加卸载法或单向单循环恒速水平加载法进行加卸载,也可按工程需要采用其他加载方法,荷载分级宜取预估最大水平力的 1/12～1/10 作为加载级差;

④ 按时观测水平位移量,在达到破坏阶段或满足设计要求情况下终止试验。

3.4.2.3　检测标准

1) 相关标准

地方标准:《建筑基桩检测技术规程》(上海市)(DGJ 08—218—2003)。

建设行业标准:《建筑基桩检测技术规范》(JGJ 106—2014)。

国家标准:《建筑地基基础设计规范》(GB 50007—2011)。

2) 标准说明

单桩竖向抗压静载荷试验各标准原理一致,一般均以锚桩横梁或压重平台通过油压千斤顶提供反力,以电测位移计或百分表测读沉降数值,但标准间在最大荷载值、沉降观测间隔、加荷终止条件、承载力确定及计算统计方面存在一定差别,具体见表 3 - 4。

表 3 - 4　标准说明

标准号	DGJ 08—218—2003	JGJ 106—2014	GB 50007—2011
适用范围	各种混凝土预制桩、灌注桩和钢桩	建筑工程基桩	建筑工程基桩
最大荷载值	为提供设计依据的试验桩,应加载至地基土破坏;为工程验收而进行抽样检测的试验桩,最大加载量不应小于单桩竖向抗压承载力设计值的 1.6 倍	为设计提供依据的试验桩,应加载至桩侧与桩端的岩土阻力达到极限状态;当桩的承载力由桩身强度控制时,可按设计要求的加载量进行加载。工程桩验收检测时,加载量不应小于设计要求的单桩承载力特征值的 2.0 倍	满足试验加荷要求
加荷方式	宜按试桩预估最大试验荷载的 1/12～1/10 为加载级差,逐级等量加载,第一级可取 2 倍加载级差;卸载应分级进行,每级卸载值取加载值 2 倍,逐级等量卸载	加载应分级进行,且采用逐级等量加载;分级荷载宜为最大加载值或预估极限承载力的 1/10,其中,第一级加载量可取分级荷载的 2 倍;卸载应分级进行,每级卸载量宜取加载时分级荷载的 2 倍,且应逐级等量卸载	加荷分级不应小于 8 级,每级加载量宜为预估极限荷载的 1/10～1/8,每级卸载值为加载值的 2 倍
稳定标准	每一小时的桩顶沉降量不大于 0.1 mm,并连续出现两次	每一小时的桩顶沉降量不大于 0.1 mm,并连续出现两次	沉降量连续两次在一小时内小于 0.1 mm

标准号	DGJ 08—218—2003	JGJ 106—2014	GB 50007—2011
观测间隔	慢速维持荷载法：每级荷载施加后按第 5,15,30,45,60 min 测读桩顶沉降量，以后每隔 30 min 测读一次；卸载时，每级荷载维持 1 h，按第 5,15,30,60 min 测读桩顶沉降量，卸载至零后，应测读桩顶残余沉降量，测读时间 5,15,30,60 min，以后每隔 30 min测读一次，一般维持 3 h。快速维持荷载法：每级荷载加载后维持 1 h，按第 5,15,30,45,60 min 测读桩顶沉降量，卸载时，每级荷载维持 15 min，测读时间为第 5,15 min，卸载至零后测读残余沉降量 2 h，测读时间为第 5,15,30,60,90,120 min；当采用快速维持荷载法时，对最后一级（或二级）荷载，应判据其沉降的收敛性	慢速维持荷载法：每级荷载施加后按第 5,15,30,45,60 min 测读桩顶沉降量，以后每隔 30 min 测读一次；卸载时，每级荷载维持 1 h，按第 15,30,60 min 测读桩顶沉降量，卸载至零后，应测读桩顶残余沉降量，测读时间为 15,30,60 min，以后每隔 30 min 测读一次，一般维持 3 h。快速维持荷载法每级荷载维持时间不少于 1 h，且当本级荷载作用下的桩顶沉降速率收敛时，可施加下一级荷载	每级加载后，每第 5 min,10 min,15 min 时各测读一次，以后每隔 15 min 读一次，累计 1 h 后每隔半小时读一次。卸载后隔 15 min 测读一次，读两次后，隔半小时再读一次，即可卸下一级荷载
终止条件	出现下列情况之一：①试桩在某级荷载作用下的沉降量大于前一级荷载沉降量的 5 倍；②试桩在某级荷载作用下的沉降量大于前一级的 2 倍，且经 24 h 尚未稳定；③达到设计要求的最大加载量且沉降达到稳定，或已达到反力装置提供的最大加载量或桩身出现明显破坏现象；④当荷载-沉降曲线呈缓变形时应按总沉降量控制：桩长小于、等于 40 m，总沉降量宜 60～80 mm 控制；桩长大于 40 m 时，可根据具体要求控制至 100 mm 以上；⑤对于灌注桩及有接头的预制桩，当满足本条 1,2 款，但未达到最大加载量时，宜继续加荷至满足总沉降量达到 100 mm 以上的要求	出现下列情况之一：①某级荷载作用下，桩顶沉降量大于前一级荷载作用下沉降量 5 倍，且桩顶总沉降量超过 40 mm；②某级荷载作用下，桩顶沉降量大于前一级荷载作用下的沉降量的 2 倍，且经 24 h 尚未稳定；③已达到设计要求的最大加载值且桩顶沉降达到相对稳定标准；④工程桩作锚桩时，锚桩上拔量已达到允许值；⑤荷载-沉降曲线呈缓变型时，可加载至桩顶总沉降量 60～80 mm；当桩端阻力尚未充分发挥时，可加载至桩顶累计沉降量超过 80 mm	出现下列情况之一：①当荷载-沉降(Q-S)曲线上有可判定极限承载力的陡降段，且桩顶总沉降量超过 40 mm；②某级荷载作用下，桩顶沉降量大于前一级荷载作用下的沉降量的 2 倍，且经 24 h 尚未稳定；③25 m 以上的非嵌岩桩，Q-S 曲线呈缓变型时，桩顶总沉降量大于 60～80 mm；④在特殊条件下，可根据具体要求加载至桩顶总沉降量大于 100 mm

标准号	DGJ 08—218—2003	JGJ 106—2014	GB 50007—2011
承载力结论表述	竖向抗压极限承载力的确定： ① 取 Q-S 曲线发生明显陡降的起始点所对应的荷载值； ② 取 S-$\lg t$ 曲线尾部出现明显向下弯曲的前一级荷载值； ③ 对缓变型 Q-S 曲线按总沉降量确定：混凝土桩宜取 $S=40$ mm 对应的荷载值；当桩长大于 40 m 时，应考虑桩身弹性压缩变形的影响，钢桩宜取 $S=100$ mm 对应的荷载为极限承载力，当桩长超过 40 m 时，桩长每增加 10 m 沉降量相应增加 10 mm	竖向抗压极限承载力的确定： ① 根据沉降随荷载变化的特征确定：对于陡降型 Q-S 曲线，应取其发生明显陡降的起始点对应的荷载值； ② 根据沉降随时间变化的特征确定：应取 s-$\lg t$ 曲线尾部出现明显向下弯曲的前一级荷载值； ③ 某级荷载作用下，桩顶沉降量大于前一级荷载作用下的沉降量的 2 倍，且经 24 h 尚未稳定，宜取前一级荷载值； ④ 对于缓变型 Q-S 曲线，宜根据桩顶总沉降量，取 S 等于 40 mm 对应的荷载值；对 D（D 为桩端直径）大于等于 800 mm 的桩，可取 S 等于 $0.05D$ 对应的荷载值；当桩长大于 40 m 时，宜考虑桩身弹性压缩； ⑤ 不满足本条第 1～4 款情况时，桩的竖向抗压极限承载力宜取最大加载值	竖向抗压极限承载力的确定： ① 对于陡降型 Q-S 曲线，应取其发生明显陡降的起始点对应的荷载值； ② 某级荷载作用下，桩顶沉降量大于前一级荷载作用下的沉降量的 2 倍，且经 24 h 尚未稳定，宜取前一级荷载值； ③ Q-S 曲线呈缓变型时，取桩顶总沉降量 $S=40$ mm 所对应的荷载值，当桩长大于 40 m 时，宜考虑桩身的弹性压缩
	计算单桩竖向抗压极限承载力标准值	单桩竖向抗压承载力特征值应按单桩竖向抗压极限承载力的 50% 取值	单桩竖向抗压承载力特征值应按单桩竖向抗压极限承载力的 50% 取值

单桩竖向抗拔静载荷试验各标准原理一致，一般均以锚桩或地基提供支座反力，采用油压千斤顶加载，以电测位移计或百分表测读上拔位移量数值，但标准间在最大荷载值、沉降观测间隔、加荷终止条件、承载力确定及计算统计方面存在一定差别，具体见表 3-5。

表 3-5　标准说明

标准号	DGJ 08—218—2003	JGJ 106—2014	GB 50007—2011
适用范围	各种混凝土预制桩、灌注桩和钢桩	建筑工程基桩	建筑工程基桩
最大荷载值	最大加载量不应小于单桩抗拔承载力设计值 1.6 倍，也可按设计提出的桩身抗裂要求控制	为设计提供依据的试验桩，应加载至桩侧岩土阻力达到极限状态或桩身材料达到设计强度；工程桩验收检测时，施加的上拔荷载不得小于单桩竖向抗拔承载力特征值的 2 倍或使桩顶产生的上拔量达到设计要求的限值	加载量不宜少于预估的或设计要求的单桩抗拔极限承载力

标准号	DGJ 08—218—2003	JGJ 106—2014	GB 50007—2011
加荷方式	宜按试桩预估最大试验荷载的1/12～1/10为加载级差,逐级等量加载,第一级可取2倍加载级差,卸载应分级进行,每级卸载值取加载值的2倍,逐级等量卸载	加载应分级进行,且采用逐级等量加载;分级荷载宜为最大加载值或预估极限承载力的1/10,其中,第一级加载量可取分级荷载的2倍;卸载应分级进行,每级卸载量宜取加载时分级荷载的2倍,且应逐级等量卸载	每级加载为设计或预估单桩极限抗拔承载力的1/10～1/8,每级荷载达到稳定标准后加下一级荷载,直到满足加载终止条件,然后分级卸载到零
稳定标准	每一小时的桩顶上拔位移量不大于0.1 mm,并连续出现两次	每一小时的桩顶上拔位移量不大于0.1 mm,并连续出现两次	沉降量连续两次在每小时内小于0.1 mm
观测间隔	慢速维持荷载法:每级荷载施加后按第5,15,30,45,60 min测读桩顶上拔位移量,以后每隔30 min测读一次,卸载时,每级荷载维持1 h,按第5,15,30,60 min测读桩顶上拔位移量,卸载至零后,应测读桩顶残余上拔位移量,测读时间为5,15,30,60 min,以后每隔30 min测读一次,一般维持3 h	慢速维持荷载法:每级荷载施加后按第5,15,30,45,60 min测读桩顶上拔位移量,以后每隔30 min测读一次,卸载时,每级荷载维持1 h,按第15,30,60 min测读桩顶上拔位移量,卸载至零后,应测读桩顶残余上拔位移量,测读时间为15,30,60 min,以后每隔30 min测读一次,一般维持3 h	每级加载后,每第5 min,10 min,15 min时各测读一次,以后每隔15 min读一次,累计1 h后每隔半小时读一次,卸载后隔15 min测读一次,读两次后,隔半小时再读一次,即可卸下一级荷载
终止条件	出现下列情况之一:①在某级荷载作用下,桩顶上拔量大于前一级荷载作用下上拔量的5倍;②在某级荷载作用下,试桩的钢筋应力达到钢筋抗拉强度标准值的0.9倍;③混凝土预制桩或灌注桩累计桩顶上拔量超过30 mm;钢桩累计上拔量超过100 mm;④达到设计要求的最大上拔荷载值且上拔位移量达到稳定	出现下列情况之一:①在某级荷载作用下,桩顶上拔量大于前一级荷载作用下上拔量的5倍;②按桩顶上拔量控制,累计桩顶上拔量超过100 mm;③按钢筋抗拉强度控制,钢筋应力达到钢筋强度设计值,或某根钢筋拉断;④对于工程桩验收检测,达到设计或抗裂要求的最大上拔量或上拔荷载值	出现下列情况之一:①桩顶荷载达到桩受拉钢筋强度标准值的0.9倍,或某根钢筋拉断;②某级荷载作用下,上拔变形量陡增且总上拔变形量已超过80 mm;③累计上拔变形量超过100 mm;④工程桩验收检测时,施加的上拔力应达到设计要求,当桩有抗裂要求时,不应超过桩身抗裂要求所对应的荷载

标准号	DGJ 08—218—2003	JGJ 106—2014	GB 50007—2011
承载力结论表述	竖向抗拔极限承载力的确定： ① 对于陡变形 $U-\Delta$ 曲线，取陡升起始点荷载为极限荷载； ② 对于缓变形 $U-\Delta$ 曲线，取 $\Delta-\lg t$ 曲线尾部显著弯曲的前一级荷载为极限荷载； ③ 当在某级荷载下抗拔钢筋断裂时，取其前一级荷载为该桩的极限荷载	竖向抗拔极限承载力的确定： ① 根据上拔量随荷载变化的特征确定：对陡变型 $U-\delta$ 曲线，应取陡升起始点对应的荷载值； ② 根据上拔量随时间变化的特征确定：应取 $\delta-\lg t$ 曲线斜率明显变陡或曲线尾部明显弯曲的前一级荷载值； ③ 当在某级荷载下抗拔钢筋断裂时，应取前一级荷载值	竖向抗拔极限承载力的确定： ① 对于陡变形 $U-\Delta$ 曲线，取陡升起始点荷载为极限荷载； ② 对于缓变形 $U-\Delta$ 曲线，取 $\Delta-\lg t$ 曲线尾部显著弯曲的前一级荷载为极限荷载； ③ 当在某级荷载下抗拔钢筋断裂时，取其前一级荷载为该桩的极限荷载
	计算单桩竖向抗拔极限承载力标准值	单桩竖向抗拔承载力特征值应按单桩竖向抗拔极限承载力的50%取值	单桩竖向抗拔承载力特征值应按单桩竖向抗压极限承载力的50%取值

单桩水平静载荷试验各标准原理一致，一般以相邻桩提供水平反力，采用油压千斤顶作为水平推力加载设备，以电测位移计或百分表测读桩顶水平位移量数值，但标准间在最大荷载值、位移观测间隔、加荷终止条件、承载力确定及计算统计方面存在细微差别，具体见表3-6。

表 3 - 6 标准说明

标准号	DGJ 08—218—2003	JGJ 106—2014	GB 50007—2011
适用范围	各种混凝土预制桩、灌注桩和钢桩	建筑工程基桩	建筑工程基桩
最大荷载值	为提供设计依据时，应加载至桩侧土体破坏或桩身结构破坏；对工程桩进行检验和评价时，最大加载量不应小于单桩水平承载力设计值的1.6倍，也可按设计提出的最大水平位移控制	为设计提供依据的试验桩，在加载至桩顶出现较大水平位移或桩身结构破坏；对工程桩抽样检测，可按设计要求的水平位移允内值控制加载	加载量不宜少于预估的或设计要求的单桩水平极限承载力
加荷方式	采用单向多循环加卸载法或单向单循环恒速水平加载法进行加卸载，也可按工程需要采用其他加载方法，荷载分级宜取预估最大水平力的 $1/12 \sim 1/10$ 作为加载级差	加载方法宜根据工程桩实际受力特性，选用单向多循环加载法或慢速维持荷载法	采用多循环加卸载试验法，当需要测量桩身应力或应变时宜采用慢速维持荷载法

标准号	DGJ 08—218—2003	JGJ 106—2014	GB 50007—2011
观测间隔	单向多循环加卸载法：每级荷载施加后，恒载 4 min 测读水平位移，然后卸载至零，停 2 min 测读残余水平位移，至此完成一个加卸载循环，如此循环 5 次便完成一级荷载的试验观测。加载时间应尽量缩短，测量位移的间隔时间应严格准确，试验不得中途停歇。 单向单循环恒速水平加载法：每级荷载施加后，维持 20 min，按第 5,10,15,20 min 测读；卸载时，每级荷载维持 10 min，按第 5,10 min 测读，卸载到零时，维持 30 min，按第 10,20,30 min 测读；每级卸载量为对应加载量的 2 倍	单向多循环加载法的分级荷载不应大于预估水平极限承载力或最大试验荷载的1/10；每级荷载施加后，恒载 4 min 后，可测读水平位移，然后卸载至零，停 2 min 测读残余水平位移，至此完成一个加卸载循环；如此循环 5 次，完成一级荷载的位移观测；试验不得中间停顿。 慢速维持荷载法：加载应分级进行，且采用逐级等量加载；分级荷载宜为最大加载值或预估极限承载力的1/10，其中，第一级加载量可取分级荷载的 2 倍，每级荷载施加后按第 5,15,30,45,60 min 测读水平位移量，以后每隔 30 min 测读一次；卸载应分级进行，每级卸载量宜取加载时分级荷载的 2 倍，且应逐级等量卸载，卸载时，每级荷载维持 1 h，按第 15,30,60 min 测读水平位移量，卸载至零后，应测读残余水平位移量，测读时间为 15,30,60 min，以后每隔30 min测读一次，一般维持 3 h	多循环加载试验法：荷载分级宜取设计或预估极限水平承载力的 1/15～1/10，每级荷载施加后，维持恒载 4 min测读水平位移，然后卸载至零，停 2 min 测读水平残余位移，至此完成一个加卸载循环，如此循环 5 次即完成一级荷载的试验观测。试验不得中途停歇。 慢速维持荷载法：每级加载后，每第 5,10,15 min 时各测读一次，以后每隔 15 min 读一次，累计 1 h 后每隔半小时读一次。卸载后隔 15 min 测读一次，读两次后，隔半小时再读一次，即可卸下一级荷载
终止条件	出现下列情况之一： ① 当桩身折断或水平位移超过 30～40 mm（软土取 40 mm）时； ② 达到设计要求的最大加载量或最大水平位移时	出现下列情况之一： ① 桩身折断； ② 水平位移超过 30～40 mm；软土中的桩或大直径桩时可取高值； ③ 水平位移达到设计要求的水平位移允许值	出现下列情况之一： ① 在恒定荷载作用下，水平位移急剧增加； ② 水平位移超过 30～40 mm；软土中的桩或大直径桩时可取高值； ③ 桩身折断
承载力结论表述	水平极限承载力的确定： ① 单向多循环加卸载法：可根据 H_0-t-Y_0 曲线产生明显陡降的前一级荷载或 H_0-$\dfrac{\Delta Y_0}{\Delta H_0}$ 曲线第二直线段的终点对应的荷载综合确定； ② 单向单循环恒速水平加载法：可根据 H_0-Y_0 曲线产生明显陡降的前一级荷载或 $\lg H_0$-$\lg Y_0$ 曲线上第二转折点的前一级荷载综合确定； ③取桩身折断或钢筋屈服时的前一级荷载	水平极限承载力的确定： ① 取单向多循环加载法时的 H-t-Y_0 曲线产生明显陡降的前一级，或慢速维持荷载法时的 H-Y_0 曲线发生明显陡降的起始点对应的水平荷载值； ② 取慢速维持荷载法时的 Y_0-$\lg t$ 曲线尾部出现明显弯曲的前一级水平荷载值； ③ 取 H-$\Delta Y_0/\Delta H_0$ 曲线或 $\lg H$-$\lg Y_0$ 曲线上第二拐点对应的水平荷载值； ④ 取桩身折断或受拉钢筋屈服时的前一级水平荷载值	水平极限承载力的确定： ① 取水平力-时间-位移（H_0-t-X_0）曲线明显陡变的前一级荷载为极限荷载，慢速维持荷载法取 H_0-X_0 曲线产生明显陡变的起始点对应的荷载为极限荷载； ② 取水平力-位移梯度（H_0-$\Delta X_0/\Delta H_0$）曲线第二直线段终点对应的荷载为极限荷载； ③ 取桩身折断或钢筋屈服时的前一级荷载

标准号	DGJ 08—218—2003	JGJ 106—2014	GB 50007—2011
承载力结论表述	计算单桩水平极限承载力标准值	计算单桩水平承载力特征值	计算单桩水平承载力特征值

3.4.3 高应变试验

高应变法是在桩顶沿轴向施加一冲击力,使桩产生足够的贯入度,实测由此产生的桩身质点应力和加速度的响应,通过波动理论分析,判定单桩竖向抗压承载力及桩身完整性的检测方法。

3.4.3.1 适用范围

本试验适用于桩基检测,但对多支盘灌注桩、大直径扩底桩,以及具有缓变型 Q-S 曲线的大直径灌注桩均不宜采用本方法检测单桩竖向抗压承载力。对灌注桩及超长钢桩进行承载力检测时,应具有一定的实测经验和相近条件下可靠的对比验证资料。

3.4.3.2 检测方法及原理(以上海市地方标准为主)

高应变法的主要功能是判定单桩竖向抗压承载力及桩身完整性是否满足设计要求,用重锤冲击桩顶,使桩土之间产生足够的相对位移,以充分激发桩周土阻力和桩端支承力,同时测量桩身质点应力和加速度响应,再通过波动理论分析桩竖向极限承载力和结构完整性。

所谓的高应变动力试桩法,从广义上讲,是指能使桩土间产生永久变形(或较大动位移)的动力检测桩基承载力的方法,这类方法要求给桩土系统施加较大能量的瞬时荷载,如打桩公式法、锤击贯入法、Smith 波动方程法、凯司法、实测曲线拟合法、静动法等,其中凯司法、实测曲线拟合法是目前最常用的两种高应变动力试桩法,也是狭义上的高应变动力试桩法。

高应变试验设备主要包括基桩动测仪、锤击设备、贯入度测量设备等。

主要试验步骤:首先对桩头预处理,桩顶面应平整,桩顶高度应满足锤击装置的要求,桩锤中心应与桩顶对中,锤击装置架立应垂直,对不能承受锤击的桩头应进行加固处理,桩头顶部设置桩垫,按规范要求安装好传感器。然后选择合适的重锤锤击桩顶,同时采集现场信号,现场信号采集时,应检查采集信号的质量,每根受检桩记录的有效锤击信号应根据桩顶最大动位移、贯入度、桩身最大拉应力、桩身最大压应力、缺陷程度及其发展情况等综合确定。

发现测试波形紊乱,应分析原因;桩身有明显缺陷或缺陷程度加剧,应停止检测。在数据分析过程中,需对锤击信号进行选取及预处理,根据规范方法判定单桩承载力。

3.4.3.3 检测标准

1)相关标准

地方标准:《建筑基桩检测技术规程》(上海市)(DGJ 08—218—2003)。

建设行业标准:《建筑基桩检测技术规范》(JGJ 106—2014)。

交通行业标准:《公路工程基桩动测技术规程》(JTG / T F81—01—2004)。

2)标准说明

高应变试验各标准都对凯司法、实测曲线拟合法进行了规定,试验操作方式基本一致,具体见表 3-7。

表 3－7　标准说明

标准号	DGJ 08—218—2003	JGJ 106—2014	JTG/T F81—01—2004
适用范围	对多支盘灌注桩、大直径扩底桩，以及具有缓变型 Q-S 曲线的大直径灌注桩均不宜采用本方法检测单桩竖向抗压承载力；对灌注桩及超长钢桩进行承载力检测时，应具有一定的实测经验和相近条件下可靠的对比验证资料	对于大直径扩底桩和预估 Q-S 曲线具有缓变型特征的大直径灌注桩，不宜采用本方法进行竖向抗压承载力检测。进行灌注桩的竖向抗压承载力检测时，应具有现场实测经验和本地区相近条件下的可靠对比验证资料	适用于检测混凝土灌注桩、预制桩和钢桩的单桩轴向抗压极限承载力和桩身完整性，超长桩、大直径扩底桩和嵌岩桩不宜采用
重锤要求	重锤应材质均匀、形状对称、锤底平整，高径（宽）比不得小于 1，并采用铸铁或铸钢制作，锤重应不小于预估单桩极限承载力的 1.5%	锤击设备应具有稳固的导向装置。重锤应形状对称，高径（宽）比不得小于 1，锤重与单桩竖向抗压承载力特征值的比值不得小于 0.02	锤体应材质均匀、形状对称、底面平整，高径比不得小于 1，锤重不得小于基桩极限承载力的 1.2%
计算方式	凯司法、实测曲线拟合法	凯司法、实测曲线拟合法	凯司法、实测曲线拟合法

3.5　桩(墙)身结构完整性

3.5.1　定义

桩身完整性是反映桩身截面尺寸相对变化、桩身材料密实度和连续性的综合指标。根据基桩检测结果，可以判定出每根受检桩的完整性，按表 3-8 划分。

表 3-8　桩身完整性分类表

桩身完整性类别	分类原则
Ⅰ 类桩	桩身完整
Ⅱ 类桩	桩身有轻微缺陷，不会影响桩身结构承载力的正常发挥
Ⅲ 类桩	桩身有明显缺陷，对桩身结构承载力有影响
Ⅳ 类桩	桩身存在严重缺陷

3.5.2　适用范围

桩身完整性检测方法主要有钻芯法、低应变法、高应变法和声波透射法。

钻芯法：适用于检测混凝土灌注桩的桩长、桩身混凝土强度、桩底沉渣厚度和桩身完整性。当采用本方法判定或鉴别桩端持力层岩土性状时，钻探深度应满足设计要求。

低应变法：适用于检测混凝土桩的桩身完整性，判定桩身缺陷的程度及位置。桩的有效检测桩长范围应通过现场试验确定。对桩身截面多变且变化幅度较大的灌注桩，应采用其他方法辅助验证低应变法检测的有效性。

高应变法：适用于检测基桩的竖向抗压承载力和桩身完整性；监测预制桩打入时的桩身应力和锤击能量传递比，为选择沉桩工艺参数及桩长提供依据。对于大直径扩底桩和预估 Q - S 曲线具有缓变型特征的大直径灌注桩，不宜采用本方法进行竖向抗压承载力检测。

声波透射法：本方法适用于混凝土灌注桩的桩身完整性检测，判定桩身缺陷的位置、范围和程度。对于桩径小于 0.6 m 的桩，不宜采用本方法进行桩身完整性检测。当声测管未沿桩身通长配置、声测管堵塞导致检测数据不全、声测管埋设数量不够时不得采用本方法对整桩的桩身完整性进行评定。

3.5.3 检测方法及原理（以建工标准为主）

1）钻芯法

钻芯法是用钻机钻取芯样，检测桩长、桩身缺陷、桩底沉渣厚度以及桩身混凝土的强度，判定或鉴别桩端岩土性状的方法，是一种微破损或局部破损检测方法。

主要操作步骤：钻机宜采用岩芯钻探的液压高速钻机，钻机设备精心安装后，先进行试运转，在确认正常后方能开钻，钻进初始阶段应对钻机立轴校正，及时纠正立轴偏差，确保钻芯过程不发生倾斜、移位。芯样取出后，钻机操作人员应由上而下按回次顺序放进芯样箱内，芯样侧表面上应清晰标明回次数、块号、本回次总块数，及时记录孔号、回次数、起止深度、块数、总块数、芯样质量的初步描述及钻进异常情况。对芯样全貌拍完彩色照片后，再截取芯样试件，取样完毕剩余的芯样宜移交委托单位妥善保存。

钻芯法桩身完整性类别应结合钻芯孔数、现场混凝土芯样特征、芯样试件抗压强度试验结果按规范判定。

2）低应变法

采用低能量瞬态或稳态方式在桩顶激振，实测桩顶部的速度时程曲线，或在实测桩顶部的速度时程曲线同时，实测桩顶部的力时程曲线。通过波动理论的时域分析或频域分析，对桩身完整性进行判定的检测方法。

主要操作步骤：首先对桩头表面预处理，去除桩头的浮浆部分，直至得到较平整的新鲜混凝土面为止，按规范规定采用耦合剂将传感器安装在桩顶平整面上，选择合适重量的激振力锤和软硬适宜的锤垫，敲击桩头不同位置，宜用宽脉冲获取桩底或桩身下部缺陷反射信号，用窄脉冲获取桩身上部缺陷反射信号。根据实测信号反映的桩身完整性情况，确定采取变换激振点位置和增加检测点数量的方式再次测试，或结束测试。

桩身完整性类别应结合缺陷出现的深度、测试信号衰减特性以及设计桩型、成桩工艺、地基条件、施工情况，按规范综合分析判定。

3）高应变法

用重锤冲击桩顶，实测桩顶附近或桩顶部的速度和力时程曲线，通过波动理论分析，对单桩竖向抗压承载力和桩身完整性进行判定的检测方法。

主要操作步骤：首先对桩头预处理，桩顶面应平整，桩顶高度应满足锤击装置的要求，桩锤中心应与桩顶对中，锤击装置架立应垂直，对不能承受锤击的桩头应进行加固处理，桩头顶部设置桩垫，按规范要求安装好传感器。选择合适的重锤锤击桩顶，同时采集现场信号，现场信号采集时，应检查采集信号的质量，并根据桩顶最大动位移、贯入度、桩身最大拉应力、桩身最大压应力、缺陷程度及其发展情况等，综合确定每根受检桩记录的有效锤击信号数量。若发现测试波形紊乱,应分析原因;桩身有明显缺陷或缺陷程度加剧,应停止检测。桩身完整性类别按规范综合分析判定。

4)声波透射法

在预埋声测管之间发射并接收声波,通过实测声波在混凝土介质中传播的声时、频率和波幅衰减等声学参数的相对变化,对桩身完整性进行检测的方法。

主要操作步骤:在需检测的灌注桩混凝土浇筑前,灌注桩沿钢筋笼内侧预埋 2 根声测管,预埋声测管尽量保持平行。检测时在声测管中注满清水分别置入发射换能器、接收换能器,自下而上以一定步距进行扫描式超声波检测。经微机软件分析并根据声速-深度曲线和波幅-深度曲线来检测桩身完整性、混凝土匀质性,并判定桩身的缺陷程度及位置,评定桩身类别。

本试验低、高应变法及声波透射法,均采用专用仪器设备采集数据,无原始记录表。钻芯法记录格式见附表 3-7,检测报告格式采用文字报告格式见附录 3.2.1 节。

3.5.4 检测标准

1)相关标准

建工行业标准:《建筑基桩检测技术规范》(JGJ 106—2014)。

交通水运行业标准:《港口工程桩基动力检测规程》(JTJ 249—2001)。

交通公路行业标准:《公路工程基桩动测技术规程》(JTG / T F81—01—2004)。

上海市地方标准:《建筑基桩检测技术规程》(DGJ 08—218—2003)。

2)标准说明

建工行业标准及上海市地方标准包括钻芯法、低应变法、高应变法、超声波透射法。交通行业标准包括高应变法和低应变法,交通公路标准包括高应变法、低应变法和超声波法。

3.6　锚索(杆)拉拔试验

3.6.1　定义

锚索(杆)是将拉力传递到稳定的岩层或土体的锚固体系。它通常包括杆体(由钢绞线、钢筋、特制钢管等筋材组成)、注浆体、锚具、套管和可能使用的连接器。当采用钢绞线或高强钢丝束作杆体材料时,可称锚索。

锚索(杆)拉拔试验是检测锚杆(索)抗拔承载力的试验方法。

3.6.2　适用范围

锚杆拉拔试验分为基本试验、验收试验和蠕变试验。

基本试验(极限拉拔试验):对任何一种新型锚杆,或锚杆用于未应用过的地层时,必须进行极限抗拔试验。

验收试验:旨在确定锚杆是否具备足够的承载力、自由段程度是否满足要求、锚杆蠕变在规定范围内是否稳定。

蠕变试验:对塑性指数大于 17 的土层锚杆、极度风化的泥质岩层中或节理裂隙发育张开且充填有黏性土的岩层中的锚杆,应进行蠕变试验。

3.6.3 检测方法及原理(以中国工程建设标准化协会标准为主)

锚索(杆)拉拔试验属于传统的锚索(杆)锚固质量静力法检测,进行拉拔试验时,将液压千斤顶放在托板和螺母之间,拧紧螺母,施加一定的预应力,然后给液压千斤顶加压,同时记录液压表和位移计上的对应度数,当压力或位移读数达到预定值时,或当压力计读数下降而位移计读数迅速增大时,停止加压,测试后可整理出锚索(杆)的荷载-位移曲线,进而分析得出锚杆的锚固质量。

1) 基本试验

基本试验最大的试验荷载不宜超过锚杆杆体承载力标准值的 0.9 倍。锚杆基本试验应采用循环加、卸荷载法,加荷等级与锚头位移测读间隔时间按规范规定。锚杆破坏标准:后一荷载产生的锚头位移增量达到或超过前一级荷载产生位移增量的 2 倍;锚头位移不稳定;锚杆体拉断。试验结果按循环荷载与对应的锚头位移读数列表整理,并绘制锚杆荷载-位移(Q-S)曲线,锚杆荷载-弹性位移(Q-S_e)曲线和锚杆荷载-塑性位移曲线(Q-S_p)曲线。锚杆弹性变形不应小于自由锻长度变形计算值的 80%,且不应大于自由段长度与 1/2 锚固段长度之和的弹性变形计算值。锚杆极限承载力取破坏荷载的前一级荷载,在最大试验荷载下未达到破坏标准,取最大荷载。

2) 验收试验

最大试验荷载应取锚杆轴向受拉承载力设计值 N_u;锚杆验收试验加荷等级及锚头位移测读间隔时间应符合下列规定:初始荷载宜取锚杆轴向拉力设计值的 0.1 倍,加荷等级与观测时间按规范规定进行,在每级加荷等级观测时间内,测读锚头位移不应少于 3 次,达到最大试验荷载后观测 15 min,卸荷至 $0.1N_u$ 并测读锚头位移;试验结果宜按每级荷载对应的锚头位移列表整理,并绘制锚杆荷载-位移(Q-S)曲线;锚杆验收标准:在最大试验荷载作用下,锚头位移相对稳定,满足锚杆弹性变形不应小于自由锻长度变形计算值的 80%,且不应大于自由段长度与 1/2 锚固段长度之和的弹性变形计算值。

3) 蠕变试验

锚杆蠕变试验加荷等级与观测时间应满足规范要求,在观测时间内荷载应保持恒定;每级荷载按规范规定时间间隔记录蠕变量;试验结果宜按每级荷载在观测时间内不同时段的蠕变量列表整理,并绘制蠕变量—时间对数曲线并计算蠕变率;蠕变试验和验收标准为最后一级荷载作用下的蠕变率小于 2.0 mm/对数周期。

本试验记录格式见附表 3-8,报告格式采用文字报告格式见附录 3.2.1 节。

3.6.4 检测标准

1) 相关标准

水利行业标准:《水利水电工程锚喷支护技术规范》(SL 377—2007)。

中国工程建设标准化协会标准:《岩土锚杆索技术规程》(CECS 22—2005)。

国家标准:《锚杆喷射混凝土支护技术规范》(GB 50086—2001)。

2) 标准说明

根据锚杆拉拔试验的目的,锚杆拉拔试验分为基本试验、验收试验和蠕变试验三类。中国工程建设标准化协会标准包含了上述三种试验类型,水利行业标准及国家标准包含了基本(性能)试验、验收试验,具体见表3-9。

表3-9 标准说明

标准号	测试方法	试验参数(验收试验)	备注
SL 377—2007	性能试验、验收试验	抽检频率:试验数量按每300根(包括总数少于300根)锚杆抽样一组,每组不应少于3根。 荷载分级:均匀、缓慢、逐级施加拉拔力,加荷速率不宜大于1 kN/s。 判定条件:同组锚杆的拉拔力平均值应符合设计要求;任一根锚杆的拉拔力不应低于设计值的90%;注浆密实度应低于70%;锚杆的拉拔力不符合要求时,检测应再增加一组	—
CECS 22—2005	基本试验、验收试验、蠕变试验	抽检频率:不少于锚杆总数的5%,且不少于3根。 荷载分级:拉力设计值0.1,0.5,0.75,1.0,1.2,1.33,1.5,最大试验荷载永久性锚杆取设计值1.5倍,临时性锚杆取1.2倍。 判定条件:拉力型锚杆在最大试验荷载下所测得的总位移量,应超过该荷载下杆体自由段长度理论弹性伸长值的80%,且小于杆体自由段长度与1/2锚固段长度之和的理论弹性伸长值。 在最后一级荷载作用下1~10 min锚杆蠕变量不大于1.0 mm,如超过,则6~60 min内锚杆蠕变量不大于2.0 mm	—
GB 50086—2001	基本试验、验收试验	抽检频率:不少于锚杆总数的5%,且不少于3根。 荷载分级:拉力设计值0.3,0.5,0.75,1.0,1.2,1.33,1.5,最大试验荷载不超过承载力标准值0.8倍。 判定条件:验收试验中从50%拉力设计值到最大试验荷载之间所测得的总位移量应当超过该荷载范围自由段长度预应力筋理论弹性伸长值的80%,且小于自由段长度与1/2锚固段长度之和的预应力筋的理论弹性伸长值。 最后一级荷载作用下的位移观测期内,锚头位移稳定或2 h蠕变量不大于2.0 mm	—

3.7 压(注)水试验

3.7.1 定义

压水试验(钻孔压水试验):用栓塞将钻孔隔离出一定长度的孔段,并向该孔段压水,根据压力与流量的关系确定岩体渗透特性的一种原位渗透试验。它是水利水电工程地质勘察中最常用的岩土体原位渗透试验,主要用于评价岩土体的渗透特性,同时可以用于检测防渗帷幕的渗透系数。

注水试验:用人工抬高水头,向试坑或钻孔内注水,来测定松散岩土体渗透性的一种原位试验方法。

3.7.2　适用范围

注水试验：只适用于不能进行抽水试验和压水试验,取原状土试样进行室内试验又比较困难的松散岩土体。注水试验可分为试坑注水试验和钻孔注水试验两种,试坑注水试验主要适用于地下水位以上且地下水位埋藏深度大于 5 m 的各类土层。钻孔注水试验则适用于各类土层和结构较松散、软弱的岩层,且不受水位和埋藏深度的影响。

3.7.3　检测方法及原理(以水利行业标准为主)

1) 压水试验

压水试验是用专门的止水设备把一定长度的钻孔试验段隔离出来,然后用固定水头向这一段钻孔压水,水透过孔壁周围的裂隙向周围渗透,最终渗透的水量会趋于一个稳定值。根据压水水头、试段长度和稳定入渗量,可以判定该试验段的透水性强弱。本试验记录格式见附表 3-9,检测报告格式采用文字报告格式见附录 3.2.1 节。

主要试验步骤:现场试验工作应包括洗孔、下置栓塞隔离试段、水位测量、仪表安装、压力和流量观测等步骤。洗孔应采用压水法,洗孔时钻具应下到孔底,流量应达到水泵的最大出力,洗孔应至孔口回水清洁,肉眼观察无岩粉时方可结束。当孔口无回水时,洗孔时间不得少于 15 min。根据试验资料可以绘制 P-Q 曲线,确定 P-Q 曲线类型和计算试段透水率及渗透系数等。试段透水率采用第三阶段的压力值(P_3)和流量值(Q_3)按式(3-15)计算。

$$q = \frac{Q_3}{LP_3} \qquad (3-15)$$

式中　q——试样的透水率(Lu);

　　　L——试段长度(m);

　　　Q_3——第三阶段的计算流量(L/min);

　　　P_3——第三阶段的试段压力(MPa)。

2) 注水试验

注水试验宜采用试坑单环注水法和试坑双环自流注水法;也可以采用钻孔降水头注水法或钻孔常水头注水法。《土工试验规程》(SL 237—1999)采用试坑双环注水法。

主要操作步骤:在试验地区按预定深度开挖一面积不小于 1.0 m×1.5 m 的试坑,在坑底再下挖一直径等于外环,深 15~20 cm 的贮水坑,整平坑底。把大小钢环细心放入贮水坑中,使成同心圆,钢环入土深度至环上的起点刻度,两环上缘应在同一水平面上。在两环底部均铺以 2 cm 厚的砾石层,然后在内环及两环间隙内注入清水至满,安放支架至水平位置。将供水瓶注满清水后倒置于支架上,供水瓶的斜口玻璃管分别插入内环和内外环之间的水面以下。玻璃管的斜口应在同一高度上,以保持水位不变。记录渗水开始时间及供水瓶的水位和水温。经一定时间后,测记在此时间内由供水瓶渗入土中的水量,直至流量稳定为止。从供水瓶流出的水量达稳定后,在 1~2 h 内测记流出水量至少 5~6 次。每次测记的流量与平均流量之差,不应超过 10%。试验结束后拆除仪器吸出贮水坑中的水。在离试坑中心 3~4 cm 以外,钻若干 3~4 m 深的钻孔,每隔 0.2 m 取土样一个,平行测定其含水率。根据含水率的变化,确定渗透水的入渗深度。

本试验记录格式见附表 3-10,检测报告格式采用文字报告格式见附录 3.2.1 节。

3.7.4 检测标准

1) 相关标准

水利行业标准:《水利水电工程钻孔压水试验规程》(SL 31—2003);

　　　　　　　《土工试验规程》(注水试验)(SL 237—1999)。

电力行业标准:《水电水利工程钻孔压水试验规程》(DL/T 5331—2005)。

有色金属行业标准:《注水试验规程》(YS 5214—2000)。

2) 标准说明

压水试验,主要以水利及电力行业标准为主,二者试验方法基本一致。《土工试验规程》(SL 237—1999)原位渗透破试验采用了试坑双环自流注水法,有色金属行业标准较为全面,包含了试坑单环注水法、试坑双环自流注水法、钻孔降水头注水法和钻孔常水头注水法。

第4章 土工合成材料指标

土工合成材料是一种新型的岩土工程材料,是以人工合成的聚合物,如塑料、化纤、合成橡胶等为原料,制成各种类型的产品,置于土体内部、表面或各层土体之间,发挥加强或保护土体的作用。土工合成材料可分为土工织物、土工膜、特种土工合成材料和复合型土工合成材料等类型,我国自20世纪80年代开始在工程中大规模应用土工合成材料,目前已广泛应用于水利、交通、市政、建筑、环保、军工等工程的各个领域。

土工合成材料的功能是多方面的,综合可以概括为六种基本功能:过滤作用、排水作用、隔离作用、加筋作用、防渗作用及防护作用。为合理发挥土工合成材料在工程运用中的各项功能,检验设计参数,维护工程安全,需对土工合成材料进行有针对性的指标检测。一般可将土工合成材料检测项目分为物理性能指标、力学性能指标、水力学性能指标、耐久性能指标四大类。

物理性能指标主要包括单位面积质量、厚度、密度、硬度等。

力学性能指标主要包括拉伸强度、伸长率、撕裂强度、顶(刺)破强度、胀破强度、压缩性能等。

水力学性能指标主要包括渗透性、等效孔径、抗渗性、通水量、淤堵性等。

耐久性能指标主要包括抗紫外线性能、热老化、抗酸(碱)性能、抗氧化性能、抗磨损性能等。

4.1 土工合成材料检测的基本规定

4.1.1 制样方法

(1)土工织物、土工膜和其他片状复合型土工合成材料的制样应符合下列原则:

① 试样剪取应距样品边缘不小于100 mm;

② 试样应具有代表性,不同试样应避免位于同一纵向和横向位置上,即采用梯形取样法,如果不可避免,应在测试报告中注明情况;

③ 剪取试样时应满足准确度要求;

④ 剪取试样,应先有剪裁计划,然后再剪裁;

⑤ 对每项测试所用全部试样,应予以编号。

(2)特种土工合成材料制样应符合相关标准规定。

4.1.2 试样状态调节

(1)试样应置于温度为(20±2)℃、相对湿度为60%±10%环境下状态调节24 h。

(2)如果确认试样不受环境影响,则可省去状态调节处理,但应在记录中注明测试时的温度和湿度。

（3）各项指标测试中，试验室环境温度与湿度的要求与上述两款一致。

4.1.3 仪器仪表要求

仪器仪表使用时应检测是否工作正常、进行零点调整、量程范围选择。量程选择宜使试样最大测试值在满量程的 $10\%\sim90\%$ 范围内。

4.1.4 算术平均值、标准差和变异系数的计算公式

（1）按式（4-1）计算算术平均值 $\bar{x}$：

$$\bar{x} = \frac{1}{n}\sum_1^n x_i \qquad (4-1)$$

式中　n——试样数量；

　　　x_i——第 i 块试样的测试值；

　　　$\bar{x}$——n 块试样测试值的算术平均值。

（2）按式（4-2）计算标准差 σ：

$$\sigma = \sqrt{\frac{1}{n-1}\sum_{i=1}^n (x_i - \bar{x})^2} \qquad (4-2)$$

式中，σ 为标准差。其他符号意义同式（4-1）。

（3）按式（4-3）计算变异系数 C_v：

$$C_v = \frac{\sigma}{\bar{x}} \times 100\% \qquad (4-3)$$

式中，C_v 为变异系数。其他符号意义同式（4-1）。

4.2　单位面积质量

4.2.1 定义

单位面积质量：在面积为 $1\ m^2$ 时土工合成材料所具有的质量，通常以 g/m^2 表示。该指标由称量材料的质量与测定试样的面积确定，一般试样面积应不小于 $100\ cm^2$。按式（4-4）计算：

$$G = \frac{M}{A} \qquad (4-4)$$

式中　G——单位面积质量（g/m^2）；

　　　M——试样质量（g）；

　　　A——试样面积（m^2）。

单位面积质量是土工合成材料的基本物理性能指标，它关系到材料的厚度和强度等各方面性能，也是优选材料时的基本指标之一。

4.2.2　适用范围

本试验适用于土工织物、土工膜、土工复合材料,特种土工合成材料可参照执行。

4.2.3　检测方法及原理(以水利行业标准为主)

水利行业标准单位面积质量检测采用称量法。

主要试验步骤:裁剪试样面积为 100 cm²,试样数量不少于 10 块。完成调温调湿后,将试样逐一放置于感量为 0.01 g 的天平上进行称量,记录单块试样质量,所有试样测试完毕后计算该样品单位面积质量平均值。本试验记录格式见附表 4-1,检测报告格式见附录 4.2.1 节。

4.2.4　检测标准

1)相关标准

水利行业标准:《土工合成材料测试规程》(SL 235—2012)。

交通行业标准:《公路工程土工合成材料试验规程》(JTG E50—2006)。

国家标准:《土工合成材料 土工布及土工布有关产品单位面积质量的测定方法》(GB/T 13762—2009)。

2)标准说明

单位面积质量是土工合成材料基本物理性能指标,直观地反映了产品单位面积内原材料的用量,以及生产的均匀性和质量的稳定性。目前对于土工合成材料单位面积质量的测定,国内各项标准基本一致,均采用称量法,具体见表 4-1。

表 4-1　标准说明

标准号	GB/T 13762—2009	JTG E50—2006	SL 235—2012
试样面积/cm²	100	100	100
试样数量/块	至少 10	10	至少 10
天平感量	10 mg	0.01 g	0.01 g
尺寸精度	0.5%	1 mm	1 mm
温度/℃	20±2	20±2	20±2
湿度/%	65±4	65±5	60±10
调节/h	24	24	24
备注	对于尺寸过小并不能代表材料的实际结构的样品,应按实际情况采取能代表材料完整结构的试样称量		

4.3　土工织物厚度

4.3.1　定义

土工织物厚度:对试样施加规定压力时两基准板间的垂直距离,通常以 mm 表示。所谓土工织物厚度是指产品厚度,即在进行厚度测试时施加的压力为 2 kPa。根据工程需要还可以进行 20 kPa,200 kPa 等其他压力下的厚度测试。土工织物厚度对其力学性能、水力学性能有很大影响。

4.3.2　适用范围

本试验适用于土工织物、柔软片状土工复合材料。

4.3.3　检测方法及原理(以水利行业标准为主)

水利行业标准土工织物厚度测试采用机械量测法。

主要试验步骤:测定至少10块2 kPa压力下试样厚度需裁剪尺寸大于基准板的土工织物试样。完成调温调湿后,将压块及其上的荷载调整为5 N(压块底面积25 cm²),调整厚度计量表至零点,将试样自然放置于压块与基准板之间,轻轻放下压块后计时,记录30 s时厚度计量表读数,所有试样测试完毕后计算该样品产品厚度平均值。其他压力下厚度可按相同步骤实施。

本试验记录格式见附表4-1,检测报告格式见附录4.2.1节。

4.3.4　检测标准

1) 相关标准

水利行业标准:《土工合成材料测试规程》(SL 235—2012)。

交通行业标准:《公路工程土工合成材料试验规程》(JTG E50—2006)。

国家标准:《土工合成材料 规定压力下厚度的测定 第1部分:单层产品厚度的测定方法》(GB/T 13761.1—2009)。

2) 标准说明

关于土工织物及柔软片状土工复合材料厚度的测量,国内外标准操作方法基本相同,且各参数变化不大,具体见表4-2。

表4-2　标准说明

标准号	GB/T 13761.1—2009	JTG E50—2006	SL 235—2012
加压面积/cm²	25±0.2	25	25
基准板	直径大于压脚直径1.75倍	面积大于2倍压块面积	面积大于2倍压块面积
试样尺寸	直径大于基准板直径	尺寸大于基准板	尺寸大于基准板
压力/kPa	2/20/200 (允差0.5%)	2±0.01/ 20±0.1/200±1	2±0.01/ 20±0.1/200±1
试样数量/块	至少10	10	至少10
厚度感量/mm	0.01	0.01	0.01
温度/℃	20±2	20±2	20±2
湿度/%	65±5	65±5	60±10
调节/h	24	24	24
加压时间/s	30	30	30
备注		—	

4.4 土工膜厚度

4.4.1 定义

土工膜厚度：对试样施加规定压力时两测量面间的垂直距离，通常以 mm 表示。土工膜是一种透水率极低的土工合成材料，根据材质不同，可分为聚合物类和沥青类，在防渗工程中应用广泛。因为聚合物材质渗透性很小，膜厚度对渗透性的影响并不显著，但在工程实际中，膜的强度直接与其厚度有关。土工膜对集中应力非常敏感，膜的抗冲击力随膜厚度增大而提升，膜过薄，施工中以热焊法焊接时，土工膜极易受损。因此，厚度对于土工膜是一项较为重要的指标。

4.4.2 适用范围

本试验适用于土工膜、薄片。

4.4.3 检测方法及原理（以水利行业标准为主）

水利行业标准土工膜厚度测试采用机械量测法。

主要试验步骤：测定至少 10 块规定压力下试样厚度需裁剪试样直径大于试验仪器测头 5 倍直径的土工膜试样。完成调温调湿后，调整厚度计量表至零点，将试样自然放置于两测量面之间，平缓放下测头，使试样受到规定压力，待读数稳定后记录厚度计量表读数，所有试样测试完毕后计算该样品厚度平均值。本试验记录格式见附表 4-1，检测报告格式见附录 4.2.1 节。

4.4.4 检测标准

1）相关标准

水利行业标准：《土工合成材料测试规程》（SL 235—2012）。

交通行业标准：《公路工程土工合成材料试验规程》（JTG E50—2006）。

国家标准：《土工合成材料 规定压力下厚度的测定 第 1 部分：单层产品厚度的测定方法》（GB/T 13761.1—2009）。

2）标准说明

土工膜厚度的检测，国内外试验标准基本采用机械测量方法，具体见表 4-3。

表 4-3 标准说明

标准号	GB/T 13761.1—2009	JTG E50—2006	SL 235—2012
加压面积/cm²	直径为(10±0.05)mm	采用千分表	上下测量面为平面/平面，直径 2.5～10 mm。 上下测量面为曲面/平面，上平面曲率半径 15～50 mm 下平面直径≥5 mm

标准号	GB/T 13761.1—2009	JTG E50—2006	SL 235—2012
压力	2 kPa /20 kPa /200 kPa（允差 0.5%）	—	上下测量面为平面/平面，0.5～1.0 N；上下测量面为曲面/平面 0.1～0.5 N
试样尺寸	直径大于基准板直径	试样条宽 100 mm	直径大于试验仪器测头 5 倍直径
测点数量	至少 10 点	土工膜宽大于 2 000 mm，每 200 mm 测量 1 点；宽 300～2 000 mm 等距测 10 点；宽 100～300 mm，每 50 mm 测 1 点；宽小于 100 mm，至少测 3 点	试样长度≤300 mm，测 10 点；试样长度 300～1 500 mm 之间测 20 点；试样长度≥1 500 mm 至少测 30 点
感量/mm	0.01	0.001	0.001
温度/℃	20±2	23±2	20±2
湿度/%	65±5	—	60±10
调节/h	24	4	24
加压时间/s	30	30	待读数稳定
加压面积/cm³	30	30	30
备注	厚度不均匀,应施加(0.6±0.1)N 力 5 s 测读	适用于没有压花和波纹的土工薄膜、薄片	适用于没有压花和波纹的土工薄膜、薄片

4.5 拉伸强度及伸长率

4.5.1 定义

拉伸强度：利用外力将土工合成材料试样拉伸至断裂破坏时每单位宽度的最大强力，通常以 kN/m 表示。

伸长率：指在试验中试样实际夹持长度的增加与初始实际夹持长度的比值,体现材料在荷载作用下的应变状态,通常以百分率(%)表示。

按式(4-5)计算拉伸强度：

$$T_l = \frac{T}{B} \tag{4-5}$$

式中 T_l——拉伸强度(kN/m)；

T——实测最大拉力(kN)；

B——试样宽度(m)。

按式(4-6)计算伸长率 ε：

$$\varepsilon = \frac{\Delta L}{L_0} \times 100\% \qquad (4-6)$$

式中 ε——伸长率(%);

  L_0——试样计量长度(mm);

  ΔL——最大拉力时试样计量长度的伸长量(mm)。

柔性的土工合成材料大多通过抗拉强度来承受荷载以发挥工程作用,发挥加筋、隔离等功能时,拉伸强度和伸长率是设计中必然涉及的指标,用作反滤或垫层时,也要考虑材料具有承受施工应力的能力,因此拉伸强度及伸长率是土工合成材料主要的力学特性指标,一般可分为宽条法与窄条法两种试验方法,出现分歧时以宽条法为准。

4.5.2 适用范围

本试验适用于土工织物及片状土工复合材料。

4.5.3 检测方法及原理(以水利行业标准为主)

水利行业标准拉伸强度及伸长率测试采用宽条法、窄条法。

主要试验步骤:进行拉伸强度试验需在试验样品纵横向各裁取试样5个,采用宽条法测试时,裁剪试样有效宽度200 mm,长度不小于200 mm,其中计量长度为100 mm;采用窄条法测试时,裁剪试样有效宽度50 mm,长度不小于200 mm,其中计量长度为100 mm。完成调温调湿后,选择试验机量程并设定拉伸速率为20 mm/min,将夹具初始间距调至100 mm,将试样对中夹持于夹具内,开启试验机,连续运转拉伸试样直至试样破坏,记录拉力及伸长量值。所有试样测试完毕后计算该样品拉伸强度及伸长率平均值。本试验记录格式见附表4-2,检测报告格式见附录4.2.1节。

4.5.4 检测标准

1)相关标准

水利行业标准:《土工合成材料测试规程》(SL 235—2012)。

交通行业标准:《公路工程土工合成材料试验规程》(JTG E50—2006)。

国家标准:《土工布及其有关产品 宽条拉伸试验》(GB/T 15788—2005)。

2)标准说明

宽条法拉伸试验和窄条法拉伸试验,两种试验原理和步骤相同,只是试样宽度不同,有研究表明,宽条法与窄条法拉伸试验结果存在一定差异,国际上多采用宽条试验。但考虑到高强材料的不断出现,宽条法试验实现难度很大,而且复现性也比窄条法差,所以仍保留两种不同的方法,具体见表4-4。

表 4-4 标准说明

标准号	GB/T 15788—2005	JTG E50—2006	SL 235—2012
样品尺寸	200 mm 宽,长度满足夹持隔距100 mm	200 mm 宽,长度满足夹持隔距100 mm	宽条法:200 mm 宽,长度不小于200 mm。 窄条法:50 mm 宽,长度不小于200 mm

标准号	GB/T 15788—2005	JTG E50—2006	SL 235—2012
试样数量	纵横向各至少5块	纵横向各至少5块	纵横向各至少5块
夹具隔距	100 mm±3 mm	100 mm±3 mm	100 mm
拉伸速率	隔距长度的20%/min±5%/min	名义夹持长度的20%/min±1%/min	20 mm/min
力值精度	满量程的0.2%	满量程的0.2%	满量程的1%
伸长率(量)精度	伸长率精确至0.1%	伸长率精确至0.1%	伸长量精确至1 mm
温度/℃	20±2	20±2	20±2
湿度/%	65±5	65±5	60±10
调节/h	24	24	24
备注	伸长率计算需考虑预负荷下伸长量	伸长率计算需考虑预负荷下伸长量	—

4.6 撕破强力

4.6.1 定义

撕破强力：在规定条件下，使试样上从初始切口开始撕裂并继续扩展直至完全破坏的撕破力，通常以 N 表示。

土工合成材料在铺设和使用过程中，通常会有不同程度的破损，撕破强力反映了试样抵抗扩大破损裂口的能力，是工程应用中的重要力学指标。该项测试是沿用了纺织品的测试方法，按试样形状也被称为梯形撕破试验。

4.6.2 适用范围

本试验适用于土工织物及片状土工复合材料。

4.6.3 检测方法及原理（以水利行业标准为主）

水利行业标准撕破强力测试采用梯形撕破法。

主要试验步骤：进行撕破强力试验需在试验样品纵横向按规定梯形模板各裁取试样5个，完成调温调湿后，选择试验机量程并设定拉伸速率为300 mm/min，将夹具初始间距调至25 mm，将试样上的梯形线与夹具边缘齐平夹紧，梯形的短边平整绷紧，其余部分呈折叠状，开启试验机，连续运转直至试样破坏，记录撕破过程中出现的最大撕裂力。所有试样测试完毕后计算该样品撕破强力平均值、标准差及变异系数。本试验记录格式见附表4-3，检测报告格式见附录4.2.1节。

4.6.4 检测标准

1）相关标准

水利行业标准：《土工合成材料测试规程》(SL 235—2012)。

交通行业标准:《公路工程土工合成材料试验规程》(JTG E50—2006)。

国家标准:《土工合成材料 梯形法撕破强力的测定》(GB/T 13763—2010)。

2）标准说明

目前国内外测定土工织物撕破强力的方法已趋于一致,均采用梯形法,只是在试样尺寸、试验数量及拉伸速率上有所差异,具体见表4-5。

表 4-5 标准说明

标准号	GB/T 13763—2010	JTG E50—2006	SL 235—2012
样品尺寸	200 mm±2 mm 长,75 mm±1 mm 宽,切口15 mm,梯形长边100 mm,短边25 mm	200 mm 长,76 mm 宽,切口15 mm,梯形长边100 mm,短边25 mm	200 mm 长,76 mm 宽,切口15 mm,梯形长边100 mm,短边25 mm
试样数量	纵横向各至少10块	纵横向各10块	纵横向各至少5块
夹具隔距/mm	25±1	25	25
拉伸速率/(mm·min^{-1})	50	100±5	300
温度/℃	20±2	20±2	20±2
湿度/%	65±5	65±5	60±10
调节/h	24	24	24

4.7 顶 破 强 度

4.7.1 定义

顶破强度:在规定条件下,顶压杆以恒定的位移速率顶压土工合成材料试样直至穿透试样,使试样发生破坏下测得的最大顶压力,通常以 kN 表示。

在工程应用中,土工合成材料被置于两种不同粒径的材料之间,受到粒料的顶压作用,施工中也会受到抛填粒料引起的法向荷载。顶破强度即是反映土工合成材料抵抗垂直于材料平面的法向压力的能力。

4.7.2 适用范围

本试验适用于土工织物、土工膜及片状土工复合材料。

4.7.3 检测方法及原理（以水利行业标准为主）

水利行业标准顶破强度测试采用CBR法,即圆柱顶破法。

主要试验步骤:进行顶破强度试验需裁取直径大小满足夹具要求的圆形试样5个,完成调温调湿后,选择试验机量程并设定顶压速率为50 mm/min,将试样放入环形夹具内,拧紧夹具,开启试验机,顶杆竖向顶压试样,连续运转试验机直至试样破坏,记录最大顶压力。

所有试样测试完毕后计算该样品顶破强度、顶破位移平均值(如需要)。本试验记录格式见附表4-4,检测报告格式见附录4.2.1节。

4.7.4 检测标准

1)相关标准

水利行业标准:《土工合成材料测试规程》(SL 235—2012)。

交通行业标准:《公路工程土工合成材料试验规程》(JTG E50—2006)。

国家标准:《土工合成材料静态顶破试验(CBR 法)》(GB/T 14800—2010)。

2)标准说明

评价土工合成材料顶破强度的试样方法一般有 CBR 顶破(圆柱形顶杆)和圆球顶破,其中 CBR 顶破源于土工试验中的 CBR 测试,在土工合成材料测试中运用更多,国内标准中的规定也基本一致,仅在部分参数细节上略有差别,具体见表4-6。

表4-6 标准说明

标准号	GB/T 14800—2010	JTG E50—2006	SL 235—2012
样品尺寸	与夹具匹配	直径300 mm	直径210～300 mm.根据夹具确定
试样数量	5	5	5
顶杆直径/mm	50±0.5	50	50
顶杆倒角	2.5 mm±0.2 mm 半径圆弧	2.5 mm 半径圆弧	2.5 mm 半径圆弧
夹具内径/mm	150±0.5	150	150
顶压速率/ (mm·min^{-1})	50±5	60±5	50
温度/℃	20±2	20±2	20±2
湿度/%	65±5	65±5	60±10
调节/h	24	24	24
备注	需要时,可测顶破位移	需要时,可测顶破位移	需要时,可测顶破位移

4.8 动态穿孔试验

4.8.1 定义

动态穿孔试验:在规定条件下,将土工织物或土工膜试样水平夹持在夹持环中,以不锈钢锥从一定高度自由跌落在试样上,不锈钢锥刺入试样而使试样上形成破洞,将标有刻度的量锥插入破洞测得穿透的程度,通常以 mm 表示。

在工程施工中,土工合成材料常因受到局部力的作用而造成破坏,如具有尖角的石块或其他尖锐物掉落在材料表面,动态穿孔试验即模拟施工中土工合成材料产品抵抗跌落穿透的能力,以落锥的贯入度表征尖锐物在材料表面造成的损坏程度,一般也称为落锥试验。

4.8.2 适用范围

本试验适用于土工织物、土工膜及片状土工复合材料。

4.8.3 检测方法及原理(以水利行业标准为主)

水利行业标准动态穿孔试验测试采用落锥法。

主要试验步骤:进行动态穿孔试验需裁取直径大小满足夹具要求的圆形试样5个,完成调温调湿后,将试样放入环形夹具内,夹紧夹具。将质量为 1 000 g 的落锥于距离试样面 50 cm 高度自由落下,在试样表面造成破洞,取下落锥,将量锥放入破洞,测量可见的最大破洞直径。所有试样测试完毕后计算该样品动态穿孔直径平均值。本试验记录格式见附表 4-5,检测报告格式见附录 4.2.1 节。

4.8.4 检测标准

1)相关标准

水利行业标准:《土工合成材料测试规程》(SL 235—2012)。

交通行业标准:《公路工程土工合成材料试验规程》(JTG E50—2006)。

国家标准:《土工布及其有关产品 动态穿孔试验 落锥法》(GB/T 17630—1998)。

2)标准说明

动态穿孔试验是 SL 235—2012 标准中新增加的检测项目,作为一项实用性很高的指标,可用于试验或检查土工合成材料是否符合现场施工的要求。目前国内已颁布的有关动态穿孔试验的标准试验要点基本一致,具体见表 4-7。

表 4-7 标准说明

标准号	GB/T 17630—1998	JTG E50—2006	SL 235—2012
落锥尺寸,质量	锥角 45°,最大直径 50 mm,总质量(1 000±5)g	锥角 45°,最大直径 50 mm,总质量(1 000±5)g	锥角 45°,最大直径 50 mm,总质量(1 000±5)g
量锥尺寸,质量	锥角＜45°,最大直径 50 mm,总质量(600±5)g	锥角＜45°,最大直径 50 mm,总质量(600±5)g	锥角＜45°,最大直径 50 mm,总质量(600±5)g
夹具内径/mm	150±0.5	150±0.5	150±0.5
下落高度/mm	500±2	500±2	500±2
试样数	10	10	5
温度/℃	20±2	20±2	20±2
湿度/%	65±5	65±5	60±10
调节/h	24	24	24
备注	—	—	—

4.9 等效孔径

4.9.1 定义

等效孔径:能有效通过土工织物的近似最大颗粒直径,如 O_{90} 表示土工织物中 90% 的孔径低于该值,通常以 mm 表示。

土工织物具有各种形状和大小不同的孔径,其孔径大小的分部曲线类似于土的颗粒级配曲线,孔径可以反映土工织物的透水性能和保持土颗粒的能力,是一个重要的特性指标,目前土工织物孔径的测定方法有直接法和间接法两大类:直接法包括显微镜法和投影放大测读法,间接法有干筛法、湿筛法、水动力法等。国内较多采用干筛法,以土工织物为筛布对标准颗粒料进行筛析,如当过筛率为 10% 时,则该颗粒粒径尺寸为土工织物的等效孔径 O_{90}。

4.9.2 适用范围

本试验适用于有空隙的土工织物及片状土工复合材料。

4.9.3 检测方法及原理(以水利行业标准为主)

水利行业标准等效孔径测试采用干筛法。

主要试验步骤:进行等效孔径试验需裁取直径大于试验筛的圆形试样 5 或 $5n$ 个(n 为选取的粒径级数);完成调温调湿及去静电处理后,将试样放入筛网上固定。称量颗粒材料 50 g,均匀撒布在单个试样表面。将装好试样的试样筛、接收盘和筛盖夹紧装入振筛机上,开启机器,以规定频率、回转半径、振幅振筛 10 min,停机后,称量通过试样的颗粒材料质量。再用另一级颗粒材料在同一块试样上重复试验,以 3~4 级连续分级颗粒的过筛率绘制孔径分部曲线(图 4-1),在曲线上查找计算对应的等效孔径值。所有试样测试完毕后可计算该样品过筛率平均值。本试验记录格式见附表 4-6,检测报告格式见附录4.2.1 节。

按式(4-7)计算某级颗粒的过筛率 R_i:

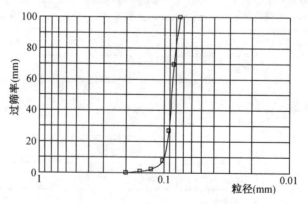

图 4-1 孔径分布曲线

$$R_i = \frac{M_i}{M_0} \times 100\% \qquad\qquad (4-7)$$

式中 M_0——筛析时颗粒投放量(g);

　　　M_i——筛析后底盘中颗粒质量(过筛量)(g)。

4.9.4 检测标准

1)相关标准

水利行业标准:《土工合成材料测试规程》(SL 235—2012)。

交通行业标准:《公路工程土工合成材料试验规程》(JTG E50—2006)。

国家标准:《土工布及其有关产品 有效孔径的测定 干筛法》(GB/T 14799—2005)。

2)标准说明

国内外相关标准中等效孔径试验有多种试验方法,国内常规测试以干筛法为主,虽然干筛法试验易受静电效应、温湿度影响,有一定的离散性,但相对其他方法而言,其试验操作比较简单,设备较为成熟,并积累了较多的工程测试经验。水利行业标准与国内相关标准在试验要素细节上,特别是在标准颗粒粒径取值方法上存在部分差异,具体见表4-8。

表 4-8　标准说明

标准号	GB/T 14799—2005	JTG E50—2006	SL 235—2012
试样尺寸	大于网筛直径	大于网筛直径	大于网筛直径
试样数量	5n	5n	5 或 5n
横向摇动频率/(次·min^{-1})	220±10	220±10	255±35
回转半径/mm	12±1	12±1	12.5±1
垂直振动频率/(次·min^{-1})	150±10	150±10	150±10
振幅/mm	10±2	10±2	—
试验时间/min	10	10	10
投料量/g	50	50	50
粒径取值	下限值	下限值	上下限值与过筛率线性内插得出
温度/℃	20±2	20±2	20±2
湿度/%	65±5	65±5	60±10
调节/h	24	24	24
备注	—	—	—

4.10　垂直渗透系数

4.10.1　定义

垂直渗透系数：水流垂直于土工合成材料平面，在水力梯度等于 1 时的渗透流速，通常以 cm/s 表示。

土工合成材料的渗透特性是其重要水力学特性之一，在过滤标准及其有关水力学设计中，是一项不可缺少的重要指标。如土工织物用作反滤材料时，水流的方向垂直于土工织物的平面，此时要求土工织物既能防止土颗粒随水流失，又要求其具有一定的透水性。垂直渗透系数参数即主要用于反滤设计，以确定土工织物产品的渗透性能。同时，可以用于反映土工织物渗透性能的参数还有透水率、流速指数。透水率是指水流垂直于土工织物平面，单位水位差下的渗透流速，通常以 1/s 表示；流速指数是指试样两侧在规定水头差下的流速，一般取 50 mm 水头差，也可取 100 mm 或 150 mm 水头差，通常以 cm/s 表示。

目前对于土工合成材料垂直渗透特性的测试方法有两种：一种为恒水头法，也称常水头法，即试样是在系列恒定水头差下进行试验；一种为降水头法，也称变水头法，即试样是在连续下降水头差下进行试验。国内常规均采用恒水头法进行试验检测。

按式（4-8）计算 20℃时的垂直渗透系数：

$$k_{20} = \frac{W\delta}{A \Delta h t} \cdot \eta \qquad (4-8)$$

式中　k_{20}——土工织物 20℃时渗透系数（cm/s）；

　　　W——渗透水量（cm³）；

　　　δ——试样厚度（cm）；

　　　A——试样过水面积（cm²）；

　　　Δh——上下面水位差（cm）；

　　　t——通过水量 W 的历时（s）；

　　　η——水温度修正系数。

按式（4-9）计算 20℃时的透水率：

$$\psi_{20} = \frac{W}{A \Delta h t} \cdot \eta \qquad (4-9)$$

式中，ψ_{20} 为土工织物 20℃时透水率（1/s）。

其余符号同式（4-8）。

按式（4-10）计算 20℃时的流速指数：

$$v_{20} = \frac{W}{At} \cdot \eta \qquad (4-10)$$

式中，v_{20} 为土工织物 20℃时流速指数（cm/s）。

其余符号同式（4-8）。

4.10.2 适用范围

本试验适用于具有透水功能的土工织物及片状土工复合材料。

4.10.3 检测方法及原理(以水利行业标准为主)

水利行业标准垂直渗透系数测试采用恒水头法。

主要试验步骤：进行垂直渗透系数试验需裁取面积不小于 20 cm² 且与测试设备配套的圆形试样 5 个(多层测试时为 5 组)，将试样放入无杂质脱气水或蒸馏水中充分饱和，饱和完成后将试样安装于垂直渗透仪上，调节上下游水位差 Δh 稳定后，测读 Δh，开动计时器，用量筒接取一定时段内的渗透水量，并测量水量与时间。测量完成后调节上游水位，改变水力梯度，再次测量渗透水量与时间。做出渗透流速 v 与水力梯度 i 的关系曲线，取其线性范围内的试验结果。所有试样测试完毕后可计算该样品垂直渗透系数平均值。本试验记录格式见附表 4-7，检测报告格式见附录 4.2.1 节。

4.10.4 检测标准

1) 相关标准

水利行业标准：《土工合成材料测试规程》(SL 235—2012)。

交通行业标准：《公路工程土工合成材料试验规程》(JTG E50—2006)。

国家标准：《土工布及其有关产品 无负荷时垂直渗透特性的测定》(GB/T 15789—2005)。

2) 标准说明

国内标准中对于垂直渗透系数参数的恒水头测试方法基本一致。水利行业标准与其他国内相关标准在试验水头差选择以及结果处理方式上存在一定差别，如 GB/T 15789—2005 和 JTG E50—2006 中均说明在土工织物总体渗透性能已确定的情况下，为控制产品质量可只测 50 mm 水头差下的渗透流速。SL 235—2012 中则规定做出渗透流速 v 与水力梯度 i 的关系曲线，取其线性范围内的试验结果，计算平均渗透系数，因不同材料的渗透性能差异很大，从确保试验是在水流层流状态下进行是有意义的，具体见表 4-9。

表 4-9 标准说明

标准号	GB/T 15789—2005	JTG E50—2006	SL 235—2012
试样尺寸	同设备相适应	同设备相适应	有效过水面积不小于 20 cm² 且同设备相适应
试样数量	5 个	至少 5 个	单层测试至少 5 个 多层测试至少 5 组
样品处理	至少浸泡 12 h	至少浸泡 12 h	浸泡至充分饱和
水量收集	至少 1 000 mL 或至少 30 s	至少 1 000 mL、至少 30 s	至少 100 mL、至少 10 s
结果处理	为控制产品质量可只测 50 mm 水头差下的渗透流速	为控制产品质量可只测 50 mm 水头差下的渗透流速	做出渗透流速 v 与水力梯度 i 的关系曲线，取其线性范围内的试验结果，计算平均渗透系数
备注	另含降水头法	—	—

4.11 耐静水压力试验

4.11.1 定义

耐静水压力：对土工合成材料试样施加液压扩张直至破坏过程中的最大液压,通常以MPa表示。

土工合成材料中的土工膜和复合土工膜,防渗性能是其重要的特征指标之一,在工程实际应用中对工程寿命有重要影响。防渗性能通常可用耐静水压指标表征。

4.11.2 适用范围

本试验适用于各类防渗用土工膜及复合土工材料。

4.11.3 检测方法及原理(以水利行业标准为主)

水利行业标准耐静水压力测试采用液压法。其试验原理是：将试样放置于规定的耐静水压力仪内,以一定的液体压入速率对试样两侧施加液体压差,直至试样破坏或发生渗漏现象,记录其能承受的最大液压力差即为样品的耐静水压力,也可测定在要求的液压力差下样品是否有渗水现象,以判断其是否满足要求。

主要试验步骤：裁取直径不小于 55 mm 的试样 10 块,将试样用环形夹具夹紧,设定液体压入速率为 100 mL/min,开启注压使试样凸起变形,直至试样破坏或发生渗漏时停止加压,记录该过程中的最大压力。所有试样测试完毕后可计算该样品耐静水压力平均值。本试验检测报告格式见附录 4.2.1 节。

4.11.4 检测标准

1) 相关标准

水利行业标准：《土工合成材料测试规程》(SL 235—2012)。

交通行业标准：《公路工程土工合成材料试验规程》(JTG E50—2006)。

国家标准：《土工合成材料 防渗性能 第1部分耐静水压的测定》(GB/T 19979.1—2005)。

2) 标准说明

国内标准中对于耐静水压力参数的测试方法均为液压法。水利行业标准与其他国内相关标准在试验设备形式、加压速率上存在较大差别,如 GB/T 19979.1—2005 和 JTG E50—2006 中均规定在试样背水面需设置多孔板,多孔板上均匀分布直径为(3±0.05)mm 的小透孔,孔的中心间距为6mm,试样在压力作用下在小透孔处发生凸起变形;同时规定应以0.1MPa级差逐级加压,每级保持 1 h。SL 235—2012 则没有设置多孔板的要求,以100 mL/min 的加压速率连续加压,见表 4-10。

表 4 - 10　标准说明

标准号	GB/T 19979.1—2005	JTG E50—2006	SL 235—2012
试样尺寸	同设备相适应	同设备相适应	直径不小于 55 mm
试样数量	至少 3 个	3 个	至少 10 个
样品处理	—	—	温度 20℃±2℃,湿度 60%±10%,调节 24 h
设备形式	集水器内径 200 mm±5 mm,孔板上均匀分布直径为 3 mm±0.05 mm 的小透孔,孔的中心间距为 6 mm	集水器内径 200 mm±5 mm,孔板上均匀分布直径为 3 mm±0.05 mm 的小透孔,孔的中心间距为 6 mm	环形夹具内径 30.5 mm
加压速率	以 0.1 MPa 级差逐级加压,每级保持 1 h	以 0.1 MPa 级差逐级加压,每级保持 1 h	以 100 mL/min 连续加压
数据采集	记录试样发生破坏或渗水前一级压力	记录试样发生破坏或渗水前一级压力	记录试样破坏或渗水时的最大压力
结果处理	以 3 个试样实测耐静水压值中的最低值作为该样品的耐静水压值;如果实测值超过 3 个,以最低的 2 个值的平均值计;如只有 1 个值较低且低于次低值 50% 以上,则该值应舍弃	以 3 个试样实测耐静水压值中的最低值作为该样品的耐静水压值	计算试样测试结果平均值

4.12　老化特性试验

4.12.1　定义

老化:材料在储存和使用过程中受内外因素的综合作用,其性能逐渐变坏直至最后丧失使用价值的过程。

土工合成材料是高分子聚合物产品,其老化可以表现为外观变色、表面龟裂、脆化、分子量下降,最具重要意义的是其力学性能衰变,从而影响工程的正常运行。

4.12.2　适用范围

本试验适用于各类土工合成材料。

4.12.3　检测方法及原理(以水利行业标准为主)

高分子材料的衰变受多种因素作用,包括吸水膨胀、析出破坏、生物破坏,而最重要的是紫外线照射造成的光衰变和空气中的氧化降解。目前对于土工合成材料的老化测试手段主要分两大类:一类是自然气候暴露试验,即户外试验;另一类是室内光源人工加速耐候试验,是利用人工方法模拟和强化自然气候中的光、热、氧、湿度等老化破坏因素,特别是光的老化作用,模拟光源国内一般采用荧光紫外灯和氙弧灯。通过比较材料经过一定老化周期后的性能差异来衡量材料的抗老化性能。

主要试验步骤:将试样安放于人工老化试验箱中,使试样暴露面向光源,按试验要求设定老化条件及循环周期,开启老化试验箱。在老化周期完成后,取出样品按照相应的试样方法进行测试,测试完成后将老化试样的试验结果与未老化试样的试验结果进行保持率计算。老化特性试验一般采用材料老化前后的拉伸强度比对来评价材料的老化记录格式一般采用附表4-2,检测报告格式见附录4.2.1节。

4.12.4 检测标准

1)相关标准

水利行业标准:《土工合成材料测试规程》(SL 235—2012)。

交通行业标准:《公路工程土工合成材料试验规程》(JTG E50—2006)。

国家标准:《塑料实验室光源暴露试验方法 第1部分 总则》(GB/T 16422.1—2006);

《塑料实验室光源暴露试验方法 第2部分 氙弧灯》(GB/T 16422.2—2014);

《塑料实验室光源暴露试验方法 第3部分 荧光紫外灯》(GB/T 16422.3—2014)。

2)标准说明

国家标准与交通行业标准较为类似,但其试验方法主要面对塑料制品,是一种普遍适用的试验条件规定,水利行业标准对比国家标准及交通行业标准,则针对土工织物与土工膜类产品分别规定了灯型选择、试验条件、循环周期、曝晒时长、样品制备方式以及相关性能评估方法。

第二部分　混凝土工程类

第5章 水　　泥

水泥是水利工程建设重要的原材料之一。水泥加水拌合后,经过物理化学反应过程能由可塑性浆体变为坚硬的石状体,它不仅能在空气中硬化,而且能更好地在水中硬化,保持并继续发展其强度,因此,水泥属于水硬性胶凝材料。用水泥制成的砂浆或混凝土,坚固耐久,广泛应用于土木建筑、水利、国防等工程。

我国的水泥品种较多,常用于水利工程中的水泥主要有硅酸盐水泥、普通硅酸盐水泥、矿渣硅酸盐水泥、火山灰质硅酸盐水泥、粉煤灰硅酸盐水泥和复合硅酸盐水泥。

5.1　安　定　性

5.1.1　定义

水泥体积安定性是指水泥在凝结硬化过程中,体积变化的均匀性。安定性是反映水泥浆在硬化后因体积膨胀不均匀而变形的情况,是评定水泥质量的重要指标之一。

5.1.2　适用范围

适用于硅酸盐水泥、普通硅酸盐水泥、矿渣硅酸盐水泥、粉煤灰硅酸盐水泥、火山灰质硅酸盐水泥、复合硅酸盐水泥。

5.1.3　检测方法及原理(以国家标准为主)

安定性的试验方法有标准法和代用法,当有争议时,以标准法为准。

1)标准法

标准法又称雷氏法,是观测由两个试针的相对位移所指示的水泥标准稠度净浆体积膨胀的程度。

主要试验步骤:将预先准备好的雷氏夹放在已稍擦油的玻璃板上,并立即将已制好的标准稠度净浆一次装满雷氏夹,装浆时一只手轻轻扶持雷氏夹,另一只手用宽约 10 mm 的小刀插捣数次,然后抹平,盖上稍涂油的玻璃板,接着立即将试件移至湿气养护箱内养护(24 ± 2)h,然后脱去玻璃板取下试件,先测量雷氏夹指针尖端间的距离(A),精确到 0.5 mm,接着将试件放人沸煮箱水中的试件架上,指针朝上,然后在(30 ± 5) min 内加热至沸并恒沸(180 ± 5) min,沸煮结束后,立即放掉沸煮箱中的热水,打开箱盖,待箱体冷却至室温,取出试件进行判别。测量雷氏夹指针尖端的距离(C),准确至 0.5 mm。当两个试件煮后增加距离($C-A$)的平均值不大于 5.0 mm 时,即认为该水泥安定性合格,当两个试件的($C-A$)值相差超过4.0 mm时,应用同一样品立即重做一次试验。再如此,则认为该水泥为安定性不合格。本试验记录格式见附表 5-1,检测报告格式见附录 5.2.1 节。

2）代用法

代用法又称试饼法，是观测水泥标准稠度净浆试饼的外形变化程度。

主要试验步骤：将制好的标准稠度净浆取出一部分分成两等份，使之呈球形，放在预先准备好的玻璃板上，轻轻振动玻璃板并用湿布擦过的小刀由边缘向中央抹，做成直径 70～80 mm、中心厚约 10 mm、边缘渐薄、表面光滑的试饼，接着将试饼放入湿气养护箱内养护（24±2）h，脱去玻璃板取下试饼，在试饼无缺陷的情况下将试饼放在沸煮箱水中的箅板上，然后在（30±5）min 内加热至沸，并恒沸（180±5）min，沸煮结束后，立即放掉沸煮箱中的热水，打开箱盖，待箱体冷却至室温，取出试件进行判别。目测试饼未发现裂缝，用钢直尺检查也没有弯曲（使钢直尺和试饼底部紧靠，以两者间不透光为不弯曲）的试饼为安定性合格，反之为不合格。当两个试饼判别结果有矛盾时，该水泥的安定性为不合格。本试验记录格式见附表 5-1，检测报告格式见附录 5.2.1 节。

5.1.4　检测标准

1）相关标准

国家标准：《水泥标准稠度用水量、凝结时间、安定性检测方法》（GB/T 1346—2011）。

2）标准说明

水泥其他行业标准方法均参照国家标准执行，故不再列举比较。

5.2　标准稠度用水量

5.2.1　定义

由于加水量的多少对水泥的一些技术性质（如凝结时间等）的测定值影响很大，故测定这些性质时，必须在一个规定的稠度下进行。这个规定的稠度，称为标准稠度。水泥净浆达到标准稠度时，所需的拌合水量（以占水泥重量的百分率表示），称为标准稠度用水量。

5.2.2　适用范围

本试验适用于硅酸盐水泥、普通硅酸盐水泥、矿渣硅酸盐水泥、粉煤灰硅酸盐水泥、火山灰质硅酸盐水泥、复合硅酸盐水泥以及指定采用本方法的其他品种水泥。

5.2.3　检测方法及原理（以国家标准为主）

标准稠度用水量的试验方法有标准法和代用法，当有争议时，以标准法为准。

主要试验步骤（标准法）：

①拌制水泥净浆。用水泥净浆搅拌机搅拌，搅拌锅和搅拌叶片先用湿布擦过，将拌合水倒入搅拌锅内，然后在 5～10 s 内小心将称好的 500 g 水泥加入水中，防止水和水泥溅出；拌合时，先将锅放在搅拌机的锅座上，升至搅拌位置，启动搅拌机，低速搅拌 120 s，停 15 s，同时将叶片和锅壁上的水泥浆刮入锅中间，接着高速搅拌 120 s 停机。

②测定标准稠度用水量。拌合结束后，立即将拌制好的水泥净浆装入已置于玻璃底板上的试模中，用小刀插捣，轻轻振动数次，刮去多余的净浆；抹平后迅速将试模和底板移到维

卡仪上,并将其中心定在试杆下,降低试杆直至与水泥净浆表面接触,拧紧螺钉1~2 s后,突然放松,使试杆垂直自由地沉入水泥净浆中。在试杆停止沉人或释放试杆30 s时记录试杆距底板之间的距离,升起试杆后,立即擦净;整个操作应在搅拌后1.5 min内完成。以试杆沉入净浆并距底板(6±1) mm的水泥净浆为标准稠度净浆。其拌合水量为该水泥的标准稠度用水量,按水泥质量的百分比计。

本试验记录格式见附表5-1,检测报告格式见附录5.2.1节。

5.2.4 检测标准

1)相关标准

国家标准:《水泥标准稠度用水量、凝结时间、安定性检测方法》(GB/T 1346—2011)。

2)标准说明

水泥其他行业标准方法均参照国家标准执行,故不再列举比较。

5.3 凝 结 时 间

5.3.1 定义

水泥凝结时间是指水泥从加水到水泥浆失去可塑性所需的时间,凝结时间分为初凝时间和终凝时间。

5.3.2 适用范围

本试验适用于硅酸盐水泥、普通硅酸盐水泥、矿渣硅酸盐水泥、粉煤灰硅酸盐水泥,火山灰质硅酸盐水泥,复合硅酸盐水泥以及指定采用本方法的其他品种水泥。

5.3.3 检测方法及原理(以国家标准为主)

凝结时间的试验方法分为初凝时间测定和终凝时间测定两部分。

(1)初凝时间测定。

初凝时间是指从水泥加水到水泥浆开始失去塑性的时间。

主要试验步骤:制作水泥标准稠度净浆试件,试件在湿气养护箱中养护至加水后30 min时进行第一次测定。测定时,从湿气养护箱中取出试模放到试针下,降低试针与水泥净浆表面接触。拧紧螺钉1~2 s后,突然放松,试针垂直自由地沉入水泥净浆。观察试针停止下沉或释放试针30 s时指针的读数。当试针沉至距底板(4±1) mm时,为水泥达到初凝状态;由水泥全部加入水中至初凝状态的时间为水泥的初凝时间,单位用 min 表示。本试验记录格式见附表5-1,检测报告格式见附录5.2.1节。

(2)终凝时间测定。

终凝时间是指从水泥加水到水泥浆完全失去塑性的时间。

主要试验步骤:在完成初凝时间测定后,立即将试模连同浆体以平移的方式从玻璃板上取下,翻转180°直径大端向上,小端向下放在玻璃板上,再放入湿气养护箱中继续养护,临近终凝时间时每隔15 min测定一次,当试针沉入试体0.5 mm时,即环形附件开始不能在试体上留下痕迹时,为水泥达到终凝状态,由水泥全部加入水中至终凝状态的时间为水泥的终凝时间,单位用 min 表示。本试验记录格式见附表 5-1,检测报告格式见附录 5.2.1 节。

5.3.4 检测标准

1)相关标准

国家标准:《水泥标准稠度用水量、凝结时间、安定性检测方法》(GB/T 1346—2011)。

2)标准说明

水泥其他行业标准方法均参照国家标准执行,故不再列举比较。

5.4 细 度

5.4.1 定义

细度是指水泥颗粒的粗细程度。

5.4.2 适用范围

本试验适用于硅酸盐水泥、普通硅酸盐水泥、矿渣硅酸盐水泥、火山灰质硅酸盐水泥、粉煤灰硅酸盐水泥、复合硅酸盐水泥以及指定采用本标准的其他品种水泥和粉状物料。

5.4.3 检测方法及原理(以国家标准为主)

采用 45 μm 方孔筛或 80 μm 方孔筛对水泥试样进行筛析试验,用筛上筛余物的质量百分数来表示水泥样品的细度,80 μm 筛析试验称取试样 25 g,45 μm 筛析试验称取试样 10 g。共分为负压筛析法、水筛法和手工筛析法三种,最常用的为负压筛析法,以下将介绍负压筛析法。

负压筛析法是用负压筛析仪,通过负压源产生的恒定气流,在规定筛析时间内使试验筛内的水泥达到筛分。

主要试验步骤:筛析试验前应把负压筛放在筛座上,盖上筛盖,接通电源,检查控制系统,调节负压至 4 000~6 000 Pa。称取试样精确至 0.01 g,置于洁净的负压筛中,放在筛座上,盖上筛盖,接通电源,开动筛析仪连续筛析 2 min,在此期间如有试样附着在筛盖上,可轻轻地敲击筛盖使试样落下。筛毕,用天平称量全部筛余物。本试验记录格式见附表 5-1,检测报告格式见附录 5.2.1 节。

(1)水泥试样筛余百分数按式(5-1)计算。

$$F = \frac{R_1}{W} \times 100\%$$ (5-1)

式中 F——水泥试样的筛余百分数(%);

R_1——水泥筛余物的质量(g);

W——水泥试样的质量(g),结果精确至 0.1%。

(2)修正筛余结果。

试验筛的筛网会在试验中磨损,因此筛析结果应进行修正。修正的方法是将式(5-1)

的结果乘以该试验筛按标定方法标定后得到的有效修正系数,即为最终结果。

（4）合格评定时,每个样品应称取两个试样分别筛析,取筛余平均值为筛析结果。若两次筛余结果绝对误差大于0.5%时(筛余值大于5.0%时可放至1.0%)应再做一次试验,取两次相近结果的算术平均值,作为最终结果。

5.4.4 检测标准

1）相关标准

国家标准:《水泥细度检测方法 筛析法》(GB/T 1345—2005)。

2）标准说明

水泥其他行业标准方法均参照国家标准执行,故不再列举比较。

5.5 胶砂流动度

5.5.1 定义

水泥胶砂流动度是指通过测量一定配比的水泥胶砂在规定振动状态下的扩展范围来衡量其流动性。

5.5.2 适用范围

本试验适用于硅酸盐水泥、普通硅酸盐水泥、矿渣硅酸盐水泥、粉煤灰硅酸盐水泥、火山灰质硅酸盐水泥、复合硅酸盐水泥以及指定采用本方法的其他品种水泥。

5.5.3 检测方法及原理(以国家标准为主)

主要试验步骤:首先,按规定进行胶砂制备,在制备胶砂的同时,用潮湿棉布擦拭跳桌台面、试模内壁、捣棒以及与胶砂接触的用具,将试模放在跳桌台面中央并用潮湿棉布覆盖。然后,将拌好的胶砂分两层迅速装入试模,第一层装至截锥圆模高度约2/3处,用小刀在相互垂直两个方向各划5次,用捣棒由边缘至中心均匀捣压15次;随后,装第二层胶砂,装至高出截锥圆模约20 mm,用小刀在相互垂直两个方向各划5次,再用捣棒由边缘至中心均匀捣压10次,捣压完毕,取下模套,将小刀倾斜,从中间向边缘分两次以近水平的角度抹去高出截锥圆模的胶砂,并擦去落在桌面上的胶砂,将截锥圆模垂直向上轻轻提起。立刻开动跳桌,以每秒钟一次的频率,在(25±1) s内完成25次跳动。最后,跳动完毕,用卡尺测量胶砂底面互相垂直的两个方向直径,计算平均值,取整数,单位为mm,该平均值即为该水量的水泥胶砂流动度。本试验记录格式见附表5-2,检测报告格式见附录5.2.1节。

5.5.4 检测标准

1）相关标准

国家标准:《水泥胶砂流动度测定方法》(GB/T 2419—2005)。

2）标准说明

水泥其他行业标准方法均参照国家标准执行,故不再列举比较。

5.6 胶砂强度

5.6.1 定义

水泥胶砂强度是表示水泥力学性能的一种量度,是按水泥强度检验标准规定配制成水泥胶砂试件,经一定龄期的标准养护后所测得的强度。水泥强度是评定其质量的重要指标,是划分水泥强度等级的依据。水泥的强度主要取决于水泥熟料矿物成分的相对含量和水泥的细度。

5.6.2 适用范围

本试验适用于硅酸盐水泥、普通硅酸盐水泥、矿渣硅酸盐水泥、粉煤灰硅酸盐水泥、复合硅酸盐水泥、石灰石硅酸盐水泥的抗折与抗压强度的检验。其他水泥采用本方法时必须研究本方法规定的适用性。

5.6.3 检测方法及原理(以国家标准为主)

胶砂强度包括抗折强度和抗压强度。首先,成型棱柱体标准试块;然后,拆模并进行标准水中养护;最后,达到标准龄期后取出测定强度,用规定的设备以中心加荷法测定抗折强度,在折断后的棱柱体上进行抗压试验,受压面是试体成型时的两个侧面,面积为 40 mm×40 mm。当不需要抗折强度数值时,抗折强度试验可以省去,但抗压强度试验应在不使试件受有害应力情况下折断的两截棱柱体上进行。

1) 抗折强度

主要试验步骤:将试体的一个侧面放在试验机支撑圆柱上,试体长轴垂直于支撑圆柱,通过加荷圆柱以(50±10) N/s 的速率均匀地将荷载垂直地加在棱柱体相对侧面上,直至折断。保持两个半截棱柱体处于潮湿状态直至抗压试验。抗折强度 R_f 按式(5-2)计算(精确至 0.1 MPa)。

$$R_f = \frac{1.5 F_f L}{b^3} \tag{5-2}$$

式中 F_f——破坏荷载(N);

L——支撑圆柱中心距($L=100$ mm);

b——试件正方形截面的边长(mm)。

以三个试件测定值的算术平均值为抗折强度的测定结果,计算结果精确至 0.1 MPa。当三个强度值中有超出平均值±10%时,应剔除后再取平均值作为抗折强度试验结果。本试验记录格式见附表 5-1,检测报告格式见附录 5.2.1 节。

2) 抗压强度

主要试验步骤:通过规定的仪器,在半截棱柱体的侧面上进行。半截棱柱体中心与压力机压板受压中心差应在±0.5 mm 内,棱柱体露在压板外的部分约有 10 mm。在整个加荷过程中以(2 400±200) N/s 的速率均匀地加荷直至破坏。抗压强度 R_c 按式(5-3)计算(精

确至 0.1 MPa):

$$R_c = \frac{F_c}{A} \tag{5-3}$$

式中　F_c——破坏荷载(N);

　　A——受压面积(40 mm×40 mm)(mm²)。

以 6 个抗压强度测定值的算术平均值为试验结果。如 6 个测定值中有一个超出 6 个平均值的±10%,就应剔除这个测定值,而以剩下 5 个的平均数为结果。如果 5 个测定值中再有超过它们平均数±10%的,则此组结果作废。本试验记录格式见附表 5-1,检测报告格式见附录 5.2.1 节。

5.6.4　检测标准

1)相关标准

国家标准:《水泥胶砂强度检验方法 ISO 法》(GB/T 17671—1999)。

2)标准说明

水泥其他行业标准方法均参照国家标准执行,故不再列举比较。

5.7　比　表　面　积

5.7.1　定义

水泥比表面积是指单位质量的水泥粉末所具有的总表面积。

5.7.2　适用范围

适用于测定水泥的比表面积及适合采用本标准方法的、比表面积在 2 000～6 000 cm²/g 的其他各种粉状物料,不适用于测定多孔材料及超细粉状物料。

5.7.3　检测方法及原理(以国家标准为主)

本方法主要是根据一定量的空气通过具有一定空隙率和固定厚度的水泥层时,所受阻力不同而引起流速的变化来测定水泥的比表面积。

主要试验步骤:首先测定水泥密度,并根据空隙率计算确定试样量。然后,制备试料层,将穿孔板放入透气圆筒的突缘上,用捣棒把一片滤纸放到穿孔板上,边缘放平并压紧,称取试样量,倒入圆筒,轻敲圆筒的边,使水泥层表面平坦。再放入一片滤纸,用捣器均匀捣实试料直至捣器的支持环与圆筒顶边接触,并旋转 1～2 圈,慢慢取出捣器。最后,进行透气试验,把装有试料层的透气圆筒下锥面涂一薄层活塞油脂,然后把它插入压力计顶端锥型磨口处,旋转 1～2 圈,打开微型电磁泵慢慢从压力计一臂中抽出空气,直到压力计内液面上升到扩大部下端时关闭阀门,当压力计内液体的凹液面下降到第一条刻线时开始计时,当液体的凹液面下降到第二条刻线时停止计时,记录液面从第一条刻度线到第二条刻度线所需的时间,以秒记录,并记录下试验时的温度。

当被测试样的密度、试料层中空隙率与标准样品相同,试验时的温度与校准温度之差

≤3℃时,可按式(5-4)计算:

$$S = \frac{S_s \sqrt{T}}{\sqrt{T_s}}$$
(5-4)

如试验时的温度与校准温度之差>3℃时,则按式(5-5)计算:

$$S = \frac{S_s \sqrt{\eta_s}}{\sqrt{\eta}} \frac{\sqrt{T}}{\sqrt{T_s}}$$
(5-5)

式中　S——被测试样的比表面积(cm^2/g);

　　　S_s——标准样品的比表面积(cm^2/g);

　　　T——被测试样试验时,压力计中液面降落测得的时间(s);

　　　T_s——标准样品试验时,压力计中液面降落测得的时间(s);

　　　η——被测试样试验温度下的空气黏度(MPa·s);

　　　η_s——标准样品试验温度下的空气黏度(MPa·s)。

当被测试样的试料层中空隙率与标准样品试料层中空隙率不同,试验时的温度与校准温度之差≤3℃时,或试验时的温度与校准温度之差>3℃时,查看规范的规定进行计算。水泥比表面积应由两次透气试验结果的平均值确定。如两次试验结果相差2%以上时,应重新试验,计算结果保留至10 cm^2/g。当同一水泥用手动勃氏透气仪测定的结果与自动勃氏透气仪测定的结果有争议时,以手动勃氏透气仪测定结果为准。本试验记录格式见附表5-1,检测报告格式见附录5.2.1节。

5.7.4　检测标准

1)相关标准

国家标准:《水泥比表面积测定方法(勃氏法)》(GB/T 8074—2008)。

2)标准说明

水泥其他行业标准方法均参照国家标准执行,故不再列举比较。

5.8　烧　失　量

5.8.1　定义

水泥烧失量是指在105~110℃烘干的水泥在1 000~1 100℃灼烧后失去的重量百分比。水泥烧失量的分析有其特殊意义。它表征水泥加热分解的气态产物(如 H_2O,CO_2 等)和有机质含量的多少,从而可以判断水泥在使用时是否需要预先对其进行煅烧,使水泥体积稳定。按照化学分析所得到的成分,可以判断水泥的纯度,大致计算出其耐火性能。

5.8.2　适用范围

适用于通用硅酸盐水泥和制备水泥的熟料、生料及制定采用本方法的其他水泥和材料。

5.8.3 检测方法及原理(以国家标准为主)

试样在(950±25)℃的高温炉中灼烧,驱除二氧化碳和水分,同时将存在的易氧化的元素氧化。通常矿渣硅酸盐水泥应对由硫化物的氧化引起的烧失量的误差进行校正,而其他元素的氧化引起的误差一般可忽略不计。试验次数规定为两次,用两次试验结果的平均值表示测定结果。

主要试验步骤:称取约 1 g 试样,精确至 0.000 1 g,放入已灼烧恒量的瓷坩埚中,将盖斜置于坩埚上,放在高温炉内,从低温开始逐渐升高温度,在(950±25)℃下灼烧 15~20 min,取出坩埚置于干燥器中,冷却至室温,称量。反复灼烧直至恒量。

烧失量的质量分数按式(5-6)计算:

$$W_{LOI} = \frac{m_7 - m_8}{m_7} \times 100\% \qquad (5-6)$$

式中 W_{LOI}——烧失量的质量分数(%);

   m_7——试料的质量(g);

   m_8——灼烧后试料的质量(g)。

本试验记录格式见附表 5-2,检测报告格式见附录 5.2.1 节。

5.8.4 检测标准

1)相关标准
国家标准:《水泥化学分析方法》(GB/T 176—2008)。
2)标准说明
水泥其他行业标准方法均参照国家标准执行,故不再列举比较。

第6章 粉 煤 灰

电厂煤粉灰炉烟道气体中收集的粉末称为粉煤灰,它是水利混凝土工程重要的掺合料之一。粉煤灰按煤种分为F类和C类,F类粉煤灰是指由无烟煤或烟煤煅烧收集的粉煤灰,C类粉煤灰是指由褐煤或次烟煤煅烧收集的粉煤灰,其氧化钙含量一般大于10%。由于煤、煤粉易变,锅炉设计、燃烧条件、运行负荷、收集、装卸、输送、贮存等条件不同,决定了粉煤灰组成易变的性质,不仅地区之间、电厂之间的粉煤灰组成不同,而且即便是在同一电厂甚至同一锅炉中收集的粉煤灰组成变化幅度也可能很大,粉煤灰组成的易变性直接影响到某一些用途。因此,加强对粉煤灰品质的检测,具有非常重要的意义。

当采用优质粉煤灰作掺合料,可作为胶凝材料取代部分水泥。在保证混凝土强度等级和坍落度要求的前提下充分潮湿养护,不仅可节约水泥,降低造价,改善和易性、可泵性,消除混凝土泌水,提高后期强度,而且可显著提高抵抗氯离子扩散的能力和不透水性,抗碱骨料反应能力,抗硫酸盐腐蚀并降低混凝土的温升速度等。

6.1 强 度 比

6.1.1 定义

粉煤灰强度比即28 d抗压强度比,就是掺粉煤灰的水泥胶砂与不掺粉煤灰的水泥胶砂28 d抗压强度之间的比值,也叫活性指数。

6.1.2 适用范围

本试验适用于拌制水泥混凝土或砂浆时作掺合料的粉煤灰成品以及水泥生产中作混合材料的粉煤灰。

6.1.3 检测方法及原理(以国家标准为主)

按水泥强度试验方法测定试验胶砂和对比胶砂的抗压强度,以二者28 d抗压强度比确定试验胶砂的强度比。

主要试验步骤:

① 对比胶砂和试验胶砂配比如表6-1所示。

表6-1 胶砂配比

胶砂种类	水泥/g	粉煤灰/g	标准砂/g	水/mL
对比胶砂	450	—	1 350	225
试验胶砂	315	135	1 350	225

② 按水泥强度试验方法规定进行胶砂搅拌、成型和养护,并将试体养护至 28 d 分别测定对比胶砂和试验胶砂的抗压强度。

③ 强度比按式(6-1)计算:

$$H_{28} = \frac{R}{R_0} \times 100\%$$ (6-1)

式中 H_{28}——28 d 强度比(%);

R——试验胶砂 28 d 抗压强度(MPa);

R_0——对比胶砂 28 d 抗压强度(MPa),精确至 1%。

本试验记录格式见附表 6-1,检测报告格式见附录 6.2.1 节。

6.1.4 检测标准

1) 相关标准

国家标准:《用于水泥和混凝土中的粉煤灰》(GB/T 1596—2005)。

电力行业标准:《水工混凝土掺用粉煤灰技术规范》(DL/T 5055—2007)。

2) 标准说明

粉煤灰电力行业标准试验方法均参照国家标准执行,故不再列举比较。

6.2 需 水 量 比

6.2.1 定义

按水泥胶砂流动度试验方法测定试验胶砂和对比胶砂的流动度,以二者流动度达到 130~140 mm 时的加水量之比确定粉煤灰的需水量比。

6.2.2 适用范围

适用于拌制水泥混凝土和砂浆时作掺合料的粉煤灰成品和水泥生产中作混合材料的粉煤灰。

6.2.3 检测方法及原理(以国家标准为主)

主要试验步骤:

① 对比胶砂和试验胶砂配比如表 6-1 所示。

表 6-1 胶砂配比表

胶砂种类	水泥/g	粉煤灰/g	标准砂/g	水/mL
对比胶砂	250	—	750	125
试验胶砂	175	75	750	按流动度达到 130~140 mm 调整

② 按水泥胶砂流动度试验方法规定进行胶砂搅拌,搅拌后的试验胶砂测定流动度,当流动度在 130~140 mm 范围内,记录此时的加水量;当流动度小于 130 mm 或大于 140 mm

时,重新调整加水量,直至流动度达到 130～140 mm 为止。

③ 需水量比按式(6-2)计算:

$$X = \frac{L_1}{125} \times 100\%$$ (6-2)

式中 X——需水量比(%);

L_1——试验胶砂流动度达到 130～140 mm 时的加水量(mL);

125——对比胶砂的加水量(mL),精确至 1%。

本试验记录格式见附表 6-2,检测报告格式见附录 6.2.1 节。

6.2.4 检测标准

1) 相关标准

国家标准:《用于水泥和混凝土中的粉煤灰》(GB/T 1596—2005)。

电力行业标准:《水工混凝土掺用粉煤灰技术规范》(DL/T 5055—2007)。

2) 标准说明

粉煤灰电力行业标准试验方法均参照国家标准执行,故不再列举比较。

6.3 细　　度

6.3.1 定义

细度是指粉煤灰颗粒的粗细程度。

6.3.2 适用范围

本试验适用于拌制水泥混凝土和砂浆时作掺合料的粉煤灰成品和水泥生产中作混合材料的粉煤灰。

6.3.3 检测方法及原理(以国家标准为主)

利用气流作为筛分的动力和介质,通过旋转的喷嘴喷出的气流作用使筛网里的待测粉状物料呈流态化,并在整个系统负压的作用下,将细颗粒通过筛网抽走,从而达到筛分的目的。

主要试验步骤:首先,将置于温度为 105～110℃烘箱内烘至恒重的样品取出放在干燥器中冷却至室温;然后,称取试样约 10 g,倒入 45 μm 方孔筛筛网上,盖上筛盖筛析 3 min,筛析过程中观察负压表使负压稳定在 4 000～6 000 Pa,并用轻质木棒或硬橡胶棒轻轻敲打筛盖,以防吸附。最后,将筛网内的筛余物收集并称量,精确至 0.01 g。试验筛的筛网会在试验中磨损,因此筛析结果应进行修正。修正的方法是将上式的结果乘以该试验筛按标定方法标定后得到的有效修正系数,即为最终结果。

45 μm 方孔筛筛余按式(6-3)计算:

$$F = \frac{G_1}{G} \times 100\%$$ (6-3)

式中 F——45 μm 方孔筛筛余(%),精确至 0.1%;

G_1——筛余物的质量(g);

G——称取试样的质量(g)。

本试验记录格式见附表6-2,检测报告格式见附录6.2.1节。

6.3.4 检测标准

1)相关标准

国家标准:《用于水泥和混凝土中的粉煤灰》(GB/T 1596—2005)。

电力行业标准:《水工混凝土掺用粉煤灰技术规范》(DL/T 5055—2007)。

2)标准说明

粉煤灰电力行业标准试验方法均参照国家标准执行,故不再列举比较。

6.4 安 定 性

6.4.1 定义

粉煤灰体积安定性是指粉煤灰在凝结硬化过程中,体积变化的均匀性。

6.4.2 适用范围

本试验适用于拌制水泥混凝土和砂浆时作掺合料的粉煤灰成品和水泥生产中作混合材料的粉煤灰。

6.4.3 检测方法及原理(以国家标准为主)

粉煤灰安定性采用雷氏法,是观测由两个试针的相对位移所指示的粉煤灰净浆体积膨胀的程度。

主要试验步骤:将预先准备好的雷氏夹放在已稍擦油的玻璃板上,并立即将已制好的标准稠度净浆(试验样品以对比样品和被检验粉煤灰7:3质量比混合而成)一次装满雷氏夹,装浆时一只手轻轻扶持雷氏夹,另一只手用宽约10 mm的小刀插捣数次,然后抹平,盖上稍涂油的玻璃板,接着立即将试件移至湿气养护箱内养护(24±2)h,然后脱去玻璃板取下试件,先测量雷氏夹指针尖端间的距离(A),精确到0.5 mm,接着将试件放入沸煮箱水中的试件架上,指针朝上,然后在(30±5)min内加热至沸并恒沸(180±5)min,沸煮结束后,立即放掉沸煮箱中的热水,打开箱盖,待箱体冷却至室温,取出试件进行判别。测量雷氏夹指针尖端的距离(C),精确至0.5 mm。当两个试件煮后增加距离(C−A)的平均值不大于5.0 mm时,即认为该粉煤灰安定性合格,当两个试件的(C−A)值相差超过4.0 mm时,应用同一样品立即重做一次试验。再如此,则认为该粉煤灰为安定性不合格。本试验记录格式见附表6-2,检测报告格式见附录6.2.1节。

6.4.4 检测标准

1)相关标准

国家标准:《用于水泥和混凝土中的粉煤灰》(GB/T 1596—2005)。

电力行业标准：《水工混凝土掺用粉煤灰技术规范》(DL/T 5055—2007)。

2）标准说明

粉煤灰电力行业标准试验方法均参照国家标准执行，故不再列举比较。

6.5　烧　失　量

6.5.1　定义

粉煤灰烧失量是指在 105～110℃烘干的粉煤灰在 1 000～1 100℃灼烧后失去的重量百分比。

6.5.2　适用范围

本试验适用于拌制水泥混凝土和砂浆时作掺合料的粉煤灰成品和水泥生产中作混合材料的粉煤灰。

6.5.3　检测方法及原理（以国家标准为主）

主要试验步骤：称取约 1 g 试样，精确至 0.000 1 g，放入已灼烧恒量的瓷坩埚中，将盖斜置于坩埚上，放在高温炉内，从低温开始逐渐升高温度，在(950±25)℃下灼烧 15～20 min，取出坩埚置于干燥器中，冷却至室温，称量。反复灼烧直至恒量。

烧失量的质量分数按式(6-4)计算：

$$W_{\text{LOI}} = \frac{m_7 - m_8}{m_7} \times 100\% \qquad (6-4)$$

式中　W_{LOI}——烧失量的质量分数（%）；

　　　m_7——灼烧前试料的质量（g）；

　　　m_8——灼烧后试料的质量（g）。

本试验记录格式见附表 6-2，检测报告格式见附录 6.2.1 节。

6.5.4　检测标准

1）相关标准

国家标准：《用于水泥和混凝土中的粉煤灰》(GB/T 1596—2005)。

电力行业标准：《水工混凝土掺用粉煤灰技术规范》(DL/T 5055—2007)。

2）标准说明

粉煤灰电力行业标准试验方法均参照国家标准执行，故不再列举比较。

6.6　三氧化硫含量

6.6.1　定义

三氧化硫含量即粉煤灰中三氧化硫的质量百分数。

6.6.2 适用范围

本试验适用于拌制水泥混凝土和砂浆时作掺合料的粉煤灰成品和水泥生产中作混合材料的粉煤灰。

6.6.3 检测方法及原理(以国家标准为主)

主要试验步骤:

① 称取 0.5 g 试样,精确至 0.000 1 g,置于 200 mL 烧杯中,加入约 40 mL 水搅拌使其分散。

② 在搅拌下加 10 mL 盐酸,用平头玻璃棒压碎块状物,加热煮沸并保持微沸(5±0.5)min。

③ 中速滤纸过滤,用热水洗涤 10~12 次,滤液及洗液收集于 400 mL 烧杯中。加水稀释至约 250 mL,玻璃棒底部压一小片定量滤纸,盖上表面皿,加热煮沸,在微沸下从杯口缓慢逐滴加入 10 mL 热的氯化钡溶液,继续煮沸 3 min 以上使沉淀良好的形成,然后在常温下静置至少 4 h,此时溶液的体积应保持在约 200 mL。

④ 用慢速定量滤纸过滤,以温水洗涤,直至检验无氯离子为止。

⑤ 将沉淀及滤纸一并移入已灼烧恒重的瓷坩埚内,灰化完全后,放入 800~950℃ 的高温炉内灼烧 30 min。

⑥ 取出坩埚,置于干燥器中冷却至室温,称量。反复灼烧,直至恒量。

三氧化硫的质量百分率按式(6-5)计算:

$$W_{SO_3} = \frac{m_1 \times 0.343}{m_0} \times 100\% \qquad (6-5)$$

式中 W_{SO_3} ——粉煤灰中三氧化硫的质量分数(%);

m_0 ——试料的质量(g);

m_1 ——灼烧后试料的质量(g);

0.343——硫酸钡对三氧化硫的换算系数。

本试验记录格式见附表 6-2,检测报告格式见附录 6.2.1 节。

6.6.4 检测标准

1)相关标准

国家标准:《用于水泥和混凝土中的粉煤灰》(GB/T 1596—2005)。

电力行业标准:《水工混凝土掺用粉煤灰技术规范》(DL/T 5055—2007)。

2)标准说明

粉煤灰电力行业标准试验方法均参照国家标准执行,故不再列举比较。

6.7 均 匀 性

6.7.1 定义

粉煤灰的均匀性以细度(45 μm 方孔筛筛余)为考核依据。

6.7.2　适用范围

本试验适用于拌制水泥混凝土和砂浆时作掺合料的粉煤灰成品和水泥生产中作混合材料的粉煤灰。

6.7.3　检测方法及原理（以国家标准为主）

均匀性检测方法及原理同粉煤灰细度试验相同。以细度（45 μm 方孔筛筛余）为考核依据，单一样品的细度不应超过前 10 个样品细度平均值的最大偏差，最大偏差范围由买卖双方协商确定。本试验记录格式见附表 6-3，检测报告格式见附录 6.2.1 节。

6.7.4　检测标准

1）相关标准
国家标准：《用于水泥和混凝土中的粉煤灰》（GB/T 1596—2005）。
电力行业标准：《水工混凝土掺用粉煤灰技术规范》（DL/T 5055—2007）。
2）标准说明
粉煤灰电力行业标准试验方法均参照国家标准执行，故不再列举比较。

第7章 粗骨料指标

普通混凝土常用的粗骨料有碎石和卵石。由天然岩石或卵石经破碎、筛分而得的,粒径大于 5 mm 的岩石颗粒称为碎石。岩石由于自然条件作用而形成的粒径大于 5 mm 的颗粒称为卵石。粗骨料与各种工程建筑的关系十分密切,近年来,工程建设中对粗骨料的质量要求也越来越严格,粗骨料质量直接影响了混凝土的质量,粗骨料应选用级配合理,粒形良好,质地均匀坚固,线胀系数小的碎石或卵石。因此通过一系列试验来控制骨料的质量,对工程具有非常重要的意义。

7.1 颗 粒 级 配

7.1.1 定义

颗粒级配又称(粒度)级配,是指由不同粒度组成的散状物料中各级粒度所占的数量,常以占总量的百分数来表示。由不间断的各级粒度所组成的称连续级配;只由某几级粒度所组成的称间断级配。

石子级配好坏对节约水泥和保证混凝土具有良好的和易性有很大关系,特别是拌制高强度混凝土,石子级配更为重要。

7.1.2 适用范围

本试验适用于测定石料的颗粒,供混凝土配合比设计时选择骨料级配。

7.1.3 检测方法及原理(以水利行业标准为主)

(1)主要试验步骤:

① 用四分法选取风干试样,试样质量应不少于表 7-1 的规定。

表 7-1 试样取样数量表

骨料最大粒径/mm	20	40	80	150(120)
最少取样数量/kg	10	20	50	200

② 按筛孔由大到小的顺序过筛,直至每分钟的通过量不超过试样总量的 0.1% 为止。但在每号筛上的筛余平均层厚应不大于试样的最大粒径值,如超过此值,应将该号筛上的筛余分成两份,再次进行筛分。

③ 称取各筛筛余量(粒径大于 150 mm 的颗粒,也应称量,并计算出百分含量)。

(2)试验结果处理:

① 计算分计筛余百分率,即各号筛上的筛余量除以试样总量的百分率(精确至 0.1%)。

② 计算累计筛余百分率,即该号筛上的分计筛余百分率与大于该号筛的各号筛上的分计筛余百分率的总和。

③ 以两次测值的平均值作为试验结果。筛分后,如每号筛上的筛余量与底盘上的筛余量之和与原试样量相差超过1%,试验应重做。本试验记录格式见附表7-1,检测报告格式见附录7.2.1节。

7.1.4 检测标准

1) 相关标准

国家标准:《建筑用卵石、碎石》(GB/T 14685—2011)。

建工行业标准:《普通混凝土用砂、石质量及检验方法标准》(JGJ 52—2006)。

水利行业标准:《水工混凝土试验规程》(SL 352—2006)。

电力行业标准:《水工混凝土砂石骨料试验规程》(DL/T 5151—2014)。

2) 标准说明

水利行业标准和电力行业标准中颗粒级配的检测方法相同,但水利行业标准和电力行业标准两标准与国家标准、建工行业标准的检测方法有些不同之处,具体不同点详见表7-2。

表7-2 标准说明

标准号	标准筛与试样取样数量不同点									检测方法不同点
JGJ 52—2006	最大公称粒径/mm	10.0	16.0	20.0	25.0	31.5	40.0	63.0	80.0	筛分试验只做一次
	试样最少质量/kg	2.0	3.2	4.0	5.0	6.3	8.0	12.6	16.0	
GB/T 14685—2011	最大公称粒径/mm	9.5	16.0	19.0	26.5	31.5	37.5	63.0	75.0	筛分试验只做一次
	试样最少质量/kg	1.9	3.2	3.8	5.0	6.3	7.5	12.6	16.0	
SL 352—2006,DL/T 5151—2014	最大公称粒径/mm	20		40		80		150(120)		筛分需做两次平行试验
	试样最少质量/kg	10		20		50		200		

7.2 含 水 率

7.2.1 定义

含水率(表面含水率)是潮湿试样质量和饱和面干试样质量的差值与饱和面干试样质量的比值。

7.2.2 适用范围

本试验适用于含水率超过饱和面干吸水率的石料,用于测定石料的表面含水率,供拌合混凝土时修正用水量和用石量。

7.2.3 检测方法及原理(以水利行业标准为主)

(1)主要试验步骤:

① 按表7-3中规定的数量,称取潮湿的石料试样两份,分别放入搪瓷盘中,用拧干的湿毛巾将试样表面浮水吸干至饱和面干状态。

表7-3 含水率试验取样数量

骨料最大粒径/mm	40	80	150(120)
最少取样质量/kg	2	4	6

② 称取饱和面干试样的质量。

(2)试验结果计算:

表面含水率按公式(7-1)计算(精确至0.1%):

$$m_s = \frac{G_1 - G_2}{G_2} \times 100\% \qquad (7-1)$$

式中　m_s——表面含水率(%);

　　　G_1——湿试样质量(g);

　　　G_2——饱和面干试样质量(g)。

以两次测值的平均值作为试验结果。如两次测值相差大于0.5%时,试验应重做。

本试验记录格式见附表7-2,检测报告格式见附录7.2.1节。

7.2.4 检测标准

1)相关标准

国家标准:《建筑用卵石、碎石》(GB/T 14685—2011)。

建工行业标准:《普通混凝土用砂、石质量及检验方法标准》(JGJ 52—2006)。

水利行业标准:《水工混凝土试验规程》(SL 352—2006)。

电力行业标准:《水工混凝土砂石骨料试验规程》(DL/T 5151—2014)。

2)标准说明

石料的含水率检测是现场施工质量控制的一种手段,对现场搅拌混凝土用水量起一个修正作用,水利行业标准、国家标准、建工行业标准、电力行业标准均对石料的含水率提出了试验要求,不同之处见表7-4。

表7-4 标准说明

标准号	试验方法	试验参数(含水率)	备注
JGJ 52—2006, GB/T 14685—2011	烘干法	按规定称取烘干前试样两份,在(105±5)℃的烘箱中烘干至恒重	以两次试验结果的算术平均值作为测定值
SL 352—2006, DL/T 5151—2014	饱和面干法	按规定称取潮湿的石料两份,用拧干的湿毛巾将试样表面吸至饱和面干状态。称取饱和面干试样的质量	以两次测值的平均值作为试验结果。如两次测值相差大于0.5%,试验应重做

7.3 含泥量

7.3.1 定义

含泥量是石料中小于0.08 mm的黏土、淤泥及细屑的总含量。

混凝土强度随着骨料中含泥量的增加而降低,对于有高强、抗冻、抗渗或其他特殊要求的混凝土,含泥量应控制在规范要求内。

7.3.2 适用范围

本试验适用于测定碎石或卵石的含泥量,以评定石料的质量。

7.3.3 检测方法及原理(以水利行业标准为主)

(1)主要试验步骤:

① 用四分法取样,在(105±5)℃烘箱中烘至质量恒定,冷却至室温后,按表7-5的规定称取试样两份。

表7-5 含泥量试验取样数量表

骨料粒径/mm	5～20	20～40	40～80	80～150(120)
最少取样质量/kg	10	10	20	30

② 将试样装入搪瓷盆中并注入清水,用手在水中淘洗颗粒,使小于0.08 mm的颗粒与较粗颗粒分离(注意勿将水溅出),然后将浑水倒入1.25 mm及0.08 mm的套筛上(1.25 mm筛放置上面),滤去小于0.08 mm的颗粒(试验前筛子的两面先用水湿润)。在整个试验过程中,应避免大于0.08 mm的颗粒丢失。

③ 加水反复淘洗,直至盆中的水清为止。

④ 用水冲洗剩留在筛上的颗粒,并将0.08 mm筛放在水中洗除小于0.08 mm的颗粒。然后将两只筛上剩留的颗粒和盆中已经洗净的试样一并装入瓷盘中,置于(105±5)℃的烘箱中烘至质量恒定,待冷却至室温后,称取试样质量。

(2)试验结果计算:

各级试样的含泥量按公式(7-2)计算(精确至0.1%):

$$Q = \frac{G_0 - G_1}{G_0} \times 100\% \tag{7-2}$$

式中 Q——各级试样的含泥量(%);

G_0——试验前烘干的试样质量(g);

G_1——试验后烘干的试样质量(g)。

以两次测值的平均值作为试验结果。如两次测值相差大于0.2%时,试验应重做。本试验记录格式见附表7-1,检测报告格式见附录7.2.1节。

7.3.4 检测标准

1)相关标准

国家标准:《建筑用卵石、碎石》(GB/T 14685—2011)。

建工行业标准：《普通混凝土用砂、石质量及检验方法标准》(JGJ 52—2006)。

水利行业标准：《水工混凝土试验规程》(SL 352—2006)。

电力行业标准：《水工混凝土砂石骨料试验规程》(DL/T 5151—2014)。

2) 标准说明

碎石或卵石含泥量试验根据各个标准的试验要求,针对不同的材料,不同的使用部位,质量要求也不尽相同,具体详见表7-6。

表7-6　标准说明

标准号	试验方法	试验参数(含泥量)评定指标不同点				备注
JGJ 52—2006	水洗法	混凝土强度等级	≥C60	C55～C30	≤C25	1. 试验前要求浸泡2 h后用手在水中淘洗。 2. 试验所需的试样最少质量详见规范要求
		含泥量(按质量计,%)	≤0.5	≤1.0	≤2.0	
GB/T 14685—2011	水洗法	项目	指标			1. 试验前要求浸泡2 h后用手在水中淘洗。 2. 试验所需的试样最少质量详见规范要求
		含泥量(按质量计,%)	Ⅰ类	Ⅱ类	Ⅲ类	
			<0.5	<1.0	<1.5	
SL 352—2006, DL/T 5151—2014	水洗法	项目	指标			1. 没有浸泡要求。 2. 试验所需的试样最少质量见表7-5
		含泥量/%	D20,D40 粒径级	≤1		
			D80,D150(D120) 粒径级	≤0.5		

7.4　堆　积　密　度

7.4.1　定义

堆积密度是骨料在自然堆积状态下单位体积的质量。

7.4.2　适用范围

本试验适用于粒径在150 mm以下的碎石或卵石。

7.4.3　检测方法及原理(以水利行业标准为主)

(1) 主要试验步骤:

① 不同粒径的石料,按表7-7选取容量筒。

表7-7 容量筒规格表

石料最大粒径/mm	容量筒容积/L	容量筒规格/mm	
		内 径	净 高
40	5	186	186
80	15	167	267
150(120)	80	467	467

② 取风干试样备用,先用平口铁锹将拌匀的试样从离容量筒上口 5 cm 高处自由落入容量筒中,直至试样高出筒口,用钢直尺沿筒口边缘刮去高出筒口的颗粒,并用合适的颗粒填平凹处,使表面稍凸出部分和凹陷部分的体积大致相等,称取试样和容量筒总质量。

③ 将试样倒出,拌匀,再重复测一次。

(2) 试验结果处理:

按公式(7-3)计算(精确至 10 kg/m³):

$$\rho_0 = \frac{G_2 - G_1}{V} \times 1\,000 \tag{7-3}$$

式中 ρ_0——堆积密度(kg/m³);

G_1——容量筒质量(kg);

G_2——容量筒及试样总质量(kg);

V——容量筒的容积(L)。

以两次测值的平均值作为试验结果。如两次测值相差超过 20 kg/m³ 时,试验应重做。本试验记录格式见附表7-2,检测报告格式见附录7.2.1节。

7.4.4 检测标准

1) 相关标准

国家标准:《建筑用卵石、碎石》(GB/T 14685—2011)。

建工行业标准:《普通混凝土用砂、石质量及检验方法标准》(JGJ 52—2006)。

水利行业标准:《水工混凝土试验规程》(SL 352—2006)。

电力行业标准:《水工混凝土砂石骨料试验规程》(DL/T 5151—2014)。

2) 标准说明

堆积密度试验根据各检验规则,区分见表7-8。

表7-8 标准说明

标准号	试验方法	试验参数(堆积密度)容量筒规格要求		备注
		石料最大粒径/mm	容量筒容积/L	
JGJ 52—2006	称重法	10.0,16.0,20.0,25.0	10	备两份试样,精确至 10 kg/m³,两次试验平均值作为测定值
		31.5,40.0	20	
		63.0,80.0	30	

标准号	试验方法	试验参数(堆积密度)容量筒规格要求		备注
GB/T 14685—2011	称重法	石料最大粒径/mm	容量筒容积/L	备两份试样,精确至 10 kg/m³,两次试验平均值作为测定值
		9.5,16.0,19.0,26.5	10	
		31.5, 37.5	20	
		53.0,63.0,75.0	30	
SL 352—2006, DL/T 5151—2014	称重法	石料最大粒径/mm	容量筒容积/L	一份试样重复试验两次,以两次平均值作为试验结果,两次差值超20 kg/m³时,试验应重做
		40	5	
		80	15	
		150(120)	80	

7.5 表观密度

7.5.1 定义

表观密度是骨料颗粒单位体积(包括内封闭孔隙)的质量。

对于混凝土用的砂石骨料,直接用排液法测量体积,此时的体积是实体积与闭口孔隙体积之和,即不包括与外界连通的开口孔隙体积。由于砂石比较密实,孔隙很少,开口孔隙体积更少,所以用排液法测得的密度也称为表观密度。

7.5.2 适用范围

本试验适用于测定石料表观密度、饱和面干表观密度及吸水率,供混凝土配合比计算及评定石料质量。

7.5.3 检测方法及原理(以水利行业标准为主)

(1)主要试验步骤:

① 用四分法取样,并用自来水将骨料冲洗干净,按表7-9中规定的数量,称取试样两份。

表7-9 表观密度试验取样数量表

骨料最大粒径/mm	40	80	150(120)
最少取样质量/kg	2	4	6

② 将试样浸入盛水的容器中,水面至少高出试样50 mm,浸泡24 h。

③ 将网篮全部浸入盛水筒中,称取网篮在水中的质量。将浸泡后的试样装入网篮内,放入盛水桶中,用上下升降网篮的方法排除气泡(试样不得露出水面)。称取试样和网篮在水中的总质量。两者之差即为试样在水中的质量 G_2。

④ 将试样在温度为(105±5)℃烘箱中烘干,冷却后称量 G_1。

（2）试验结果计算：

表观密度按公式（7-4）计算（精确至 10 kg/m³）。

$$\rho = \frac{G_1}{G_1 - G_2} \times 1\,000 \tag{7-4}$$

式中　ρ——表观密度（kg/m³）；

　　　G_1——烘干试样质量（g）；

　　　G_2——试样在水中质量（g）。

以两次测值的平均值作为试验结果。如两次检测结果相差大于 20 kg/m³ 时，试验应重做。本试验记录格式见附表 7-2，检测报告格式见附录 7.2.1 节。

7.5.4　检测标准

1）相关标准

国家标准：《建筑用卵石、碎石》（GB/T 14685—2011）。

建工行业标准：《普通混凝土用砂、石质量及检验方法标准》（JGJ 52—2006）。

水利行业标准：《水工混凝土试验规程》（SL 352—2006）。

电力行业标准：《水工混凝土砂石骨料试验规程》（DL/T 5151—2014）。

2）标准说明

测定石料表观密度试验，有表观密度和饱和面干表观密度，各标准不同之处见表 7-10。

表 7-10　标准说明

标准号	试验方法	试验参数（表观密度）								备注
JGJ 52—2006	水中称重	1. 试验所需的试样最少质量如下：								除了水中称重法以外，还有简易法
		最大公称粒径(mm)	10.0	16.0	20.0	25.0	31.5	40.0	63.0	80.0	
		试样最少质量(mm)	2.0	2.0	2.0	2.0	3.0	4.0	6.0	6.0	
		2. 吊篮每升降一次约为 1 s，升降高度为 30～50 cm。 3. 以两次试验的结果的算术平均值作为测定值，两次结果之差大于 20 kg/m³ 时，应重做。对颗粒材质不均匀的试样，如两次试验结果之差超过 20 kg/m³ 时，可取四次测定结果的算术平均值									
GB/T 14685—2011	水中称重	1. 试验所需的试样最少质量如下：								—
		最大公称粒径(mm)	<26.5	31.5	37.5	63.0	75.0				
		试样最少质量(mm)	2.0	3.0	4.0	6.0	6.0				
		2. 吊篮每升降一次约为 1 s，升降高度为 30～50 cm。 3. 以两次试验的结果的算术平均值作为测定值，两次结果之差大于 20 kg/m³ 时，应重做。对颗粒材质不均匀的试样，如两次试验结果之差超过 20 kg/m³ 时，可取四次测定结果的算术平均值									

标准号	试验方法	试验参数（表观密度）			备注
SL 352—2006，DL/T 5151—2014	水中称重	1. 试验所需的试样最少质量如下：			有饱和面干表观密度

1. 试验所需的试样最少质量如下：

基大公称粒径/mm	40	80	150(120)
试样最少质量/mm	2	4	6

2. 将试样从网篮中取出，用拧干后的湿毛巾吸干试样表面多余水至饱和面干状态，立即称重。

3. 以两次试验的结果的算术平均值作为测定值，两次结果之差大于 20 kg/m³ 时，应重做

7.6 针片状颗粒含量

7.6.1 定义

凡岩石颗粒的长度大于该颗粒所属粒级的平均粒径 2.4 倍者为针状颗粒；厚度小于平均粒径 0.4 倍者为片状颗粒。平均粒径指该粒级上、下限粒径的平均值。

控制骨料中针、片状含量，能有效提高混凝土的强度和现场拌制混凝土过程中的流动性。

7.6.2 适用范围

本方法适用于测定碎石或卵石中针状和片状颗粒的总含量。公称粒径不大于 40 mm 的石料，用规准仪检验，如粒径大于 40 mm 的石料可用卡尺鉴定其针片状颗粒。

7.6.3 检测方法及原理（以水利行业标准为主）

主要试验步骤：

① 用四分法按表 7-11 称取各级试样。

表 7-11 针、片状颗粒含量试样取样表

骨料粒径/mm	5～20	20～40	40～80	80～150(120)
最少取样质量/kg	2	10	20	40

② 粒径 40 mm 以下（含 40 mm）石料按表 7-12 所规定的用规准仪逐粒对试样进行鉴定。凡颗粒长度大于针状规准仪上相应间距者，为针状颗粒；厚度小于片状规准仪上相应孔宽者，为片状颗粒。

表 7-12 针、片状试验的粒级划分及相应的规准仪孔宽或间距　　　　单位：mm

粒级	5.0～10.0	10.0～16.0	16.0～20.0	20.0～25.0	25.0～31.5	31.5～40.0
片状规准仪上相对的孔宽	3.0	5.2	7.2	9.0	11.3	14.3
针状规准仪上相对的间距	18.0	31.2	43.2	54.0	67.8	85.8

③ 粒径大于 40 mm 的石料可用卡尺鉴定其针、片状颗粒,卡尺卡口的设定宽度应符合表 7-13 的规定。

表 7-13 粒径大于 40 mm 颗粒卡尺卡口的设定宽度　　　　单位：mm

粒　径	40.0～63.0	63.0～80.0	80.0～150.0(120.0)
鉴定片状颗粒的卡口宽度	20.6	28.6	46.0(40.0)
鉴定针状颗粒的卡口宽度	123.6	171.6	276.0(240.0)

④ 称各粒级挑出的针状和片状颗粒的总质量 G_1。

⑤ 各级试样中针、片状颗粒含量按公式(7-5)计算(精确至 1%)：

$$q_n = \frac{G_1}{G_0} \times 100\%$$
(7-5)

式中　q_n——各级试样中针、片状颗粒含量(%)；

　　　G_1——各级试样中针、片状颗粒质量(g)；

　　　G_0——各级试样质量(g)。

⑥ 骨料中针、片状颗粒总含量按公式(7-6)计算：

$$Q_n = \frac{m_1 q_{n1} + m_2 q_{n2} + m_2 q_{n3} + m_4 q_{n4}}{m_1 + m_2 + m_3 + m_4}$$
(7-6)

式中　Q_n——骨料中针、片状颗粒总含量(%)；

　　　$q_{n1}, q_{n2}, q_{n3}, q_{n4}$——5～20 mm,20～40 mm,40～80 mm,80～150(120)mm 试样中针、片状颗粒含量(%)；

　　　m_1, m_2, m_3, m_4——5～20 mm,20～40 mm,40～80 mm,80～150(120)mm 各级试样在骨料中的配合比例(%)。

以两次测值的平均值作为试验结果。

本试验记录格式见附表 7-1,检测报告格式见附录 7.2.1 节。

7.6.4　检测标准

1) 相关标准

国家标准：《建筑用卵石、碎石》(GB/T 14685—2011)。

建工行业标准：《普通混凝土用砂、石质量及检验方法标准》(JGJ 52—2006)。

水利行业标准：《水工混凝土试验规程》(SL 352—2006)。

电力行业标准：《水工混凝土砂石骨料试验规程》(DL/T 5151—2014)。

2)标准说明

按试验方法不同,针、片状含量试验区分如表 7 - 14。

表 7 - 14 标准说明

标准号	试验方法	检测参数(针、片状含量)	备注
JGJ 52—2006, GB/T 4685—2011	筛分挑拣法	① 直接计算出骨料中针状和片状颗粒的总含量。 ② 骨料中针状和片状颗粒的总含量只做一次	两个规范中:1. 石子粒径不同;2. 每个粒级不同,详见规范
SL 352—2006, DL/T 5151—2014	筛分挑拣法	① 首先计算出骨料各级试样中针状和片状颗粒含量。 ② 骨料中针、片状颗粒总含量与各级针、片状含量和各级试样在骨料中配合比例有关。 ③ 骨料中针、片状颗粒总含量以两次测值的平均值作为试验结果	—

7.7 软弱颗粒含量

7.7.1 定义

软弱颗粒含量是各级石料抵抗压力荷载,试样质量与坚硬颗粒质量差值的比值。

7.7.2 适用范围

本试验适用于测定卵石中软弱颗粒含量,评定石料品质,也适用于由卵石破碎而成的碎石,石料粒径不超过 40 mm。

7.7.3 检测方法及原理(以水利行业标准为主)

主要试验步骤:

① 将骨料浸水 8 h 以上,然后按表 7 - 15 的规定进行分级和加压。每级取样数量为 100 粒,并称其质量 G_1,试验时,在压力机上按级对骨料逐颗进行加压。

表 7 - 15 分级和加压表

骨料分级	骨料粒径/mm	加压荷载/kN
第一级	5~10	0.15
第二级	10~20	0.25
第三级	20~40	0.34

② 被压碎的颗粒称为软弱颗粒,将其抛弃。称出剩下石子的质量(G_2)。

③ 软弱颗粒含量按公式(7-7)计算(精确至1%):

$$Q_s = \frac{G_1 - G_2}{G_1} \times 100\%$$ (7-7)

式中 Q_s——软弱颗粒含量(%);

G_1——试样质量(g);

G_2——坚硬颗粒质量(g)。

本试验记录格式见附表7-3,检测报告格式见附录7.2.1节。

7.7.4 检测标准

1)相关标准

水利行业标准:《水工混凝土试验规程》(SL 352—2006)。

电力行业标准:《水工混凝土砂石骨料试验规程》(DL/T 5151—2014)。

2)标准说明

软弱颗粒含量的检测方法只有水利行业标准和电力行业标准有,且检测方法相同,故不再列举比较。

7.8 压 碎 指 标

7.8.1 定义

压碎指标是石料抵抗压碎的性能指标,它是按规定试验方法测得的被压碎碎屑的重量与试样重量之比,以百分率表示。

7.8.2 适用范围

本试验适用于检验石料抵抗压碎的能力,以评定石料的品质。

7.8.3 检测方法及原理(以水利行业标准为主)

主要试验步骤:

① 用孔径为10 mm和20 mm的筛,选取粒径大于10 mm而小于20 mm的石料(气干状态),并剔除其中的针、片状颗粒,然后称取试样3份,每份3 kg。

② 置圆模于底盘上,取试样一份,分两层装入圆模中,每装完一层试样,一手按住圆模,一手将底盘手把提起2 cm,然后松手使其自由落下,两边交替,反复进行至每边提起25次。两层振完后,平整模内试样表面。

③ 将装有试样的受压圆模放到压力试验机上,盖上压头(注意应使加压头保持平正),开动试验机在3~5 min内均匀地加荷到200 kN,然后卸荷,取下受压试模,移去加压头,倒出试样,用孔径2.50 mm的筛筛除被压碎的细粒,并称取剩留在筛上的试样质量。

④ 压碎指标按公式(7-8)计算(精确至0.1%):

$$C = \frac{G_0 - G_1}{G_0} \times 100\%$$ (7-8)

式中 C——压碎指标(%);

$\qquad G_0$——试样质量(g);

$\qquad G_1$——试样压碎后筛余量(g)。

以 3 次测值的平均值作为试验结果。

本试验记录格式见附表 7-2,检测报告格式见附录 7.2.1 节。

7.8.4 检测标准

1)相关标准

国家标准:《建筑用卵石、碎石》(GB/T 14685—2011)。

建工行业标准:《普通混凝土用砂、石质量及检验方法标准》(JGJ 52—2006)。

水利行业标准:《水工混凝土试验规程》(SL 352—2006)。

电力行业标准:《水工混凝土砂石骨料试验规程》(DL/T 5151—2014)。

2)标准说明

压碎指标值试验主要检验骨料抵抗压碎的能力,评定石料品质,由于各标准对材料的压碎指标值要求不一样,不同处见表 7-16。

表 7-16 标准说明

标准号	试验方法	检测参数(压碎指标值)	备注
JGJ 52—2006	抗压法	① 取一份试样分两次装入圆筒,在底板下面垫放一直径为 10 mm 的圆钢筋,将筒按住,左右交替颠击地面各 25 下,第二层颠实后,试样表面距盘底的高度应控制为 100 mm 左右。 ② 试验在 160～300 s 内均匀加荷到 200 kN,稳定 5 s	—
GB/T 14685—2011	抗压法	按 1 kN/s 速度加荷至 200 kN,稳定 5 s	本标准的方孔筛的孔径与其他几个标准的方孔筛的孔径不同
SL 352—2006,DL/T 5151—2014	抗压法	① 试样分两层装入圆模中,一手按住圆模,一手将底盘手把一边提起 2 cm,然后松手使其自由落下,两边交替,反复进行至每边提起 25 次,两层振完后,平整模内试样表面。 ② 开动试验机在 3～5 min 内均匀地加荷到 200 kN	—

7.9 碱 活 性

7.9.1 定义

碱活性是指骨料在一定条件下与混凝土中的碱发生化学反应导致混凝土产生膨胀、开裂甚至破坏的性质。

7.9.2 适用范围

本试验用于在规定条件下,测定碱溶液和骨料反应溶出的二氧化硅浓度及碱度降低值,借以判断骨料在使用高碱水泥的混凝土中是否产生危害性的反应。本法不适用含碳酸盐的骨料,不能鉴定由于微晶石英或变形石英所导致的众多缓慢膨胀骨料。

7.9.3 检测方法及原理(砂浆棒长度法)

(1)主要试验步骤:

① 试样制备。

水泥:硅酸盐水泥,含碱量为水泥量的 1.2%±0.05%。

注:水泥含碱量以氯化钠计,氯化钾换算为氯化钠是乘以换算系数 0.658。

骨料:砂料根据工程实际用砂,粗骨料应破碎成砂料,将砂料缩分成 5 kg。按表 7-17 级配组合成试验用砂,所有样品应洗净、烘干,分别储存于密封的容器中。

表 7-17 砂料级配

筛孔尺寸/mm	5~2.5	2.5~1.25	1.25~0.63	0.63~0.315	0.315~0.16
分级质量/%	10	25	25	25	15

砂浆配合比:水泥与砂的质量比为 1:2.25 一组三个试件共需水泥 400 g、砂 900 g。砂浆用水量按砂浆流动度选定,跳桌跳动频率为 6 s 跳动 10 次,以流动度在 105~120 mm 为准。

② 试件制作。

成型前 24 h,将试验用材料放入温度在(20±2)℃的恒温室中。将水泥和砂倒入搅拌锅内,开动搅拌机拌合 5 s 后徐徐加水,20~30 s 加完,(180±5)s 停机。砂浆分两层装入试模,每层用捣棒捣 20 次(注意测头周围应填实),抹平表面、编号,并标明测定方向。

③ 试件的养护及测量。

试件成型完毕后,连模一起放入标准养护室中或养护箱中,养护(24±4)h 后脱模(当试件强度较低时,可延至 48 h 脱模),脱模后立即测量试件的长度。此长度为试件的基准长度。测长应在(20±2)℃的恒温室中进行。每个试件至少重复测试两次,取差值在仪器精度范围内的两个读数的平均值作为长度测定值。待测的试件需用湿布覆盖,以防止水分蒸发。测量完毕,将试件完全浸泡在装有自来水的密封的养护筒中,盖严盖放入温度保持在(38±2)℃的养护室里养护一个筒内的试件品种应相同。测长的龄期可自测基长后算起 2 周、1 个月、2 个月、3 个月、6 个月、9 个月、12 个月,如有必要还可以适当延长。在测长前一天,应把养护筒从(38±2)℃的养护室里取出,放入(20±2)℃的恒温室。试件的测长方法与测基长时相同,测量完毕后应将试件测头放入养护筒中,盖好筒盖,放回(38±2)℃的养护室继续养护到下一个测试龄期。测量时应观察试件的外观特征,包括试件变形、裂缝、渗出物,并做记录。

（2）结果计算：

① 试件的膨胀率按（7-9）式计算：

$$\varepsilon_t = \frac{L_t - L_0}{L_0 - 2\Delta} \times 100\%$$ (7-9)

式中　ε_t——试件在 t 天龄期的膨胀率（%）；

　　　L_t——试件在 t 天龄期的长度（mm）；

　　　L_0——试件的基准长度（mm）；

　　　Δ——测头（即埋钉）的长度（mm）。

以三个试件的平均值作为某一龄期膨胀率的测定值。

② 试验精度要求：当膨胀率小于 0.020% 时，单个测值与平均值的差值不得大于 0.003%；当膨胀率大于 0.020% 时，单个测值与平均值的差值不得大于 15%。超出上述规定时需查明原因。

③ 结果评定：当砂浆半年膨胀率低于 0.10% 或 3 个月膨胀率低于 0.05% 时（只有在缺少半年膨胀率资料时才有效），即评为非活性骨料。反之，如超过上述数值时，应判为具有潜在危害性的活性骨料。

本试验记录格式见附表 7-4，检测报告格式见附录 7.2.1 节。

7.9.4　检测标准

1）相关标准

建工行业标准：《普通混凝土用砂、石质量及检验方法标准》（JGJ 52—2006）。

水利行业标准：《水工混凝土试验规程》（SL 352—2006）。

电力行业标准：《水工混凝土砂石骨料试验规程》（DL/T 5151—2014）。

2）标准说明

骨料碱活性试验，各标准之间试验区分如表 7-18。

表 7-18　标准说明

标准号	试验方法	试验参数（碱活性）	备　注
JGJ 52—2006	砂浆长度法	① 恒温室温度（40±2）℃。 ② 水泥与砂的质量比为 1：2.25，一组三个试件共需水泥 440 g、砂 990 g。 ③ 砂浆分两层装入试模，每层用捣棒捣 40 次。 ④ 试验精度要求：当平均值小于或等于 0.05% 时，单个测值与平均值的差值均小于 0.01%；当平均值大于 0.05% 时，单个测值与平均值的差值均应小于平均值的 20%；当三个试件的膨胀率均超过 0.10% 时，无精度要求。不符合上述要求时，去掉膨胀率最小的，用其余两个试件膨胀率的平均值作为该龄期的膨胀率	① 金属试模规格为 25 mm× 25　mm × 280 mm。 ② 测长仪的测量范围 160～185 mm

标准号	试验方法	试验参数(碱活性)	备注
SL 352—2006, DL/T 5151—2014	砂浆棒长度法	① 恒温室温度(38±2)℃。 ② 水泥与砂的质量比为1∶2.25,一组三个试件共需水泥400 g,砂900 g。 ③ 砂浆分两层装入试模,每层用捣棒捣20次。 ④ 试验精度要求:当膨胀率小于0.020%时,单个测值与平均值的差值不得大于0.003%;当膨胀率大于0.020%时,单个测值与平均值的差值不得大于15%。超出上述规定时需查明原因	① 金属试模规格为(25.4×25.4×285)mm³。 ② 测长仪的测量范围275～300 mm

7.10 硫化物含量

7.10.1 定义

硫化物及其类似化合物是指金属或半金属元素与硫等阴离子相化合而成的天然化合物,其中阴离子除了硫之外,还有硒、碲、砷、锑、铋,而阳离子主要是位于周期表右方的铜型离子和过渡型离子。它们相结合而形成硫化物、碲化物、砷化物、锑化物和铋化物等。

7.10.2 适用范围

本方法适用于测定石料中水溶性硫酸盐、硫化物(以SO_3质量计)的含量,来评定砂石骨料的品质。

7.10.3 检测方法及原理

(1) 主要试验步骤:

① 试样制备:取公称粒径40.0 mm以下的风干碎石或卵石1 000 g,按四分法缩分至约200 g,磨细使全部通过公称直径为0.08 mm的方孔筛,仔细拌匀,烘干备用。

② 用分析天平称取石粉试样1 g,精确至0.001 g,放入300 mL的烧杯中,加入20～30 mL蒸馏水及10 mL的盐酸溶液(1∶1),放在电炉上加热至微沸,并保持微沸5 min,使试样充分分解后取下,以中速滤纸过滤,用温水洗涤10～12次。

③ 加入蒸馏水调整滤液体积至200 mL,煮沸,在搅拌下滴加10 mL 10%氯化钡溶液,并将溶液煮沸数分钟,然后移至温热处静置至少4 h(此时溶液体积应保持在200 mL),用慢速滤纸过滤,以温水洗到无氯离子反应(用1%硝酸银溶液检验)。

④ 将沉淀及滤纸一并移入已灼烧恒量的瓷坩埚G_1中,灰化后在800℃的高温炉内灼烧30 min。取出坩埚,置于干燥器中冷至室温,称量,精确至0.001 g,如此反复灼烧,直至恒量G。

(2) 结果计算:

水溶性硫酸盐、硫化物含量(以SO_3计)按公式(7-10)计算,精确至0.01%。

$$Q_s = \frac{0.343 \times (G - G_1)}{G_0} \times 100\%$$ (7-10)

式中　Q_s——硫酸盐含量(以 SO_3 计)(%);

　　　G_0——试样质量(g);

　　　G——沉淀物及坩埚总质量(g);

　　　G_1——坩埚质量(g);

　　　0.343——硫酸钡($BaSO_4$)换算 SO_3 的系数。

以两次测值的平均值作为试验结果,若两次测值相差大于 0.15% 时,应重做试验。本试验记录格式见附表 7-5,检测报告格式见附录 7.2.1 节。

7.10.4　检测标准

1)相关标准

建工行业标准:《普通混凝土用砂、石质量及检验方法标准》(JGJ 52—2006)。

水利行业标准:《水工混凝土试验规程》(SL 352—2006)。

电力行业标准:《水工混凝土砂石骨料试验规程》(DL/T 5151—2014)。

2)标准说明

硫化物含量以上各标准检测方法相同,故不再列举比较。

7.11　云　母　含　量

7.11.1　定义

云母是建筑用砂中的有害矿物成分,历来人们对建筑用砂中的云母含量都作了限制。经试验研究表明,含较多云母的砂可用与否,不能以简单的量来衡量,而应从是否影响制品性能来决定取舍,只有这样才能使自然资源得到充分合理的利用。

7.11.2　适用范围

本试验用于测定砂料的云母含量,以评定砂料品种。

7.11.3　试验方法及原理

(1)主要试验步骤:

按规定取样,用四分法缩分至 30 g,在烘箱中(105±5)℃烘至恒重,冷却至室温,称取砂样 10 g 倒入中号搪瓷盘中,在放大镜下观察,用钢针将云母挑出,称出云母的质量。

(2)结果计算:

云母含量按公式(7-11)计算(精确至 0.1%):

$$Q_m = \frac{g}{G} \times 100\%$$ (7-11)

式中　Q_m——云母含量(%);

g——云母质量（g）；

G——砂样质量（g）。

以两次测值的平均值作为试验结果。

本试验记录格式见附表7-6，检测报告格式见附录7.2.2节。

7.11.4 检测标准

1）相关标准

国家标准：《建筑用用砂》（GB/T 14684—2011）。

建工行业标准：《普通混凝土用砂、石质量及检验方法标准》（JGJ 52—2006）。

水利行业标准：《水工混凝土试验规程》（SL 352—2006）。

电力行业标准：《水工混凝土砂石骨料试验规程》（DL/T 5151—2014）。

2）标准说明

由于水利行业标准与电力行业标准中砂云母含量的检测方法是一致的，但与国家标准、建工行业标准的检测方法有所不同，详见表7-19。

表 7-19 标准说明

标准号	试验方法	检测参数（压碎指标值）	备注
JGJ 52—2006	钢针挑出法	① 称取经缩分的试样 50 g，在温度（105±5）℃的烘箱中烘干至恒重。 ② 先筛出粒径大于公称粒径 5.00 mm 和小于公称粒径 0.315 mm 的颗粒，然后根据砂的粗细不同称取试样 10～20 g。 ③ 检测结果单一	—
GB/T 14685—2011	钢针挑出法	① 称取经缩分的试样 150 g，在温度（105±5）℃的烘箱中烘干至恒重。 ② 先筛出粒径大于公称粒径 4.75 mm 和小于公称粒径 0.300 mm 的颗粒备用，然后称取试样 15 g，精确至 0.01 g。 ③ 检测结果取两次试验结果的平均值	—
SL 352—2006，DL/T 151—2014	钢针挑出法	① 称取经缩分的试样 30 g，在温度（105±5）℃的烘箱中烘干至恒重。 ② 称取砂样 10 g 倒入中号搪瓷盘中。 ③ 检测结果取两次试验结果的平均值	—

7.12 超 逊 径

7.12.1 定义

在某一粒径的石料中，大于超逊径筛筛孔尺寸上限的称超径颗粒，小于超逊径筛筛孔尺寸下限的称逊径颗粒。

超径、逊径必须应严格控制,由于堆存、取料、运输不当可能会造成某一级骨料分离,出现粒径偏大或偏小的情况,这种粒径搭配不均匀,影响混凝土质量。

7.12.2 适用范围

本试验适用于水工混凝土中粗骨料的质量检测,供施工调整骨料级配。

7.12.3 试验方法及原理

(1)主要试验步骤:

① 试样的准备,在筛分楼取样时,应在皮带运输机机头接取骨料;在料堆中取样时,应分上、中、下取样。将试样拌合均匀,用四分法按表7-20的规定称取各级试样。

表7-20 超逊径试验取样数量表

骨料粒径/mm	5～20	20～40	40～80	80～150(120)
最少取样质量/kg	20	30	40	50

② 将各级试样用相应的超逊径筛进行筛分,并称取超径颗粒(大于超逊径筛上限的颗粒)和逊径颗粒(小于超逊径筛下限的颗粒)的质量。

(2)结果计算:

各级试样的超径或逊径颗粒含量按公式(7-12)计算,精确至1%。

$$Q_e = \frac{G_i}{G_0} \times 100\% \qquad (7-12)$$

式中　Q_e——试样的超径或逊径颗粒含量(%);

G_0——各级试样质量(kg);

G_i——各级试样中超径颗粒或逊径颗粒质量(kg)。

本试验记录格式见附表7-2,检测报告格式见附录7.2.1节。

7.12.4 检测标准

1)相关标准

水利行业标准:《水工混凝土试验规程》(SL 352—2006)。

电力行业标准:《水工混凝土砂石骨料试验规程》(DL/T 5151—2014)。

2)标准说明

由于水利行业标准与电力行业标准中超径或逊径颗粒含量的检测方法是一致的,故不再列举比较。

第8章 混凝土指标

混凝土是由胶凝材料、水、粗细骨料,必要时掺入一定数量的化学外加剂和矿物质混合材料,按适当比例配合,经均匀搅拌、密实成型和养护硬化而成的一种复合材料。

混凝土的原材料丰富,能耗低,具有适应性强、抗压强度高、耐久性好、施工方便,且能消耗大量的工业废料等优点,是各项工程建设中不可缺少的重要材料。根据用胶凝材料的不同,混凝土可分为无机胶凝材料混凝土、有机胶凝材料混凝土和无机有机复合胶凝材料混凝土,其中无机胶凝材料混凝土中的水泥混凝土(普通混凝土)在建设工程中,用量最大和用途最广。

8.1 拌合物坍落度

8.1.1 定义

用一个上口 100 mm、下口 200 mm、高 300 mm、喇叭状的坍落度筒,灌入混凝土后捣实,然后拔起筒混凝土因自重产生坍落现象,用筒高(300 mm)减去坍落后混凝土最高点的高度,称为坍落度。

8.1.2 适用范围

本试验适用于测定混凝土拌合物坍落度,以此判断混凝土拌合物的流动性。主要适用于坍落度 10～230 mm,骨料最大粒径不大于 40 mm 的塑性混凝土拌合物。

8.1.3 检测方法及原理(以水利行业标准为主)

主要试验步骤:

① 湿润坍落度筒及其他用具,并把筒放在不吸水的刚性水平底板上,然后用脚踩住两边的脚踏板,使坍落度筒在装料时保持位置固定。

② 把按要求取得的混凝土试样用小铲分三层均匀地装入筒内,每层体积大致相等,底层厚约 70 mm,中层厚度 90 mm,每装一层用捣棒在筒内应沿螺旋方向由外向中心按螺旋形均匀插捣 25 次。插捣筒边混凝土时,捣棒可以稍稍倾斜,插捣底层时,捣棒应贯穿整个深度,插捣第二层和顶层时,捣棒应穿透本层至下一层的表面;插进其下层约 10～20 mm。浇灌顶层时,混凝土应灌到高出筒口。插捣过程中,如混凝土沉落到低于筒口,则应随时添加。顶层插捣完后,刮去多余的混凝土,并用抹刀抹平。

③ 清除筒边底板上的混凝土后,垂直平稳地提起坍落度筒,轻放于试样旁边。当试样不再继续坍落时,用钢尺量测筒高与坍落后混凝土试件最高点之间的高度差,即为混凝土拌合物的坍落度值。混凝土拌合物坍落度以 mm 为单位并精确至 1 mm。

④ 从开始装料到提坍落度筒的整个过程应不间断地进行,并应在 2～3 min 内完成。

⑤ 坍落度筒提离后,如混凝土发生崩坍或一边剪坏现象,则应重新取样进行测定。第二次试验仍出现上述现象,则表示该混凝土和易性不好,应予以记录备查。

⑥ 观察坍落后的混凝土体的黏聚性及保水性。黏聚性的检查方法是用捣棒在已坍落的混凝土锥体侧面轻轻敲打。此时,如果锥体逐渐下沉,则表示黏聚性良好,如果锥体倒塌、部分崩裂或出现离析现象,则表示黏聚性不好。保水性以混凝土拌合物中稀浆析出的程度来评定,坍落度筒提离后如有较多稀浆从底部析出,锥体部分的混凝土也因失浆而骨料外露,则表明此混凝土拌合物的保水性不好。如坍落度筒提起后无稀浆或仅有少量稀浆自底部析出,则表示此混凝土拌合物保水性良好。

本试验记录格式见附表 8-1,检测报告格式见附录 8.2.1 节。

8.1.4 检测标准

1) 相关标准

国家标准:《普通混凝土拌合物性能试验方法标准》(GB/T 50080—2016)。

水利行业标准:《水工混凝土试验规程》(SL 352—2006)。

电力行业标准:《水工混凝土试验规程》(DL/T 5150—2001)。

2) 标准说明

水利行业标准和电力行业标准中混凝土拌合物坍落度的检测方法相同,但与国家标准有所不同,其不同点对比见表 8-1。

表 8-1 标准说明

标准号	检测方法不同点	备注
SL 352—2006, DL/T 5150—2001	1. 将坍落度筒徐徐垂直提起,轻放于试样旁边。 2. 整个坍落度筒试验应连续进行,并在 2～3 min 内完成。 3. 混凝土拌合物坍落度以 mm 为单位,准确至 1 mm	—
GB/T 50080—2002	1. 垂直平稳地提起坍落度筒,坍落度筒的提离过程应在 5～10 s 内完成。 2. 从开始装料到提坍落度筒的整个过程应不间断地进行,并应在 150 s 内完成。 3. 混凝土拌合物坍落度以 mm 为单位,结果表达修约至 5 mm	—

8.2 拌合物泌水率

8.2.1 定义

混凝土在运输、振捣、泵送的过程中出现粗骨料下沉,水分上浮的现象称为混凝土泌水。泌水率为泌水量与混凝土拌合物含水量之比。

8.2.2 适用范围

混凝土泌水率试验可以检查混凝土拌合物在固体组分沉降过程中水分离析的趋势,也适用于评定外加剂的品质和混凝土配合比的适用性。

8.2.3 检测方法及原理(以水利行业标准为主)

主要试验步骤:

① 将容量筒内壁用湿布润湿,称容量筒质量。

② 装料捣实,用振动台振实时为一次装料,振至表面泛浆。如人工插捣则分两层装料,每层均匀插捣 35 次,底层捣棒插至筒底,上层插入下层表面 10~20 mm,然后用抹刀轻轻抹平。试样顶面比筒口低 40 mm 左右,每组两个试样。

③ 将筒口及外表面擦净,称出容量筒及混凝土拌合物试样的质量,静置于无振动的地方,盖好筒盖并开始计时。

④ 前 60 min 每隔 20 min 用吸管吸出泌水一次,以后每隔 30 min 吸水一次,直至连续 3 次无泌水为止。吸出的水注入量筒中,读出每次吸出水的累计值。

⑤ 每次吸水前 5 min,应将筒底一侧垫高约 30 mm,使筒倾斜,以便于吸水,吸水后将筒轻轻放平盖好。

泌水率按式(8-1)计算:

$$B = \frac{W_b}{(W/G)G_1} \times 100\% \qquad\qquad (8-1)$$

式中 B——泌水率(%);

W_b——累计吸水总量(g);

W——混凝土拌合物的用水量(g);

G——混凝土拌合物的总质量(g);

G_1——试样质量(g)。

计算精确至 0.01%。泌水率取两个试样测值的平均值作为试验结果。本试验记录格式见附表 8-2,检测报告格式见附录 8.2.1 节。

8.2.4 检测标准

1)相关标准

国家标准:《普通混凝土拌合物性能试验方法标准》(GB/T 50080—2016)。

水利行业标准:《水工混凝土试验规程》(SL 352—2006)。

电力行业标准:《水工混凝土试验规程》(DL/T 5150—2001)。

2)标准说明

水利行业标准和电力行业标准中混凝土拌合物泌水率的检测方法相同,但所用部分设备有所不同,水利行业标准和电力行业标准与国家标准中混凝土拌合物泌水率的检测方法及部分设备均有些不同之处,具体不同点详见表 8-2。

表 8 - 2 标准说明

标准号	设备	检测方法	备注
SL 352—2006	容量筒：内径及高均大于最大骨料粒径 3 倍的金属圆筒、带盖（可用玻璃板代替）	1. 人工振捣时，分两层装料，每次均匀插捣 35 次。 2. 试样顶面比筒口低 40 mm 左右。 3. 前 60 min 每隔 20 min 用吸管吸出泌水一次。	该检测没有限定骨料最大粒径的范围
DL/T 5150—2001	容量筒：内径及高均为 267 mm 的金属圆筒、带盖（可用玻璃板代替）	4. 每次吸水前 5 min，应将筒底一侧垫高约 30 mm。 5. 每组 2 个试件，以两个测值的平均值作为试验结果。 6. 无结果判定	适用于骨料最大粒径不超过 80 mm 的混凝土拌合物
GB/T 50080—2002	容量筒：金属圆筒，对骨料最大粒径不大于 40 mm 的拌合物采用容积为 5L 的容量筒，其内径与高均为 (186±2) mm，筒壁厚为 3 mm；骨料最大粒径大于 40 mm 时，容量筒内径与高均应大于骨料最大粒径的 4 倍	1. 人工振捣时，分两层装料，每次均匀插捣 25 次。 2. 试样顶面比筒口低 (30±3) mm。 3. 前 60 min 每隔 10 min 用吸管吸出泌水一次。 4. 每次吸水前 2 min，应将筒底一侧垫高 35 mm。 5. 每组 3 个试件，以三个测值的平均值作为试验结果。 6. 结果判定：三个测值中的最大值或最小值，如果有一个与中间值之差超过中间值的 15%，则以中间值为试验结果；如果最大值和最小值与中间值之差均超过中间值的 15% 时，则此次试验无效	适用于骨料最大粒径不超过 40 mm 的混凝土拌合物

8.3　拌合物均匀性

8.3.1　定义

混凝土拌合物是指把砂石料水泥料按比例配好，在搅拌机内充分搅拌，达到混合均匀才能使用，否则会出现建筑物的强度不够。

8.3.2　适用范围

混凝土拌合物均匀性试验可以检验混凝土拌合物的拌合均匀性，以评定搅拌机的拌合质量和选择合适的拌合时间。

8.3.3 检测方法及原理(以水利行业标准为主)

(1)主要试验步骤:

① 根据试验目的确定拌合时间:根据搅拌机容量大小选择 3～4 个可能采用的拌合时间(时间间隔可取 0.5 min),分别拌制原材料、配合比相同的混凝土。

② 取样:拌合达到规定时间后,从搅拌机口分别取最先出机和最后出机的混凝土试样各一份(取样数量应满足试验要求)。

③ 将所取试样分别拌合均匀,各取一部分按"混凝土立方体抗压强度试验"的有关规定进行边长 150 mm 立方体试件的成型、养护及 28 d 龄期抗压强度测定。将另一部分试样分别用 5 mm 筛筛取砂浆并拌合均匀,然后按 8.8.4 节"水泥砂浆密度试验及含气量计算"的有关规定测定砂浆密度。

(2)试验结果处理:

① 拌合物的拌合均匀性可用先后出机取样混凝土的 28 d 抗压强度的差值和砂浆密度的差值评定。

② 混凝土强度和砂浆密度偏差率按式(8-2)和式(8-3)计算:

$$抗压强度偏差率(\%) = \frac{\Delta R}{两个强度值中的大值} \times 100\% \qquad (8-2)$$

$$砂浆密度偏差率(\%) = \frac{\Delta \rho}{两个强度值中的大值} \times 100\% \qquad (8-3)$$

式中 ΔR——抗压强度差值(MPa);

  $\Delta \rho$——密度差值(g/cm³)。

在选择合适拌合时间时,以拌合时间为横坐标,以不同批次混凝土测得的强度偏差率或密度偏差率为纵坐标,绘制时间与偏差率曲线,在曲线上找出偏差率最小的拌合时间,即为最合适的拌合时间。本试验记录格式见附表 8-3,检测报告格式见附录 8.2.1 节。

8.3.4 检测标准

1)相关标准

水利行业标准:《水工混凝土试验规程》(SL 352—2006)。

电力行业标准:《水工混凝土试验规程》(DL/T 5150—2001)。

2)标准说明

由于水利行业标准与电力行业标准中混凝土拌合物均匀性的检测方法是一致的,故不再列举比较。

8.4 拌合物含气量

8.4.1 定义

利用事先建立的压力值与空隙率的关系曲线(用气体压力下降差与容器空隙率的刻度表示的直读式含气量值),求得所测混凝土拌合物的含气量。

8.4.2 适用范围

为控制引气剂掺量和混凝土含气量,常需测定混凝土拌合物的含气量。该方法适用于骨料最大粒径不大于 40 mm 的混凝土拌合物含气量测定。

8.4.3 检测方法及原理(以水利行业标准为主)

基本原理:按波义耳定律,在相同温度情况下,气体的体积与压力成反比,即:$P_1 V_1 = P_2 V_2$,该乘积为一定常数,式中 P_1 和 P_2 为压强,V_1 和 V_2 是与 P_1 和 P_2 相对的气体体积。据此原理可测定混凝土拌合物的含气量。

主要试验步骤:

① 在进行混凝土拌合物含气量测定之前,首先应测出骨料中的含气量值。

② 擦净经率定好的含气量测定仪,将拌制好的混凝土拌合物均匀适量地加入量钵内。用振动台振实,振捣时间以 15~30 s 为宜(若采用人工捣实,可将拌合物分两层装入,每层插捣 25 次)。

③ 刮去表面多余的混凝土拌合物,用抹刀抹平,并使表面光滑无汽包。

④ 在正对操作阀孔的混凝土表面贴一小片塑料薄膜,擦净法兰盘,放好密封圈,加盖关紧螺栓。

⑤ 关闭操作阀,打开进气阀,用打气筒打气,使气室内压力略大于 0.1 MPa,然后关紧所有阀门。打开操作阀,使气室内的压缩空气进入量钵,待压力表指针稳定后测读表值。

⑥ 打开排气阀,测读压力表读数,按含气量与压力表读数关系曲线查出相应的含气量值 A_0。

试验结果按式(8-4)计算:

$$A = A_0 - A_t \tag{8-4}$$

式中　A——混凝土拌合物含气量(%);

　　　A_0——仪器测定的拌合物含气量(%);

　　　A_t——骨料校正因素(骨料含气量)(%)。

以两次测值的平均值作为试验结果。如两次测值相差大于 0.5% 时,应找出原因,重做试验。本试验记录格式见附表 8-4,检测报告格式见附录 8.2.1 节。

8.4.4 检测标准

1) 相关标准

国家标准:《普通混凝土拌合物性能试验方法标准》(GB/T 50080—2016)。

水利行业标准:《水工混凝土试验规程》(SL 352—2006)。

电力行业标准:《水工混凝土试验规程》(DL/T 5150—2001)。

2) 标准说明

水利行业标准和电力行业标准中混凝土拌合物含气量的检测方法相同,但水利行业标准和电力行业标准与国家标准中混凝土拌合物含气量的检测方法有些不同之处,具体不同点详见表 8-3。

表 8-3　标准说明

标准号	检测方法不同点	备注
SL 352—2006, DL/T 5150—2001	1. 采用人工振实：拌合物分两层装入。 2. 试验结果处理：如两次测值相差大于 0.5% 时，应找出原因，重做试验	—
GB/T 50080—2002	1. 采用人工振实：拌合物分三层装入，每层捣实后高度约为 1/3 容器高度。 2. 试验结果处理：如两次测值相差大于 0.2% 时，则此次试验无效，应重做试验	—

8.5　拌合物凝结时间

8.5.1　定义

混凝土凝结时间分为初凝和终凝。初凝是指混凝土从加水拌合时起至开始失去塑性的时间；终凝是指混凝土从加水拌合时起至完全失去塑性，并开始产生强度的时间。

8.5.2　适用范围

适用于从混凝土拌合物中筛出的砂浆用贯入阻力法来确定坍落度值不为零的混凝土拌合物凝结时间的测定。该方法适用于测定不同水泥品种、不同外加剂、不同混凝土配合比以及不同气温环境下混凝土拌合物的凝结时间。

8.5.3　检测方法及原理（以水利行业标准为主）

凝结时间受混凝土配合比、水泥种类和用量、外加剂的种类、温度和湿度的影响很大。对需长途运输或大体积的混凝土需要凝结时间尽可能长，对于冬季施工、抢修工程，需要凝结时间尽可能短。

（1）主要试验步骤：

① 按混凝土拌合物室内拌合方法拌制混凝土拌合物，加水完毕时开始计时。用 5 mm 筛从拌合物中筛取砂浆，并拌合均匀。将砂浆分别装入三只砂浆筒中，经振捣（或手工捣 35 次）使其密实。砂浆表面应低于筒口约 10 mm。编号后置于温度为 (20±3)℃ 的环境中，加盖玻璃板或湿麻袋。

② 从混凝土拌合加水完毕时起经 2 h 开始贯入阻力测试。在测试前 5 min 将砂浆筒底一侧垫高约 20 mm，使筒倾斜，用吸液管吸去表面泌水。

③ 测试时，将砂浆筒置于磅秤上，读记砂浆与筒总质量作为基数。然后将测针端部与砂浆表面接触，按动手柄徐徐贯入，经 10 s 使测针贯入砂浆深度 25 mm，读记磅秤显示的最大示值，此值扣除砂浆和筒的总质量即得贯入压力。每只砂浆筒每次测 1~2 个点。

④ 测试过程中按贯入阻力大小，以测针承压面积从大到小的次序更换测针（表 8-4）。

⑤ 此后每隔 1 h 测一次，或根据需要规定测试的间隔时间。测点间距应大于 15 mm，临

近初凝及终凝时,应适当缩短测试间隔时间。如此反复进行,直至贯入阻力大于 28 MPa 为止。

表 8 - 4　贯入阻力分级换针表

贯入阻力/MPa	0.2～3.5	3.5～20	20～28
测针面积/mm²	100	50	20

(2)试验结果处理:

① 贯入阻力应按式(8-5)计算 (精确至 0.1 MPa):

$$P = \frac{10F}{A} \tag{8-5}$$

式中　P——贯入阻力(MPa);

F——贯入压力(kg);

A——相应的贯入测针面积(mm²)。

以三个测值的平均值作为试验结果。

② 以贯入阻力为纵坐标,测试时间为横坐标,绘制贯入阻力与时间关系曲线。

③ 以 3.5 MPa 及 28 MPa 划两条平行横坐标的直线,直线与曲线交点对应的横坐标值即为初凝时间和终凝时间。本试验记录格式见附表 8-5,检测报告格式见附录 8.2.1 节。

8.5.4　检测标准

1)相关标准

国家标准:《普通混凝土拌合物性能试验方法标准》(GB/T 50080—2016)。

水利行业标准:《水工混凝土试验规程》(SL 352—2006)。

电力行业标准:《水工混凝土试验规程》(DL/T 5150—2001)。

2)标准说明

水利行业标准和电力行业标准中混凝土拌合物凝结时间的检测方法相同,但水利行业标准和电力行业标准两标准与国家标准的检测方法有些不同之处,具体不同点详见表 8-5。

表 8 - 5　标准说明

标准号	检测方法不同点	备注
SL 352—2006, DL/T 5150—2001	1. 采用人工振实:均匀振捣 35 次。 2. 试件编号后置于温度为(20±3)℃的环境中。 3. 从混凝土拌合加水完毕时起经 2 h 开始贯入阻力测试。 4. 在测试前 5 min 将砂浆筒底一侧垫高约 20 mm。 5. 测针端部与砂浆表面接触后经 10 s 使测针贯入砂浆深度 25 mm。 6. 临近初凝及终凝时,应适当缩短测试间隔时间。如此反复进行,直至贯入阻力大于 28 MPa 为止。 7. 结果处理:以三个测值的平均值作为试验结果	—

标准号	检测方法不同点	备注
GB/T 50080—2002	1. 采用人工振实：均匀振捣 25 次。 2. 试件编号后置于温度为(20±2)℃的环境中。 3. 从水泥与水接触瞬间开始计时，以后每隔 0.5 h 测试一次，临近初、终凝时可增加测定次数。 4. 在测试前 2 min 将砂浆筒底一侧垫高约 20 mm。 5. 测针端部与砂浆表面接触后在(10±2) s 内均匀地使测针贯入砂浆(25±2) mm。 6. 贯入阻力测针在 0.2～28 MPa 之间应至少进行 6 次，直至贯入阻力大于 28 MPa 为止。 7. 结果处理：以三个测值的平均值作为试验结果。若三个测值中的最大值或最小值中有一个与中间值之差超过中间值的 10%，则以中间值为试验结果；如果最大值和最小值与中间值之差均超过中间值的 10%时，则此次试验无效	—

8.6　拌合物水胶比

8.6.1　定义

水与胶泥材料的比例为拌合物的水胶比。

8.6.2　适用范围

本试验适用于测定混凝土拌合物的水胶比。

8.6.3　检测方法及原理(以水利行业标准为主)

(1) 主要试验步骤：

① 称出各称量桶和玻璃板在空气中及水中质量，并编号。

② 预先测定原材料的参数：

a. 砂的饱和面干表观密度，按照 SL352 的有关规定进行。

b. 胶凝材料的表观密度：取胶凝材料试样 1 000 g 放入已知水中质量的称量桶内，加水至桶高的 2/3 处，用拌和铲充分搅拌，使气泡完全排出，加水至满，静置 10 min。除去水面泡沫，称出胶凝材料在水中质量。按式(8-6)计算胶凝材料的密度(精确至 0.01 g/cm³)：

$$\rho_w = \frac{1\,000}{1\,000 - g} \tag{8-6}$$

式中　ρ_w——胶凝材料的密度(g/cm³)；

　　　g_w——胶凝材料的水中质量(g)。

注：1. 称胶凝材料水中质量时，胶凝材料不得漂出桶外，必要时应加盖玻璃板(应扣除玻璃板中的水中质量)，玻璃板下面不得留有气泡。

2. 胶凝材料中的水泥接触后即发生水化作用，测得的密度可能与常规水泥密度测定方法测得的密度略有差别，为了符合本方法的实际操作过程和计算，故仍采用此法测出的密度。

c. 测定砂中含有小于 0.16 mm 的颗粒修正值 f：取烘干砂样 2 000 g 两份，分别分数次放在 0.16 mm 的筛上进行筛洗，筛洗至筛孔流出的水清澈且无粉砂粒为止。将筛上的砂样重新烘干，称其质量。按式(8-7)计算粉砂修正值 f(精确至 0.001)：

$$f = \frac{g_0 - g_s}{g_s} \tag{8-7}$$

式中 f——粉砂修正值；

  g_0——试样质量(g)；

  g_s——经筛洗后筛余试样的烘干质量(g)。

以两次测值的平均值作为试验结果。

③ 用 5 mm 筛从需要分析的混凝土拌合物中尽快筛取砂浆试样 2~3 kg。分两份装入两只已知质量的称量桶中，称出试样的质量。

④ 向装有试样的称量桶加水至桶高的约 2/3 处，充分搅拌，时试样中的气泡全部排出。加水至满，静置 10 min，除去水面泡沫，然后加玻璃板盖(不要盖严)，把称重桶浸没于水中，注意盖底不得留有空气泡，称出试样在水中的质量。

⑤ 将称过水中质量的砂浆稍加搅拌，静置约 10 s，然后将胶凝材料悬浮液通过 0.16 mm 筛筛去。再往桶内加水，重复操作，直至绝大部分胶凝材料排除后，再将试样分数次放在 0.16 mm 筛上用水筛洗，将砂收集在称量桶内，称出砂的水中质量。

(2) 试验结果处理：

① 试样中砂、胶凝材料和水的质量分别按式(8-8)~式(8-10)计算：

$$W_s = W_{sw}(1+f)\frac{\rho_s}{\rho_s - 1} \tag{8-8}$$

$$W_{cm} = [W_{mw} - W_{sw}(1+f)]\frac{\rho_{cm}}{\rho_{cm} - 1} \tag{8-9}$$

$$W_w = W_m - (W_s + W_{cm}) \tag{8-10}$$

式中 W_s, W_{cm}, W_w——分别为砂浆试样中砂、胶凝材料及拌合水的质量(g)；

  W_{sw}——粒径大于 0.16 mm 砂料的水中质量(g)；

  W_m, W_{mw}——分别为砂浆试样在空气中和水中的质量(g)；

  ρ_s, ρ_{cm}——分别为砂及胶凝材料的密度(g)；

  f——粉砂修正值。

② 实测水胶比为 W_w/W_{cm}。

以两次测值的平均值作为试验结果。本试验记录格式见附表 8-6，检测报告格式见附录 8.2.1 节。

8.6.4 检测标准

1) 相关标准

水利行业标准：《水工混凝土试验规程》(SL 352—2006)。

电力行业标准：《水工混凝土试验规程》(DL/T 5150—2001)。

2）标准说明

水利行业标准和电力行业标准中混凝土拌合物水胶比的检测方法相同，所以不需要进行比较。

8.7 混凝土抗压强度

8.7.1 定义

混凝土抗压强度是混凝土在外力的作用下，单位面积上能够承受的压力，亦是指抵抗压力破坏的能力。

8.7.2 适用范围

抗压强度是混凝土的基本力学性能指标之一，取用混凝土立方体的抗压强度，来检验混凝土材料的质量，确定、校核混凝土配合比的合理性，并为控制施工质量提供依据。

8.7.3 检测方法及原理（以水利行业标准为主）

（1）主要试验步骤：

① 试验前准备工作：压力机或万能试验机（示值误差不大于标准值的±1%）、钢制垫板（平整度不大于边长的0.02%）、立方体试模（150 mm×150 mm×150 mm）。

② 按混凝土试件成型方法成型一组（3块）试件并按规定养护方法养护。

③ 到达试验龄期时，从养护室取出试件，并尽快试验。试验前需用湿布覆盖试件，防止试件干燥。

④ 试验前将试件擦拭干净，测量尺寸，并检查其外观，当试件有严重缺陷时，应废弃。试件尺寸测量精确至1 mm，并据此计算试件的承压面积。如实测尺寸与公称尺寸之差不超过1 mm，可按公称尺寸进行计算。

⑤ 将试件放在试验机下压板正中间，上下压板与试件之间宜垫以钢垫板，试件的承压面应与成型时的顶面相垂直。开动试验机，当上垫板与上压板即将接触时如有明显偏斜，应调整球座，使试件受压均匀。

⑥ 以0.3～0.5 MPa/s的速度连续而均匀地加荷。当试件接近破坏而开始迅速变形时，停止调整油门，直至试件破坏，记录破坏荷载。

（2）试验结果处理：

按式（8-11）计算立方体抗压强度（精确至0.1 MPa）：

$$f_{cc} = \frac{P}{A} \qquad\qquad (8-11)$$

式中　f_{cc}——抗压强度（MPa）；

　　　P——破坏荷载（N）；

　　　A——试件承压面积（mm²）。

以3个试件测值的平均值作为该组试件的抗压强度试验结果。单个测值与平均值允许差值为±15％,超过时应将该测值剔除,取余下两个试件值的平均值作为试验结果。如一组中可用的测值少于 2 个时,该组试验应重做。本试验记录格式见附表 8－7,检测报告格式见附录 8.2.2 节。

8.7.4 检测标准

1）相关标准

国家标准:《普通混凝土力学性能试验方法标准》(GB/T 50081—2002)。

水利行业标准:《水工混凝土试验规程》(SL 352—2006)。

电力行业标准:《水工混凝土试验规程》(DL/T 5150—2001)。

2）标准说明

水利行业标准、电力行业标准及国家标准的混凝土抗压强度检测方法均有不同之处,具体不同点详见表 8－6。

表 8－6　标准说明

标准号	检测方法不同点	备注
SL 352—2006	1. 试件尺寸：150 mm×150 mm×150 mm。 2. 试验速率：0.3～0.5 MPa/s。 3. 结果处理：3 个试件测值的平均值；单个测值与平均值允许差值为±15％,超过时应将该测值剔除,取余下两个试件值得平均值作为试验结果。如一组中可用的测值少于 2 个时,该试验应重做	—
DL/T 5150—2001	1. 试件尺寸：试模尺寸与骨料最大粒径有关,除 150 mm×150 mm×150 mm 标准试模以外；当骨料最大粒径≤30 mm 时,采用 100 mm×100 mm×100 mm 的试模；当骨料最大粒径为 80 mm 时,采用 300 mm×300 mm×300 mm 的试模；骨料最大粒径为 150 mm 时,采用 450 mm×450 mm×450 mm。 2. 试验速率：0.3～0.5 MPa/s。 3. 结果处理：3 个试件测值的平均值；最大值或最小值与中间值之差超过中间值 15％时,取中间值。当最大值和最小值与中间值之差均超过中间值 15％时,该试验结果无效。 4. 对边长 100 mm 的试模,则试验结果乘以换算系数 0.95,对边长 300 mm 的试模,则试验结果乘以换算系数 1.15,对边长 450 mm 的试模,则试验结果乘以换算系数 1.36	—
GB/T 50081—2002	1. 试件尺寸：试模尺寸与骨料最大粒径有关,除 150 mm×150 mm×150 mm 的标准试模以外；还有非标准试模 100 mm×100 mm×100 mm；200 mm×200 mm×200 mm。 2. 试验速率：当混凝土强度等级＜C30 时,0.3～0.5 MPa/s;当 C30≤混凝土强度等级＜C60 时,0.5～0.8 MPa/s;当混凝土强度等级≥C60 时,0.8～1.0 MPa/s。 3. 结果处理：3 个试件测值的平均值；最大值或最小值与中间值之差有一个超过中间值 15％时,取中间值。当最大值和最小值与中间值之差均超过中间值 15％时,该试验结果无效。 4. 当混凝土强度等级＜C60 时,用非标准试件测得的强度值均应乘以尺寸换算系数,即对边长 200 mm 的试模,则乘以换算系数 1.05,对边长 100 mm 的试模,则乘以换算系数 0.95	—

8.8 混凝土抗拉强度

8.8.1 定义

混凝土是脆性材料,其抗拉强度只有抗压强度的 1/20～1/10。

8.8.2 适用范围

混凝土抗拉强度适用于各类混凝土的立方体试件,其对混凝土的抗裂性起着重要作用。为此,对某些工程(如路面板、水槽、拱坝等工程项目),在提出抗压强度的同时,还必须提出抗拉强度的要求,以满足抗裂性要求。

8.8.3 检测方法及原理(以水利行业标准为主)

(1)主要试验步骤:

① 按"混凝土试件的成型与养护方法"的有关规定制作试件。

② 到达试验龄期时,从养护室取出试件,并尽快试验。试验前需用湿布覆盖试件,防止试件干燥。

③ 试验前将试件擦拭干净,检查外观,并在试件成型时的顶面和底面中部划出相互平行的直线,准确定出劈裂面的位置。量测劈裂面尺寸,试件尺寸测量精确至 1 mm。

④ 将试件放在压力试验机下压板的中心位置。在上、下压板与试件之间垫以垫条。垫条方向应与成型时的顶面垂直。为保证上、下垫条对准及提高工作效率,可以把垫条安装在定位架上使用。开动试验机,当上压板与试件接近时,调整球座,使接触均衡。

⑤ 以 0.04～0.06 MPa/s 的速度连续而均匀地加载,当试件接近破坏时,停止调整油门,直至试件破坏,记录破坏荷载。

(2)试验结果处理:

① 混凝土劈裂抗拉强度按式(8-12)计算(精确至 0.01 MPa):

$$f_{ts} = \frac{2P}{\pi A} = 0.637 \frac{P}{A} \qquad (8-12)$$

式中 f_{ts}——劈裂抗拉强度(MPa);

   P——破坏荷载(N);

   A——试件劈裂面面积(mm^2)。

② 以三个试件测值的平均值作为该组试件劈裂抗拉强度的试验结果。当三个试件强度中的最大值或最小值之一,与中间值之差超过中间值的 15%,取中间值。当三个测值中的最大值和最小值,与中间值之差均超过中间值的 15% 时,则该组试验应重做。本试验记录格式见附表 8-8,检测报告格式见附录 8.2.2 节。

8.8.4 检测标准

1)相关标准

国家标准:《普通混凝土力学性能试验方法标准》(GB/T 50081—2002)。

水利行业标准:《水工混凝土试验规程》(SL 352—2006)。

电力行业标准:《水工混凝土试验规程》(DL/T 5150—2001)。

2) 标准说明

水利行业标准和电力行业标准中混凝土劈裂抗拉强度的检测方法相同,但水利行业标准和电力行业标准两标准与国家标准的检测方法有些不同之处,具体不同点详见表8-7。

表8-7 标准说明

标准号	检测方法不同点	备注
SL 352—2006, DL/T 5150—2001	1. 在试件成型时的顶面和底面中部划出相互平行的直线,准确定出劈裂面的位置。 2. 在上、下压板与试件之间垫以垫条。 3. 加载速度:以0.04~0.06 MPa/s的速度连续而均匀地加载,直至试件接近破坏。 4. 劈裂抗拉强度试验应采用150 mm×150 mm×150 mm的立方体试模作为标准试模	—
GB/T 50081—2002	1. 在试件成型时的顶面和底面中部不需要划出相互平行的直线。 2. 在上、下压板与试件之间垫以圆弧形垫块及垫条各一条。 3. 加载速度:当混凝土强度等级<C30时,以0.02~0.05 MPa/s的速度连续而均匀地加载,当C30≤混凝土强度等级<C60时,以0.05~0.08 MPa/s的速度连续而均匀地加载,当混凝土强度等级≥C60时,以0.08~0.10 MPa/s的速度连续而均匀地加载,直至试件接近破坏。 4. 除了采用标准试模以外,当混凝土强度等级<C60时,还可以采用100 mm×100 mm×100 mm的非标准试件测劈裂抗拉强度值,但应乘以尺寸换算系数0.85;当混凝土强度等级≥C60时,宜采用标准试件,使用非标准试件时,尺寸换算系数应由试验确定	—

8.9 混凝土抗折(弯曲)强度

8.9.1 定义

混凝土小梁在弯曲压力下,单位面积上所能承受的最大荷载称为混凝土抗折强度。一般情况下,混凝土抗折强度约为其立方体抗压强度的1/10~1/5,为劈裂抗拉强度的1.5~3.0倍。

8.9.2 适用范围

该试验用于简支梁三分点加荷法测定混凝土的抗弯强度,亦可同时测定混凝土的弯曲极限拉伸值及抗弯弹性模量。

8.9.3 检测方法及原理(以水利行业标准为主)

(1)主要试验步骤:

① 按"混凝土拌合物室内拌合方法"及"混凝土试件的成型与养护方法"的有关规定进

行试件的制作和养护。采用 150 mm×150 mm×600 mm（550 mm）的试件作为标准试件，制作标准试件所用混凝土骨料最大粒径不应大于 40 mm，必要时可采用 100 mm×100 mm×400 mm 试模，此时，骨料最大粒径不应大于30 mm。若骨料最大粒径大于30 mm时应湿筛。

② 到达试验龄期时，从养护室取出试件，并尽快试验。试验前应用湿布覆盖试件，防止试件干燥。

③ 试验前将试件擦拭干净，检查外观，量测试件断面尺寸，该试件尺寸测量准确至1 mm，试件不得有明显缺陷，在试件侧面划出加荷点位置。

④ 测试弯曲拉伸应变时，将小梁底面中间段收拉侧粘贴电阻片的部位用电吹风吹干表面，然后用 502 胶水粘贴电阻片。

⑤ 将试件在试验机的支座上放稳对中，承压面应选择试件成型时的侧面。调整支座和加压头位置，其间距的尺寸偏差应不大于±1 mm。开动试验机，当加荷压头与试件快接近时，调整加压头及支座，使接触均衡。如加压头及支座不能接触均衡，则接触不良处应予以垫平。

⑥ 开动试验机，进行两次预弯，预弯荷载均相当于破坏荷载的 15%~20%，预弯完毕后重新调整应变仪，使应变值指示为零，然后进行正式测试，以250 N/s的速度连续而均匀地加荷（不得冲击）。每加荷 500 N 或 1 000 N 测读并记录应变值，当试件接近破坏时应停止调整试验机油门直至试件破坏，记录破坏荷载。

注：采用 100 mm×100 mm 断面小梁试件时，加荷速度为 110 N/s。

（2）试验结果处理：

① 混凝土抗弯强度按式（8-13）计算（精确至 0.01 MPa）：

$$f_f = \frac{Pl}{bh^2} \qquad (8-13)$$

式中　f_f——抗弯强度（MPa）；

　　　P——破坏荷载（N）；

　　　l——支座间距（即跨度），$l = 3h$（mm）；

　　　b——试件截面宽度（mm）；

　　　h——试件截面高度（mm）。

如弯断面位于两个集中荷载之外（以受拉区为准），该试件作废。如有两个试件的弯断面均位于两集中荷载之外，则试验应重做。

② 以三个试件测值的平均值作为该组试件抗弯强度的试验结果。当三个试件强度中的最大值或最小值之一，与中间值之差超过中间值的15%，取中间值。当三个测值中的最大值和最小值，与中间值之差均超过中间值的15%时，则该组试验应重做。

③ 采用 100 mm×100 mm×400 mm 试件时，抗弯强度试验结果需要乘以换算系数0.85。本试验记录格式见附表8-9，检测报告格式见附录8.2.3节。

8.9.4　检测标准

1）相关标准

国家标准：《普通混凝土力学性能试验方法标准》（GB/T 50081—2002）。

水利行业标准:《水工混凝土试验规程》(SL 352—2006)。

电力行业标准:《水工混凝土试验规程》(DL/T 5150—2001)。

2)标准说明

水利行业标准和电力行业标准中混凝土弯曲强度的检测方法相同,但水利行业标准和电力行业标准两标准与国家标准的检测方法有些不同之处,具体不同点详见表8-8。

表 8-8 标准说明

标准号	检测方法不同点	备注
SL 352—2006,DL/T 5150—2001	1. 与试件接触的两个支座头和两个加压头应具有直径约 15 mm 的弧形断面。 2. 加载速度:开动试验机,进行两次预弯,预弯荷载均相当于破坏荷载的 15%～20%,预弯完毕后重新调整应变仪,使应变值指示为零,然后进行正式测试,以 250 N/s 的速度连续而均匀地加荷(不得冲击)。每加荷 500 N 或 1 000 N 测读并记录应变值,当试件接近破坏时应停止调整试验机油门直至试件破坏,记录破坏荷载。 3. 抗弯强度值准至 0.01 MPa。 4. 结果处理:如弯断面位于两个集中荷载之外(以受拉区为准),该试件作废	—
GB/T 50081—2002	1. 试件的支座和加荷头应采用直径 20～40 mm、长度不小于 $b+$ 10 mm 的硬钢圆柱。 2. 加载速度:当混凝土强度等级＜C30 时,以 0.02～0.05 MPa/s 的速度连续而均匀地加载,当 C30≤混凝土强度等级＜C60 时,以 0.05～0.08 MPa/s 的速度连续而均匀地加载,当混凝土强度等级≥C60 时,以 0.08～0.10 MPa/s 的速度连续而均匀地加载,直至试件接近破坏,记录破坏荷载。 3. 抗折强度值准至 0.1 MPa。 4. 结果处理:三个试件中若有一个折断面位于两个集中荷载之外,则混凝土抗折强度值按另两个试件的试验结果计算。若这两个测值的差值不大于这两个测值的较小值的 15% 时,则该组试件的抗折强度值按这两个测值的平均值计算,否则该组试件的试验无效	—

8.10 混凝土抗渗性(逐级加压法)

8.10.1 定义

抗渗性是指混凝土抵抗水、油等液体在压力作用下渗透的性能。它直接影响混凝土的抗冻性和抗侵蚀性。

8.10.2 适用范围

本试验通过给定时间和水压力面出现的混凝土的渗水高度,相对地比较混凝土的密实性,也可用于比较混凝土的抗渗性,适用于室内试验。

8.10.3 检测方法及原理(以水利行业标准为主)

混凝土的抗渗性主要与其密度及内部孔隙的大小和构造有关。混凝土内部的互相连通的孔隙和毛细管通路,以及由于在混凝土施工成型时,振捣不实产生的蜂窝、孔洞都会造成混凝土渗水。

混凝土的抗渗性我国一般采用抗渗等级表示,抗渗等级是按标准试验方法进行试验,用每组6个试件中4个试件未出现渗水时的最大水压力来表示的。如分为P4,P6,P8,P10,P12五个等级,即相应表示能抵抗0.4 MPa,0.6 MPa,0.8 MPa,1.0 MPa及1.2 MPa的水压力而不渗水。

(1)主要试验步骤:

① 按"混凝土拌合物室内拌合方法"和"混凝土试件的成型与养护方法"的有关规定进行试件的制作和养护。6个试件为一组。

② 试件拆模后,用钢丝刷刷去两端面的水泥浆膜,然后送入养护室养护。

③ 到达试验龄期时,取出试件,擦拭干净。待表面晾干后,进行试件密封。用石蜡密封时,在试件侧面滚涂一层熔化的石蜡(内加少量松香)。然后用螺旋加压器将试件压入经过烘箱或电炉预热过的试模中(试模预热温度,以石蜡接触试模,即缓慢熔化,但不流淌为宜),使试件与试模底平齐。试模变冷后才解除压力。

④ 用水泥加黄油密封时,其用量比为(2.5~3):1。试件表面晾干后,用三角刀将密封材料均匀地刮涂在试件侧面上,厚约1~2 mm。套上试模压入,使试件与试模底齐平。

⑤ 启动抗渗仪,开通6个试位下的阀门,使水从6孔中渗出,充满试位坑。关闭抗渗仪。将密封好的试件安装在抗渗仪上。

⑥ 试验时,水压从0.1 MPa开始,以后每隔8 h增加0.1 MPa水压,并随时注意观察试件端面情况,当6个试件中有3个试件表面出现渗水时,或加至规定压力(设计抗渗等级)在8 h内6个试件中表面渗水试件少于3个时,即可停止试验,并记下此时的水压力。

(2)试验结果处理:混凝土抗渗等级,以每组6个试件中2个出现渗水时的最大水压力表示。抗渗等级按式(8-14)计算:

$$W = 10H - 1 \tag{8-14}$$

式中 W——混凝土抗渗等级;

H——6个试件中有2个渗水时的水压力(MPa)。

若压力加至规定数值,在8 h内,6个试件中表面渗水的试件少于2个,则试件的抗渗等级大于规定值。本试验记录格式见附表8-10,检测报告格式见附录8.2.4节。

8.10.4 检测标准

1)相关标准

国家标准:《普通混凝土拌合物性能试验方法标准》(GB/T 50080—2016)。

水利行业标准:《水工混凝土试验规程》(SL 352—2006)。

电力行业标准:《水工混凝土试验规程》(DL/T 5150—2001)。

2）标准说明

水利行业标准、电力行业标准和国家标准的混凝土抗渗性检测方法相同,故不再列举比较。

8.11 钢筋间距、钢筋保护层厚度

8.11.1 定义

钢筋间距:单根钢筋之间的距离叫作钢筋间距。

钢筋保护层厚度:混凝土构件中,起到保护钢筋不受腐蚀,避免钢筋直接裸露的那一部分混凝土。

8.11.2 使用范围

适用于不含有铁磁性物质的混凝土检测。

8.11.3 检测方法及原理

检测方法包括:电磁感应法和雷达法。

1）电磁感应法

电磁感应法是用电磁感应原理检测混凝土结构及构件中钢筋间距、混凝土保护层厚度及公称直径的方法。

电磁感应法钢筋探测仪(以下简称钢筋探测仪)和雷达仪检测前应采用校准试件进行校准,当混凝土保护层厚度为 10~50 mm 时,混凝土保护层厚度检测的允许误差为 ±1 mm,钢筋间距检测的允许误差为 ±3 mm。检测前,应对钢筋探测仪进行预热和调零,调零时探头应远离金属物体。在检测过程中,应核查钢筋探测仪的零点状态。进行检测前,宜结合设计资料了解钢筋布置状况。检测时,应避开钢筋接头和绑丝,钢筋间距应满足钢筋探测仪的检测要求。探头在检测面上移动,直到钢筋探测仪保护层厚度示值最小,此时探头中心线与钢筋轴线应重合,在相应位置作好标记。按上述步骤将相邻的其他钢筋位置逐一标出。钢筋位置确定后,应按下列方法进行混凝土保护层厚度的检测:

① 首先应设定钢筋探测仪量程范围及钢筋公称直径,沿被测钢筋轴线选择相邻钢筋影响较小的位置,并应避开钢筋接头和绑丝,读取第 1 次检测的混凝土保护层厚度检测值。在被测钢筋的同一位置应重复检测 1 次,读取第 2 次检测的混凝土保护层厚度检测值。

② 当同一处读取的 2 个混凝土保护层厚度检测值相差大于 1 mm 时,该组检测数据应无效,并查明原因,在该处应重新进行检测。仍不满足要求时,应更换钢筋探测仪或采用钻孔、剔凿的方法验证。钢筋间距检测应将检测范围内的设计间距相同的连续相邻钢筋逐一标出,并应逐个量测钢筋的间距。

2）雷达法

雷达法宜用于结构及构件中钢筋间距的大面积扫描检测;当检测精度满足要求时,也可用于钢筋的混凝土保护层厚度检测。

根据被测结构及构件中钢筋的排列方向,雷达仪探头或天线应沿垂直于选定的被测钢筋轴线方向扫描,应根据钢筋的反射波位置来确定钢筋间距和混凝土保护层厚度检测值。遇到下列情况之一时,应选取不少于30%的已测钢筋,且不应少于6处(当实际检测数量不到6处时应全部选取),采用钻孔、剔凿等方法验证。

（1）认为相邻钢筋对检测结果有影响;

（2）钢筋实际根数、位置与设计有较大偏差或无资料可供参考;

（3）混凝土含水率较高;

（4）钢筋以及混凝土材质与校准试件有显著差异。

本试验记录格式见附表8-11,检测报告格式见附录8.2.5节。

8.11.4 检测标准

1）相关标准

国家标准:《建筑结构检测技术标准》(GB/T 50344—2004);

《混凝土结构工程施工质量验收规范》(GB 50204—2002)。

建工行业标准:《混凝土中钢筋检测技术规程》(JGJ/T 152—2008)。

电力行业标准:《水工混凝土试验规程》(DL/T 5150—2001)。

2）标准说明

常用规范为《混凝土中钢筋检测技术规程》(JGJ/T 152—2008),国家标准与行业标准之间差异及不同点对比见表8-9。

表 8-9　标准说明

标准号	检测方法不同点	备注
DL/T 5150—2001 JGJ/T 152—2008	认为相邻钢筋对检测结果有影响时应选取不少于30%的已测钢筋,且不应少于6处	—
GB/T 50344—2004	认为相邻钢筋对检测结果有影响时应选取不少于30%的已测钢筋,且不应少于8处	—

8.12　碳　化　深　度

8.12.1　定义

混凝土碳化深度:表示混凝土在空气中被氧化的程度,混凝土在碳化过程中,碳元素渗透到混凝土层面的深度。

8.12.2　使用范围

用于混凝土回弹值的修正。

8.12.3　检测方法及原理

回弹值测量完毕后,应在有代表性的测区上测量碳化深度值,测点数不应少于构件测区数的30%,应取其平均值作为该构件每个测区的碳化深度值。当碳化深度值极差大于2.0 mm

时,应在每一测区分别测量碳化深度值。碳化深度值的测量应该按照以下步骤进行:

① 可采用工具在测区表面形成直径约 15 mm 的孔洞,其深度应大于混凝土的碳化深度;

② 应清除孔洞中的粉末和碎屑,且不得用水擦洗;

③ 应采用浓度为 1‰~2‰ 的酚酞酒精溶液滴在孔洞内壁的边缘处,当已碳化与未碳化界线清晰时,应采用碳化深度测量仪测量已碳化与未碳化混凝土交界面到混凝土表面的垂直距离,并应测量 3 次,每次读数应精确至 0.25 mm;

④ 应取三次测量的平均值作为检测结果,并应精确至 0.5 mm。

本试验记录格式见附表 8-12,检测报告格式见附录 8.2.5 节。

8.12.4 检测标准

1) 相关标准

建工行业标准:《回弹法检测混凝土抗压强度技术规程》(JGJ/T 23—2011)。

2) 标准说明

常用规范为《回弹法检测混凝土抗压强度技术规程》(JGJ/T 23—2011)。

8.13 弹 性 模 量

8.13.1 定义

弹性模量在单向压缩(有侧向变形)条件下,压缩应力与应变之比。按式(8-15)计算:

$$E = E_s \left(1 - \frac{2\mu^2}{\mu} \right) \tag{8-15}$$

式中　E——弹性模量(N/m^2);

　　　E_s——压缩模量(N/m^2);

　　　μ——泊松系数。

8.13.2 使用范围

本方法是测定水泥混凝土在静力作用下的受压弹性模量方法,水泥混凝土的受压弹性模量取轴心抗压强度 1/3 的对应的弹性模量。

8.13.3 检测方法及原理

主要试验步骤:

① 至试验龄期时,自养护室取出试件,用湿布覆盖,及时进行试验。保持试件干湿状态不变。

② 检查试块外观,看试件是否平整,并用钢直尺测量试样的外观尺寸,精确至 1 mm,试件不得有明显缺陷,端面不平时须预先抹平。

③ 根据设计强度选择合适的试验机及量程。

④ 将试块放在试验机下压板中心位置,试件的承压面与成型时的顶面垂直。

⑤ 打开电脑,启动仪器电源。根据试验类型,设置试验速度,开动试验机,调整零位,调整球座,使试样与上压板均匀接触,均匀连续载入。

⑥ 当混凝土强度等级<C30时,加载速度取0.3~0.5 MPa/s;C30≤混凝土强度等级<C60时,取0.5~0.8 MPa/s;混凝土强度等级≥C60时,取0.8~1.0 MPa/s。

⑦ 当试件接近破坏而开始迅速变形时,停止载入,直至试件破坏,记录破坏荷载。

⑧ 按上述试验过程破型三块试块,计算三块试块平均的1/3的轴心抗压强度。另三块试件用于测定混凝土的弹性模量。

⑨ 在余下的三块试件上下面(即成型时两侧面)划出中线和装位置线。在千分表架四个脚点处,用干毛巾先擦干水分,再用502胶水粘牢垫块,量出试件中部的宽度和高度,精确至1 mm。

⑩ 将试件安放在支座上,使成型时的侧面朝上,千分表架放在试件上,压头及支座线垂直于试件中线且无偏心加载情况,而后缓缓加上约1 kN压力,停机检查支座等各接缝处有无空隙,应确保试件不扭动,而后安装千分表。

⑪ 调整试件位置。开动压力机,当上压板与试件接近时,调整零位,调整球座,使试样与上压板均匀接触。加荷至基准应为0.5 MPa对应的初始荷载值F_0,保持恒载60 s并在以后的30 s内记录左右两侧的千分表读数。应立即以(0.6±0.4)MPa/s的加荷速率连续均匀加荷至1/3轴心的抗压强度f_{cp}对应的荷载值F_a,保持恒载60 s并在以后的30 s内记录左右两侧的千分表读数。

⑫ 每次读数的两次平均值相差应在20%以内,否则应重新对中试件,调整试件位置,重做试验。如无法使差值降低在20%以内,则此试验无效。

⑬ 预压以相同的速度卸载至基准压力0.5 MPa对应的初始荷载值F_0并保持恒载60 s。以相同的速度加荷至荷载值F_a,再保持60 s恒载,最后一相同的速度卸荷至初始荷载值F_0,至少进行两次预压循环。

⑭ 测试在完成最后一次预压后,保持60 s初始荷载值F_0,在后续30 s内记录两侧千分表的读数,再以同样的加荷速度加荷至荷载值F_a,再保持60 s恒载,并在后续的30 s内记录两侧千分表读数。

⑮ 卸去千分表及两端的固定支架。以同样的速度加荷至试样破坏。记录破坏极限荷载$F(N)$。如果两块试件的轴心抗压强度之差超过20%时,应在报告中注明。

⑯ 试验计算混凝土抗压弹性模量。

⑰ 以3个试件试件结果的算术平均值为测试值。如果其循环后的任一个试件与前轴心抗压强度之差超过20%,则弹性模量值按另两个试件结果的算术平均值计算;如果两个试件试验结果超出20%,则试验结果无效。结果计算精确至100 MPa。

⑱ 设备登记,根据试验数据,出具报告。

本试验记录格式见附表8-13,检测报告格式见附录8.2.5节。

8.13.4 检测标准

1) 相关标准

国家标准:《混凝土结构试验方法标准》(GB 50152—2012)。

电力标准:《水工混凝土试验规程》(DL/T 5150—2001)。

水利标准:《水工混凝土试验规程》(SL 352—2006)。

2）标准说明：

国家标准与水利标准检测方法不同点对比见表 8-10。

表 8-10 标准说明

标准号	检测方法不同点	备注
GB 50152—2012	当混凝土强度等级＜C30 时，加载速度取每秒钟 0.3～0.5 MPa；C30≤混凝土强度等级＜C60 时，取每秒钟 0.5～0.8 MPa；混凝土强度等级≥C60 时，取每秒钟 0.8～1.0 MPa	—
SL 352—2006	当混凝土强度等级＜C30 时，加载速度取每秒钟 0.3～0.6 MPa；C30≤混凝土强度等级＜C60 时，取每秒钟 0.6～0.8 MPa；混凝土强度等级≥C60 时，取每秒钟 0.8～1.0 MPa	—

8.14 回 弹 值

8.14.1 定义

回弹：指物体在力的作用下产生物理变形，当压力释放时所产生的还原或近还原的状态的物理变化。

8.14.2 使用范围

本试验用于混凝土强度的测定。

8.14.3 检测方法及原理

采用回弹法检测混凝土强度时，应具有下列资料：

（1）工程名称、设计单位、施工单位；

（2）构件名称、数量及混凝土类型、强度等级；

（3）水泥安定性、外加剂、掺合料品种，混凝土配合比等；

（4）施工模板，混凝土浇筑、养护情况及浇筑日期等；

（5）必要的设计图纸和施工记录；

（6）检测原因。

回弹仪在检测前后，均应在钢砧上做率定试验。

混凝土强度可按单个构件或按批量进行检测，并应符合下列规定：

（1）对于混凝土生产工艺、强度等级相同，原材料、配合比、养护条件基本一致且龄期相近的一批同类构件的检测应采用批量检测。按批量进行检测时，应随机抽取构件，抽检数量不宜少于同批构件总数的 30％且不宜少于 10 件。当检验批构件数量大于 30 个时，抽样构件数量可适当调整，并不得少于国家现行有关标准规定的最少抽样数量。

（2）单个构件的检测应符合下列规定：

① 对于一般构件，测区数不宜少于 10 个。当受检构件数量大于 30 个且不需提供单个

构件推定强度或受检构件某一方向尺寸不大于 4.5 m 且另一方向尺寸不大于 0.3 m 时,每个构件的测区数量可适当减少,但不应少于 5 个。

② 相邻两测区的间距不应大于 2 m。测区离构件端部或施工缝边缘的距离不宜大于 0.5 m,且不宜小于 0.2 m。

③ 测区宜选在能使回弹仪处于水平方向的混凝土浇筑侧面。当不能满足这一要求时,也可选在使回弹仪处于非水平方向的混凝土浇筑表面或底面。

④ 测区宜布置在构件的两个对称的可测面上,当不能布置在对称的可测面上时,也可布置在同一可测面上,且应均匀分布。在构件的重要部位及薄弱部位应布置测区,并应避开预埋件。

⑤ 测区的面积不宜大于 0.04 m²。

⑥ 测区表面应为混凝土原浆面,并应清洁、平整,不应有疏松层、浮浆、油垢、涂层以及蜂窝、麻面。

⑦ 对于弹击时产生颤动的薄壁、小型构件,应进行固定。测区应标有清晰的编号,并应在记录纸上绘制测区布置示意图和描述外观质量情况。

(3) 当检测条件有较大差异时,可采用在构件上钻取的混凝土芯样或同条件试块对测区混凝土强度换算值进行修正。对同一强度等级混凝土修正时,芯样数量不应少于 6 个,公称直径宜为 100 mm,高径比应为 1。芯样应在测区内钻取,每个芯样应只加工一个试件。同条件试块修正时,试块数量不应少于 6 个,试块边长应为 150 mm。

(4) 回弹值测量。

测量回弹值时,回弹仪的轴线应始终垂直于混凝土检测面,并应缓慢施压、准确读数、快速复位。每一测区应读取 16 个回弹值,每一测点的回弹值读数应精确至 1。测点宜在测区范围内均匀分布,相邻两测点的净距离不宜小于 20 mm;测点距外露钢筋、预埋件的距离不宜小于 30 mm;测点不应在气孔或外露石子上,同一测点应只弹击一次。

本试验记录格式见附表 8-14,检测报告格式见附录 8.2.5 节。

8.14.4 检测标准

1) 相关标准

建工行业标准:《回弹法检测混凝土抗压强度技术规程》(JGJ/T 23—2011)。

水利标准:《水工混凝土试验规程》(SL 352—2006)。

2) 标准说明

常用说明为《回弹法检测混凝土抗压强度技术规程》(JGJ/T 23—2011)。水利标准与建工标准不同点对比见表 8-11。

表 8-11 标准说明

标准号	检测方法不同点	备注
JGJ/T 23—2011	当检测条件有较大差异时,可采用在构件上钻取的混凝土芯样或同条件试块对测区混凝土强度换算值进行修正。对同一强度等级混凝土修正时,芯样数量不应少于 6 个	—
SL 352—2006	当检测条件有较大差异时,可采用在构件上钻取的混凝土芯样或同条件试块对测区混凝土强度换算值进行修正。对同一强度等级混凝土修正时,芯样数量不应少于 3 个	—

8.15 超声波测缺

8.15.1 定义

由于超声波传播速度的快慢与混凝土的密实程度有直接关系,声速高则混凝土密实,相反则混凝土不密实。超声法检测混凝土缺陷是利用脉冲波在技术条件相同的混凝土中传播的时间(或速度)、接受波的振幅和频率等声学参数的相对变化,来判断混凝土的缺陷。

8.15.2 使用范围

本试验用于混凝土的不密实区及空洞检测。

8.15.3 检测方法及原理

(1)现场检测方法。

① 首先在混凝土相对两面布置方格网。网格为 150 mm×150 mm,测点布置在正方形网格对角线上,共三点。

② 测点表面应平整。不平整的可适当打磨,或用快硬砂浆或石膏抹平。测点上抹上耦合剂。

③ 丈量测距。

④ 逐点测量声时、振幅及频率值。观察波形有无畸变。

检测不密实区和空洞时构件的被测部位满足下列要求:被测部位具有量对相互平行的测试面,测试范围大于有怀疑的区域,还有同条件的正常混凝土进行对比(对比测点数不少于 20 个)。

测试方法:根据被测构件实际情况,选择布置换能器的方法,当构件具有两对相互平行的测试面,采用对测法。在测试部位两对相互平行的测试面上,分别画出等间距的网格,并编号确定对应的测点位置。

(2)检测结果判定准则。

① 不密实区和空洞的判定的原理及方法。

基本原理:超声波遇不密实区或空洞时,其测得的声时、振幅、频率必将与正常混凝土有差别

异常值的判别方法:根据概率统计理论确定,即置信范围($m_x \pm \lambda_1 \cdot S_x$)以外的观测值为异常值,同时应避免观测失误造成数据异常(检查表面是否平整、干净或是否存在别的干扰因素,必要时加密测点重复测试)。

异常值的判别:当测区各测点的测距相同时,可直接用声时进行统计判断。将各测点声时值 t_i 按大小顺序排列, $t_1 \leqslant t_2 \leqslant t_3 \cdots \leqslant t_n$,视排在后面明显偏大的声时为可疑值,将可疑值中最小的一个数同其前面的声时值进行平均值(m_t)和标准差(S_t)的统计以 $x_0 = m_t + \lambda_1 \cdot S_t$ 为异常值的临界值,当参与统计的可疑值 $t_n \geqslant x_0$ 时,则 t_n 及排列于其后的声时值为异常值,再将 $t_1 \sim t_{n-1}$ 进行统计判断,直至判不出异常值为止。若 $t_n < x_0$ 时,再将 t_{n+1} 放进去统

计和判别,其余类推。

② 土内部空洞尺寸的估算。

有两对可供测试的表面。设 $X = (t_h - t_m)/t_m$,$Y = lh/l$,$Z = r/l$,则可根据 X,Y 值,根据规范规定的缺陷尺寸估算表可查得 Z 值,再计算空洞的大致半径 r。

③ 空洞最终确定方法。对超声波检测出来可能存在的缺陷采用钻芯法核查。

本试验检测报告格式见附录8.2.5节。

8.15.4　检测标准

1)相关标准

工程建设标准:《超声法检测混凝土缺陷技术规程》(CECS 21:2000)。

2)标准说明

常用标准为工程建设标准《超声法检测混凝土缺陷技术规程》(CECS 21:2000)。

第 9 章 钢 筋 指 标

建筑钢材是指用于钢筋混凝土结构中的各种钢筋、钢丝和用于钢结构中的各种型钢(角钢、槽钢、工字钢、圆钢等)、钢管、钢板等。建筑钢材因具有较高的强度,良好的塑性和韧性及易于加工,在工程建设中得到了广泛的应用。

9.1 抗 拉 强 度

9.1.1 定义

抗拉强度:抗拉强度就是试样拉断前承受的最大标称拉应力。

9.1.2 适用范围

本试验适用于金属材料室温拉伸性能的测定。

9.1.3 检测方法及原理(以国家标准为主)

原理:钢筋的抗拉强度是钢筋的基本力学指标之一,当钢材屈服到一定程度后,由于内部晶粒重新排列,其抵抗变形能力又重新提高,此时变形虽然发展很快,但却只能随着应力的提高而提高,直至应力达最大值。此后,钢材抵抗变形的能力明显降低,并在最薄弱处发生较大的塑性变形,此处试件截面迅速缩小,出现颈缩现象,直至断裂破坏。对于塑性材料,抗拉强度表征材料最大均匀塑性变形的应力;对于没有(或很小)均匀塑性变形的脆性材料,它反映材料的断裂应力。

主要试验步骤:

① 按规定尺寸截取试样,试验机力值显示清零。

② 将试件固定在试验机夹头内,开动机器进行拉伸,拉伸速率可选择 A 和 B 两种方法的速率。

③ 连续加荷至试件拉断,读出最大荷载。

按式(9-1)计算抗拉强度:

$$\sigma_b = \frac{P_b}{F_0} \tag{9-1}$$

式中　σ_b——抗拉强度(MPa);

　　P_b——最大荷载(N);

　　F_0——试样公称横截面(mm^2)。

抗拉强度值修约至 1 MPa。

本试验记录格式见附表 9-1,检测报告格式见附录 9-3。

9.1.4　检测标准

1）相关标准

国家标准：《金属材料 拉伸试验 第1部分：室温试验方法》(GB/T 228.1—2010)。

2）标准说明

钢筋试验方法均参照国家标准执行，故不再列举比较。但钢筋的抗拉强度测定试验速率分为方法A和方法B，两种方法有些许不同之处，详见表9-1。

表9-1　抗拉强度方法说明

标准号	速率方法	方法参数	备注
GB/T 228.1—2010	方法A	应变速率 0.006 7 s⁻¹，相对误差±20%	拉伸试验只测定抗拉强度
	方法B	选取不超过 0.008 s⁻¹ 的单一应变速率	

9.2　屈　服　强　度

9.2.1　定义

屈服强度也称屈服极限，指金属材料呈现屈服现象时，在试验期间达到塑性变形发生而力不增加的应力点，应区分上屈服强度和下屈服强度。试样发生屈服而力首次下降前的最大应力叫上屈服强度；在屈服期间，不计初始瞬时效应时的最低应力叫下屈服强度。中碳钢和高碳钢没有明显的屈服过程，通常以产生 0.2% 残余变形时的应力作为屈服强度。工程中常以屈服强度作为钢材设计强度取值的依据。

9.2.2　适用范围

本试验适用于金属材料室温拉伸性能的测定。

9.2.3　检测方法及原理（以国家标准为主）

原理：试样屈服期屈服点荷载和试样标称截面积的比值。

主要试验步骤：

① 按规定尺寸截取试样，试验机力值显示清零。

② 将试件固定在试验机夹头内，开动机器进行拉伸，拉伸速率可选择A和B两种方法的速率。

③ 连续加荷至屈服期结束，读出屈服点荷载。

按式(9-2)计算屈服强度：

$$\sigma_a = \frac{P_a}{F_0} \tag{9-2}$$

式中　σ_a——屈服强度(MPa)；

　　　P_a——屈服点荷载(N)；

F_0——试样公称横截面(mm^2)。

抗拉强度值修约至 1 MPa。

本试验记录格式见附表 9-1,检测报告格式见附表 9-4。

9.2.4　检测标准

1)相关标准

国家标准:《金属材料 拉伸试验 第 1 部分:室温试验方法》(GB/T 228.1—2010)。

2)标准说明

钢筋试验方法均参照国家标准执行,故不再列举比较。但钢筋的屈服强度测定试验速率分为方法 A 和方法 B,两种方法有些许不同之处,详见表 9-2。

表 9-2　屈服强度方法说明

标准号	速率方法	方法参数	备注
GB/T 228.1—2010	方法 A	应变速率 0.000 25 s^{-1},相对误差±20%	以仅测定下屈服为例
	方法 B	应变速率在 0.000 25~0.002 5 s^{-1} 之间	

9.3　伸　长　率

9.3.1　定义

伸长率是指试样原始标距的伸长与原始标距之比的百分率。伸长率是衡量钢材塑性大小的一个重要技术指标。非抗震要求的热轧带肋钢筋主要检测断后伸长率。断后伸长率是指断后标距的残余伸长与原始标距之比的百分率。

9.3.2　适用范围

本试验适用于金属材料室温拉伸性能的测定。

9.3.3　检测方法及原理(以国家标准为主)

在此只介绍最常测的断后伸长率,它是指断后标距的残余伸长与原始标距之比的百分率。

主要试验步骤:

① 按规定尺寸截取试样,试验机力值显示清零。

② 将试件固定在试验机夹头内,开动机器进行拉伸,拉伸速率可选择 A 和 B 两种方法的速率。

③ 连续加荷至试件拉断,量出断后标距。

按式(9-3)计算断后伸长率:

$$A = \frac{L_u - L_0}{L_0} \times 100\%$$

(9-3)

式中 A——断后伸长率(%);

L_0——原始标距(mm);

L_u——断后标距(mm)。

断后伸长率修约至 0.5%。

本试验记录格式见附表 9-1,检测报告格式见附表 9-4。

9.3.4 检测标准

1)相关标准

国家标准:《金属材料 拉伸试验 第 1 部分:室温试验方法》(GB/T 228.1—2010)。

2)标准说明

钢筋试验方法均参照国家标准执行,故不再列举比较。

9.4 冷 弯 性 能

9.4.1 定义

钢筋冷弯性能是指金属材料在常温下能承受弯曲而不破裂性能,冷弯性能可衡量钢材在常温下冷加工弯曲时产生塑性变形的能力。

9.4.2 适用范围

本试验适用于钢筋混凝土用钢筋的弯曲试验。

9.4.3 检测方法及原理(以国家标准为主)

试验原理:将一定形状和尺寸的试样放置于弯曲装置上,以规定直径的弯心将试样弯曲到所要求的角度后,卸除试验力检查试样承受变形性能。

主要试验步骤:钢筋混凝土用钢筋的弯曲试验分为正向弯曲和反向弯曲两种,这里主要介绍正向弯曲试验。试验采用支辊式弯曲装置,将两辊固定,试样放于两支辊上,试样轴线应与弯曲压头轴线垂直,弯曲压头在两支座之间的中点处对试样连续施加力使其弯曲,直至达到规定的弯曲角度 180°。弯曲试验时,应当缓慢地施加弯曲力,以使材料能够自由地进行塑性变形,当出现争议时,试验速率应为(1 ± 0.2)mm/s。弯曲结束后应按照相关产品标准的要求评定弯曲试验结果,如未规定具体要求,弯曲试验后不使用放大仪器观察,试样弯曲外表面无可见裂纹应评定为合格。

本试验记录格式见附表 9-1,检测报告格式见附表 9-4。

9.4.4 检测标准

1)相关标准

国家标准:《金属材料 弯曲试验方法》(GB/T 232—2010)。

2)标准说明

钢筋试验方法均参照国家标准执行,故不再列举比较。

9.5 焊接性能

9.5.1 定义

焊接特性是金属材料通过加热、加压或两者并用的焊接方法把两个或两个以上的金属材料焊接在一起的特性。焊接性能主要指钢材的可焊性,也就是钢材之间通过焊接方法连接在一起的结合性能,是钢材固有的焊接特性。日常焊接件主要进行拉伸和弯曲试验。

9.5.2 适用范围

本试验适用于混凝土结构中的钢筋焊接接头的拉伸试验和钢筋闪光对焊接头的常温弯曲试验。

9.5.3 检测方法及原理(以行业标准为主)

试验原理:拉伸试验目的是测定焊接接头抗拉强度,观察断裂位置和断口形貌,判定塑性断裂或脆性断裂;弯曲试验目的是检验钢筋焊接接头的弯曲变形性能和可能存在的焊接缺陷。

1) 拉伸试验

(1) 主要试验步骤:

试验前,先用游标卡尺复核钢筋的直径。然后将试件夹紧于试验机上,加荷应连续而平稳,不得有冲击或跳动,加荷速度为 $10\sim30$ MPa/s,直至试件拉断(或出现颈缩后)为止,试验过程中记录断裂特征(塑性断裂或脆性断裂)、断裂(或颈缩)位置以及离开焊缝的距离。

试件的抗拉强度按式(9-4)计算:

$$\sigma_b = \frac{P_b}{A_o} \tag{9-4}$$

式中 σ_b ——试件抗拉强度(MPa);

P_b ——试件拉断前的最大力(N);

A_o ——试件公称横截面积(mm^2)。

(2) 结果评定:

① 符合下列条件之一,应评定该检验批接头拉伸试验合格:

a. 3个试件均断于钢筋母材,呈延性断裂,其抗拉强度大于或等于钢筋母材抗拉强度标准值。

b. 2个试件断于钢筋母材,呈延性断裂,其抗拉强度大于或等于钢筋母材抗拉强度标准值,另一个试件断于焊缝(或热影响区),呈脆性断裂,其抗拉强度大于或等于钢筋母材抗拉强度标准值的1.0倍。

② 符合下列条件之一,应进行复验:

a. 2个试件断于钢筋母材,呈延性断裂,其抗拉强度大于或等于钢筋母材抗拉强度标准值,另一个试件断于焊缝(或热影响区),呈脆性断裂,其抗拉强度小于钢筋母材抗拉强度标准值的1.0倍。

b. 1个试件断于钢筋母材,呈延性断裂,其抗拉强度大于或等于钢筋母材抗拉强度标准值,另 2 个试件断于焊缝(或热影响区),呈脆性断裂。

③ 3 个试件断于焊缝(或热影响区),呈脆性断裂,其抗拉强度均大于或等于钢筋母材抗拉强度标准值的 1.0 倍,应进行复验。当 3 个试件中有 1 个试件抗拉强度小于钢筋母材抗拉强度标准值的 1.0 倍,应评定该检验批接头拉伸试验不合格。

④ 复验时,应切取 6 个试件进行试验。结果若有 4 个或 4 个以上试件断于钢筋母材,呈延性断裂,其抗拉强度大于或等于钢筋母材抗拉强度标准值,另 2 个或 2 个以下试件断于焊缝(或热影响区),呈脆性断裂,其抗拉强度均大于或等于钢筋母材抗拉强度标准值的 1.0 倍,应评定该检验批接头拉伸试验合格。

2)弯曲试验

(1)主要试验步骤:

① 进行弯曲试验时,试件应放在两支点上,并使焊缝中心线与压头中心线相一致,试验过程中,应平稳地对试件施加压力,直到达到规定的弯曲角度为止。

② 选用规定的弯曲弯心和弯曲角度要求进行试验。

③ 在试验过程中,应采取安全措施,防止试件突然断裂伤人。

④ 试验后应检查试件受拉面有无裂纹,试验过程中若发生断裂时,应记录断裂时的弯曲角度、断口位置和断口形貌。

(2)结果评定:

① 当试验结果,弯曲至 90°,有 2 个或 3 个试件外侧(含焊缝和热影响区)未发生宽度达到 0.5 mm 的裂纹,应评定该检验批接头弯曲试验合格。

② 当有 2 个试件发生宽度达到 0.5 mm 的裂纹,应进行复验。

③ 当有 3 个试件发生宽度达到 0.5 mm 的裂纹,应评定该检验批接头弯曲试验不合格。

④ 复验时,应切取 6 个试件进行试验。复验结果,当不超过 2 个试件发生宽度达到 0.5 mm 的裂纹时,应评定该检验批接头弯曲试验复验合格。

本试验记录格式见附表 9-2,检测报告格式见附表 9-5。

9.5.4 检测标准

1)相关标准

住建部行业标准:《钢筋焊接接头试验方法标准》(JGJ/T 27—2014)。

2)标准说明

焊接试验方法均参照行业标准执行,故不再列举比较。

9.6 硬度(洛氏硬度)

9.6.1 定义

硬度是衡量金属材料软硬程度的一项重要的性能指标,它既可理解为是材料抵抗弹性变形、塑性变形或破坏的能力,也可表述为材料抵抗残余变形和反破坏的能力。硬度不是一个简单的物理概念,而是材料弹性、塑性、强度和韧性等力学性能的综合指标。硬度试验根据其测试方法的不同可分为静压法(如布氏硬度、洛氏硬度、维氏硬度等)、划痕法(如莫氏硬度)、回跳法(如肖氏硬度)及显微硬度、高温硬度等多种方法。

洛氏硬度没有单位,是一个无量纲的力学性能指标,可分为 HRA、HRB、HRC 三种,它们的测量范围和应用范围也不同。一般生产中 HRC 用得最多。压痕较小,可测较薄的材料、硬的材料和成品件的硬度。

9.6.2 适用范围

适用于金属材料的硬度试验。

9.6.3 检测方法及原理(以国家标准为主)

(1)试验原理:将压头(金刚石圆锥、钢球或硬质合金球)分两个步骤压入试样表面,经规定保持时间后,卸除主试验力,测量在初试验力下的残余压痕深度,计算洛氏硬度值。

(2)主要试验步骤:

① 试验一般在 10~35℃下进行,对于温度要求严格的试验,应控制在(23±5)℃之内。

② 试样应平稳地放在刚性支撑物上,并使压头轴线与试样表面垂直,避免试验产生位移。

③ 使压头与试样表面接触,无冲击和振动地施加初试验力,初试验力保持时间不应超过 3 s。

④ 无冲击和无振动或无摆动地将测量装置调整至基准位置,从初试验力施加至总试验力的时间应不小于 1 s 且不大于 8 s。

⑤ 总试验力保持时间为(4±2)s,然后卸除主试验力,保持初试验力,经短时间稳定后,进行读数,保持时间可以延长,允许偏差±2 mm。

⑥ 试验过程中,硬度计应避免受到冲击或振动,两相邻压痕中心之间的距离至少应为压痕直径的 4 倍,并且不应小于 2 mm,任一压痕中心距试样边缘的距离至少应为压痕直径的 2.5 倍,并且不应小于 1 mm。

洛氏硬度按式(9-5)计算:

$$洛氏硬度 = N - \frac{h}{S} \qquad (9-5)$$

式中 N——给定标尺的硬度数;

　　　h——卸除主试验力后,在初试验力下压痕残留的深度(mm);

　　　S——给定标尺的单位(mm)。

本试验记录格式见附表 9-3,检测报告格式见附表 9-6。

9.6.4 检测标准

1)相关标准

国家标准:《金属洛氏硬度试验 第 1 部分:试验方法(A、B、C、D、E、F、G、H、K、N、T 标尺)》(GB/T 230.1—2004)。

2)标准说明

洛氏硬度试验方法均参照国家标准执行,故不再列举比较。

9.7 弯　曲

参照 9.4 节冷弯性能。

第10章 砂浆指标

砂浆是由胶凝材料、细骨料和水等材料按适当比例配制而成。砂浆与混凝土不同之处在于没有粗骨料,所以可以认为砂浆是一种细骨料混凝土,有关混凝土的各种基本规律,原则上也适用于砂浆。同混凝土一样,砂浆也是一种传统工程材料,由于其造价低廉、原材料取材广泛、施工简便、用途多样,所以在建设工程中得到广泛应用。水利工程中砂浆主要用于砌石工程,也用于防水、修补、饰面工程中。

砂浆按用途不同可分为砌筑砂浆和抹面砂浆。按胶凝材料不同,砂浆又可分为水泥砂浆、石灰砂浆、石膏砂浆、沥青砂浆及混合砂浆,如水泥石灰砂浆、水泥黏土砂浆和石灰黏土砂浆等。

10.1 稠　　度

10.1.1　定义

稠度表示的是"流动性",指砂浆在自重力或外力作用下是否易于流动的性能,其大小用沉入量(或稠度值)表示,即砂浆稠度测定仪的圆锥体沉入砂浆深度的毫米数。

10.1.2　适用范围

本试验适用于确定砂浆的配合比或施工过程中控制砂浆的稠度。

10.1.3　检测方法及原理(以水利标准为主)

本试验目的是测定砂浆流动性,以确定配合比,同时也为在施工期间控制稠度,以保证施工质量。

主要试验步骤:

① 制备砂浆。

② 用湿布擦干净盛浆容器和试锥表面,并用少量润滑油轻擦滑杆,将滑杆上多余的油用吸油纸擦净,使滑杆能自由滑动。

③ 将砂浆拌合物一次装入容器,使砂浆表面低于容器口约 10 mm,用捣棒自容器中心向边缘插捣 25 次,然后轻轻地将容器摇动或敲击 5~6 次,使砂浆表面平整,随后将容器置于稠度测定仪的底座上。

④ 拧开试锥滑杆的制动螺丝,向下移动滑杆,当试锥尖端与砂浆表面刚接触时,拧紧制动螺丝,使齿条测杆下端刚接触滑杆上端,并将指针对准零点。

⑤ 拧开制动螺丝,同时计时,经 10 s 立即拧紧制动螺丝,将齿条测杆下端接触滑杆上端,从刻度盘上读出试锥下沉深度(准确至1 mm)即为砂浆的稠度值。

⑥ 圆锥形容器内的砂浆只允许测定一次稠度,重复测定时,应重新取样。

⑦ 以两次测值的平均值作为试验结果(准确至 1 mm),如两次测值之差大于20 mm,则应另取砂浆搅拌后重新测定。

本试验记录格式见附表 10 - 1,检测报告格式见附表 10 - 6。

10.1.4 检测标准

1) 相关标准

水利行业标准:《水工混凝土试验规程》(SL 352—2006)。

电力行业标准:《水工混凝土试验规程》(DL/T 5150—2001)。

建工行业标准:《建筑砂浆基本性能试验方法标准》(JGJ/T 70—2009)。

2) 标准说明

砂浆的稠度测定各标准在试验设备和结果计算上面有少许不同之处,电力行业标准引用水利行业标准,故不再列举比较,详见表 10 - 1。

表 10 - 1 标准说明

标准号	试验参数	备注
SL 352—2006	1. 捣棒:直径 12 mm,长 250 mm,一端为弹头形的金属棒。 2. 稠度以两次测值的平均值作为试验结果(准确至 1 mm),两次测值之差如大于 20 mm,则应另取砂浆搅拌后重新测定	适用于稠度小于 120 mm 的砂浆
JGJ/T 70—2009	1. 捣棒:直径 10 mm,长 350 mm,端部磨圆。 2. 稠度以两次测值的平均值作为试验结果(准确至 1 mm),两次测值之差如大于 10 mm,则应另取砂浆搅拌后重新测定	—

10.2 泌 水 率

10.2.1 定义

泌水率,即泌水量与砂浆拌合物含水量之比。

10.2.2 适用范围

本试验适用于测定水泥砂浆的泌水率,作为衡量水泥砂浆和易性的指标之一。

10.2.3 检测方法及原理(以水利标准为主)

拌合后砂浆体积已经固定,但还没有凝结之前水分产生向上的运动,这主要是新拌砂浆的骨料颗粒不能吸收所有的拌合水引起的,通过定时吸取拌合物析出的水分来求出泌水总量,并计算泌水率。

主要试验步骤:

① 制备砂浆,将容量筒内壁润湿并称其质量。

② 将拌制好的砂浆试样分别装入两个容量筒内,当砂浆的稠度小于 60 mm 时,一次装

料,采用振捣法,即将装有砂浆的容量筒放在振动台上振或在跳桌上跳 120 次;当砂浆稠度在 60 mm 以上时采用插捣法。此时,砂浆分两层装入容量筒,每层用捣棒均匀插捣 25 次。捣实后的砂浆表面离筒口约1 cm,分别称取容量筒和砂浆总质量。

③ 将容量筒盖好,静置于无振动处,自静置时起,30 min 内,每隔 15 min 测一次泌水量,以后每 30 min 测一次泌水量,直到连续 3 次吸不出水为止。

④ 吸取泌水时将容量筒一侧垫高,使泌水集中,用吸管吸出泌水注入带盖量筒内,记录每次泌水的累计量。每次吸完水后,再把容量筒轻轻放平,不得扰动砂浆。

泌水率按式(10-1)计算:

$$B_m = \frac{W_b}{(W/G)G_1} \times 100\%$$ (10-1)

式中 B_m——泌水率(%);

  W_b——泌水总质量(g);

  W——一次拌合的总用水量(g);

  G_1——试样质量(g);

  G——一次拌合的砂浆总质量(g)。

以两次测值的平均值作为试验结果,需要时可绘制时间与砂浆泌水累计量的关系曲线。

本试验记录格式见附表 10-2,检测报告格式见附表 10-6。

10.2.4 检测标准

1)相关标准

水利行业标准:《水工混凝土试验规程》(SL 352—2006)。

电力行业标准:《水工混凝土试验规程》(DL/T 5150—2001)。

2)标准说明

建工行业标准无泌水率参数,电力行业标准引用水利行业标准,故不再列举比较。

10.3 密   度

10.3.1 定义

砂浆的密度即拌合物的表观密度,是指砂浆拌合物成型捣实后的单位体积的质量。

10.3.2 适用范围

本试验适用于测定砂浆拌合物捣实后的单位体积质量,以确定每立方米砂浆拌合物中各组成材料的实际用量。

10.3.3 检测方法及原理(以水利标准为主)

主要试验步骤:

① 制备砂浆,测定其稠度。

② 称空容量筒质量,将拌合好的砂浆装入容量筒内并稍有富余。当砂浆稠度小于 6 cm 时,采用振捣法,即将装有砂浆的容量筒放在振动台上振 15 s,或在跳桌上跳 120 次;当砂浆稠度大于 6 cm 时,用捣棒人工插捣 25 次。

③ 捣实后刮去多余砂浆,抹净筒壁,称出筒及砂浆总质量。

④ 每种砂浆测定两次。

砂浆表观密度按式(10-2)计算:

$$\rho = \frac{G_2 - G_1}{V} \times 1\,000 \tag{10-2}$$

式中 ρ——砂浆表观密度(kg/m³);

G_1——容量筒质量(kg);

G_2——容量筒及砂浆总质量(kg);

V——容量筒的容积(L)。

以两次测值的平均值作为试验结果,计算结果精确至 10 kg/m³。

本试验记录格式见附表 10-1,检测报告格式见附表 10-6。

10.3.4 检测标准

1) 相关标准

水利行业标准:《水工混凝土试验规程》(SL 352—2006)。

电力行业标准:《水工混凝土试验规程》(DL/T 5150—2001)。

建工行业标准:《建筑砂浆基本性能试验方法标准》(JGJ/T 70—2009)。

2) 标准说明

砂浆的密度测定各标准在试验方法、设备上面有少许不同之处,电力行业标准引用水利行业标准,故不再列举比较,详见表 10-2。

表 10-2　标准说明

标准号	试验参数	备注
SL 352—2006	1. 容量筒壁厚无要求;天平感量为 1 g。 2. 捣棒:直径 12 mm,长 250 mm,一端为弹头形的金属棒。 3. 当砂浆稠度小于 6 cm 时,采用振捣法,即将装有砂浆的容量筒放在振动台上振 15 s,或在跳桌上跳 120 次;当砂浆稠度大于 6 cm 时,用捣棒人工插捣 25 次	—
JGJ/T 70—2009	1. 容量筒壁厚应为 2~5 mm;天平感量为 5 g。 2. 捣棒:直径 10 mm,长 350 mm,端部磨圆。 3. 当砂浆稠度小于 5 cm 时,采用振捣法,即将装有砂浆的容量筒放在振动台上振 10 s;当砂浆稠度大于 5 cm 时,用捣棒人工插捣 25 次	—

10.4 含 气 量

10.4.1 定义

砂浆含气量是指单位体积砂浆中空气的体积百分比。

10.4.2 适用范围

本试验适用于测定砂浆含气量及控制引气剂掺量的试验。

10.4.3 检测方法及原理(以水利标准为主)

水利标准采用密度法进行砂浆含气量测定,不计含气时砂浆的理论表观密度与实际表观密度的差值确定砂浆中的含气量。

主要试验步骤:

① 制备砂浆,测定其稠度。

② 称空容量筒质量,将拌合好的砂浆装入容量筒内并稍有富余。当砂浆稠度小于 6 cm 时,采用振捣法,即将装有砂浆的容量筒放在振动台上振 15 s,或在跳桌上跳 120 次;当砂浆稠度大于 6 cm 时,用捣棒人工插捣 25 次。

③ 捣实后刮去多余砂浆,抹净筒壁,称出筒及砂浆总质量。

④ 每种砂浆测定两次。

砂浆含气量按式(10-3)和(10-4)计算,准确至 0.1%:

$$A = \frac{\rho_t - \rho}{\rho_t} \times 100\% \tag{10-3}$$

$$\rho_t = \frac{C + S + W}{C/\rho_C + S/\rho_S + W/\rho_W} \tag{10-4}$$

式中　A——砂浆含气量(%);

　　　ρ_t——不计含气时砂浆的理论表观密度(kg/m³);

　　　C, S, W——配制试验砂浆时水泥、砂、水的质量(kg);

　　　ρ_C, ρ_S, ρ_W——水泥密度、砂的饱和面干表观密度和水的密度(kg/m³)。

本试验记录格式见附表 10-3,检测报告格式见附表 10-6。

10.4.4 检测标准

1) 相关标准

水利行业标准:《水工混凝土试验规程》(SL 352—2006)。

电力行业标准:《水工混凝土试验规程》(DL/T 5150—2001)。

建工行业标准:《建筑砂浆基本性能试验方法标准》(JGJ/T 70—2009)。

2) 标准说明

砂浆的含气量测定各标准在试验方法、设备和计算上面有少许不同之处,电力行业标准引用水利行业标准,故不再列举比较,详见表 10-3。

表 10-3　标准说明

标准号	试验参数	备注
SL 352—2006	1. 容量筒壁厚无要求;天平感量为 1 g。 2. 捣棒:直径 12 mm,长 250 mm,一端为弹头形的金属棒。 3. 当砂浆稠度小于 6 cm 时,采用振捣法,即将装有砂浆的容量筒放在振动台上振 15 s,或在跳桌上跳 120 次;当砂浆稠度大于 6 cm 时,用捣棒人工插捣 25 次。 4. 理论表观密度根据水泥、砂、水的质量和密度列公式计算	—
JGJ/T 70—2009	1. 容量筒壁厚应为 2～5 mm;天平感量为 5 g。 2. 捣棒:直径 10 mm,长 350 mm,端部磨圆。 3. 当砂浆稠度小于 5 cm 时,采用振捣法,即将装有砂浆的容量筒放在振动台上振 10 s;当砂浆稠度大于 5 cm 时,用捣棒人工插捣 25 次。 4. 理论表观密度根据砂与水泥的重量比、外加剂与水泥的用量比、水灰比和各组分密度列公式计算	除了密度法之外还有仪器法测定含气量

10.5　抗 压 强 度

10.5.1　定义

抗压强度是指在外力的作用下,单位面积上能够承受的压力,亦是指抵抗压力破坏的能力。

10.5.2　适用范围

本试验适用于测定砂浆立方体试件的抗压强度。

10.5.3　检测方法及原理(以水利标准为主)

强度即试件破坏荷载和承压面积的比值。砂浆强度等级是以边长为 70.7 mm 的立方体试块,在标准养护条件下,用标准试验方法测得 28 d 龄期的抗压强度值(MPa)来确定。

主要试验步骤:

①制备砂浆,成型试块,养护至规定龄期,取出试件并擦净表面,立即进行抗压试验,待压试件需用湿布覆盖,以防止试件干燥。

②测量尺寸,并检查其外观。试件尺寸测量准至 1 mm,并据此计算试件的承压面积,如实测尺寸与公称尺寸之差不超过 1 mm,可按公称尺寸进行计算。

③将试件放在试验机下压板正中间,上下压板与试件之间宜垫以钢垫板,加压方向应与试件捣实方向垂直,开动试验机,当上压板与上垫板行将接触时,如有明显偏斜,应调整球座,使试件均匀受压。

④ 以 0.3～0.5 MPa/s 速度连续而均匀地加荷,当试件接近破坏而开始迅速变形时,停止调整试验机油门,直至试件破坏,记录破坏荷载。

砂浆的抗压强度按式(10-5)计算,准确至 0.1 MPa:

$$f_{cc} = \frac{P}{A} \tag{10-5}$$

式中　　f_{cc}——抗压强度(MPa);

P——破坏荷载(N);

A——试件受压面积(mm²)。

以 3 个试件测值的平均值作为该组试件的抗压强度试验结果。最大值或最小值中有一个与中间值的差值超过中间值的 15% 时,应把最大值及最小值一并舍去,取中间值作为该组试件的抗压强度值。当两个测值与中间值的差值均超过中间值的 15% 时,该组试验结果应无效。

本试验记录格式见附表 10-4,检测报告格式见附表 10-7。

10.5.4　检测标准

1) 相关标准

水利行业标准:《水工混凝土试验规程》(SL 352—2006)。

电力行业标准:《水工混凝土试验规程》(DL/T 5150—2001)。

建工行业标准:《建筑砂浆基本性能试验方法标准》(JGJ/T 70—2009)。

2) 标准说明

砂浆的抗压强度测定各标准在试验方法、结果计算上面有少许不同之处,电力行业标准引用水利行业标准,故不再列举比较,详见表 10-4。

表 10-4　标准说明

标准号	试验参数	备注
SL 352—2006	1. 以 0.3～0.5 MPa/s 速度连续而均匀地加荷。 2. 以 3 个试件测值的平均值作为该组试件的抗压强度试验结果。单个测值与平均值允许差值为 ±15%,超过时应将该测值剔除,取余下两个试件值得平均值作为试验结果。当一组中可用的测值少于 2 个时,该组试验应重做	—
JGJ/T 70—2009	1. 以 0.25～1.5 kN/s 速度连续而均匀地加荷。 2. 砂浆强度不大于 2.5 MPa 时,宜取下限。 3. 以 3 个试件测值的平均值作为该组试件的抗压强度试验结果。最大值或最小值中有一个与中间值的差值超过中间值的 15% 时,应把最大值及最小值一并舍去,取中间值作为该组试件的抗压强度值。当两个测值与中间值的差值均超过中间值的 15% 时,该组试验结果应无效	—

10.6 抗　　渗

10.6.1　定义

抗渗性是指砂浆在水压力作用下抵抗渗透的性质。

10.6.2　适用范围

本试验适用于测定砂浆的抗渗等级。

10.6.3　检测方法及原理(以水利标准为主)

(1)试验原理:抗渗等级是以 28 d 龄期的标准试件,按标准试验方法进行试验时所能承受的最大水压力来确定。

(2)主要试验步骤:

① 制备砂浆,成型养护至规定龄期。

② 取出试件待表面干燥后,在试体侧面和试验模内表面涂一层密封材料,把试件压入试验模使两底面齐平,静置 24 h 后装入渗透仪中,进行透水试验。

③ 水压从 0.2 MPa 开始,保持 2 h,增至 0.3 MPa,以后每隔 1 h 增加水压 0.1 MPa,直至所有试件顶面均渗水为止,记录每个试件各压力段的水压力和相应的恒压时间。

④ 如果水压增至 1.5 MPa,而试件仍未透水,则不再升压,持荷 6 h 后,停止试验。

不透水性系数按式(10-6)计算(精确至 0.1 MPa·h):

$$I = \sum P_i t_i \tag{10-6}$$

式中　I——砂浆试件不透水性系数(MPa·h);

　　　P_i——试件在每一压力阶段所受水压(MPa);

　　　t_i——相应压力阶段的恒压时间(h)。

以三个试件测值的平均值作为该组试件不透水性系数的试验结果。

本试验记录格式见附表 10-5,检测报告格式见附表 10-8。

10.6.4　检测标准

1)相关标准

水利行业标准:《水工混凝土试验规程》(SL 352—2006)。

电力行业标准:《水工混凝土试验规程》(DL/T 5150—2001)。

建工行业标准:《建筑砂浆基本性能试验方法标准》(JGJ/T 70—2009)。

2)标准说明

砂浆的抗渗性能测定各标准在试验方法、结果计算上面有少许不同之处,电力行业标准引用水利行业标准,故不再列举比较,详见表 10-5。

表 10 - 5　标准说明

标准号	试验参数	备注
SL 352—2006	1. 测定不透水性系数。 2. 加压直至所有试件顶面均渗水为止	—
JGJ/T 70—2009	1. 测定抗渗压力值。 2. 当 6 个试件中有 3 个试件表面出现渗水现象时停止试验	—

第11章　外加剂指标

混凝土外加剂是指为改善和调节混凝土的性能而掺加的物质。在混凝土中加入外加剂后,可有效地改善混凝土的性能,且具有良好的经济效益,在许多国家都得到广泛的应用,成为混凝土中不可或缺的材料。尤其是高性能减水剂的使用,水泥粒子能得到充分的分散,用水量大大减少,水泥潜能得到充分的发挥,使得水泥石较为致密,孔结构和界面区微结构得到很好的改善,从而使得混凝土的物理力学性能有了很大的提高,无论是不透水性,还是氯离子扩散、碳化、抗硫酸盐侵蚀,以及抗冲耐磨性能等各方面均优于不掺外加剂的混凝土,不仅提高了强度、改善和易性,还可以提高混凝土的耐久性。

11.1　减　水　率

11.1.1　定义

减水率一般是针对混凝土用减水剂而言,用来表征减水剂的作用效果,是指在混凝土坍落度基本相同时,不掺减水剂的混凝土和掺有减水剂的混凝土单位用水量之差与不掺减水剂混凝土单位用水量的比值。

11.1.2　适用范围

本试验适用于高性能减水剂(早强型、标准型、缓凝型)、高效减水剂(标准型、缓凝型)、普通减水剂(早强型、标准型、缓凝型)、引气减水剂、泵送剂、早强减水剂、缓凝减水剂共七类混凝土外加剂。

11.1.3　检测方法及原理(以国家标准为主)

主要试验步骤:减水率试验步骤与混凝土坍落度试验相同,减水率为坍落度基本相同时,基准混凝土和受检混凝土单位用水量之差与基准混凝土单位用水量之比。

减水率按式(11-1)计算,应精确到0.1%:

$$W_R = \frac{W_0 - W_1}{W_0} \times 100\%$$

(11-1)

式中　W_R——减水率(%);

　　　W_1——受检混凝土单位用水量(kg/m^3);

　　　W_0——基准混凝土单位用水量(kg/m^3)。

以三批试验的算术平均值计。若三批试验的最大值或最小值中有一个与中间值之差超过中间值的15%时,则把最大值与最小值一并舍去,取中间值作为该组试验的减水率。若有两个测值与中间值之差均超过15%时,则该批试验结果无效,应该重做。

本试验记录格式见附表 11-1,检测报告格式见附表 11-9。

11.1.4　检测标准

1）相关标准

国家标准:《混凝土外加剂》(GB 8076—2008)。

2）标准说明

外加剂其他行业标准方法均参照国家标准执行,故不再列举比较。

11.2　含　固　量

11.2.1　定义

含固量是指外加剂中含有的固体量。

11.2.2　适用范围

本试验适用于高性能减水剂(早强型,标准型、缓凝型)、高效减水剂(标准型缓凝型)、普通减水剂(早强型、标准型、缓凝型)、引气减水剂,泵送剂、早强剂、缓凝剂、引气剂、防水剂、防冻剂、和速凝剂共十一类混凝土外加剂。

11.2.3　检测方法及原理(以国家标准为主)

试验原理:将已恒量的称量瓶内放入被测液体试样于一定的湿度下烘至恒量。

主要试验步骤:

① 将称量瓶洁净后带盖放入烘箱内,于 100～105℃烘 30 min,取出置于干燥器内,冷却 30 min 后称量,重复上述步骤直至恒量,其质量为 m_0。

② 将被测液体试样装入已经恒量的称量瓶内,盖上盖称出液体试样及称量瓶的总质量为 m_1,液体试样称量:3.000 0～5.000 0 g。

③ 将盛有液体试样的称量瓶放入烘箱内,开启瓶盖,升温至 100～105℃(特殊品种除外)烘干,盖上盖置于干燥器内冷却 30 min 后称量,重复上述步骤直至恒量,其质量为 m_2。

含固量 $X_{固}$ 按式(11-2)计算:

$$X_{固} = \frac{m_2 - m_0}{m_1 - m_0} \times 100\%$$

(11-2)

式中　$X_{固}$——含固量(%);

　　m_0——称量瓶的质量(g);

　　m_1——称量瓶加液体试样的质量(g);

　　m_2——称量瓶加液体试样烘干后的质量(g)。

重复性限为 0.30%;再现性限为 0.50%。

本试验记录格式见附表 11-8,检测报告格式见附表 11-9。

11.2.4 检测标准

1) 相关标准

国家标准:《混凝土外加剂匀质性试验方法》(GB/T 8077—2012)。

2) 标准说明

外加剂其他行业标准方法均参照国家标准执行,故不再列举比较。

11.3 含 水 率

11.3.1 定义

外加剂中的水分含量多少通常用含水率来表示,即水分的质量与外加剂质量之比的百分数的方式。

11.3.2 适用范围

本试验适用于高性能减水剂(早强型、标准型、缓凝型)、高效减水剂(标准型缓凝型)、普通减水剂(早强型、标准型、缓凝型)、引气减水剂、泵送剂、早强剂、缓凝剂、引气剂、防水剂、防冻剂和速凝剂共十一类混凝土外加剂。

11.3.3 检测方法及原理(以国家标准为主)

试验原理:将已恒量的称量瓶内放入被测液体,试样在一定的湿度下烘至恒量。

主要试验步骤:

① 将洁净带盖称量瓶放入烘箱内,在 100～105℃内烘 30 min,取出置于干燥器内,冷却 30 min 后称量,重复上述步骤直至恒重,其质量为 m_0。

② 将被测试样装入已恒量的称量瓶内,盖上盖称出试样及称量瓶的总质量为 m_1,试样称量:1.000 0～2.000 0 g。

③ 将盛有试样的称量瓶放入烘箱内,开启瓶盖,升温至 100～105℃(特殊品种除外)烘干,盖上盖置于干燥器内冷却 30 min 后称量,重复上述步骤直至恒量,其质量为 m_2。

含水率 $X_水$ 按式(11-3)计算:

$$X_水 = \frac{m_1 - m_2}{m_1 - m_0} \times 100\%$$

(11-3)

式中 $X_水$——含水率(%);

m_0——称量瓶的质量(g);

m_1——称量瓶加试样的质量(g);

m_2——称量瓶加试样烘干后的质量(g)。

重复性限为 0.30%;再现性限为 0.50%。

本试验记录格式见附表 11-3,检测报告格式见附表 11-9。

11.3.4 检测标准

1) 相关标准

国家标准:《混凝土外加剂匀质性试验方法》(GB/T 8077—2012)。

2) 标准说明

外加剂其他行业标准方法均参照国家标准执行,故不再列举比较。

11.4 含 气 量

11.4.1 定义

外加剂含气量是指掺外加剂混凝土单位体积中空气的体积百分比。

11.4.2 适用范围

本试验适用于高性能减水剂(早强型、标准型、缓凝型)、高效减水剂(标准型、缓凝型)、普通减水剂(早强型、标准型、缓凝型)、引气减水剂、泵送剂、早强剂、缓凝剂和引气剂共八类混凝土外加剂。

11.4.3 检测方法及原理(以国家标准为主)

主要试验步骤:用气水混合式含气量测定仪按仪器说明进行含气量测定,但混凝土拌合物应一次装满并稍高于容器,用振动台振 15～20 s。试验时,从每批混凝土拌合物取一个试样,含气量以三个试样测值的算术平均值来表示。当三个试样中的最大值或最小值中有一个与中间值之差超过 0.5% 时,将最大值与最小值一并舍去,取中间值作为该批的试验结果;如果最大值与最小值与中间值之差均超过 0.5%,则应重做。含气量测定值精确到0.1%。

本试验记录格式见附表 11-4,检测报告格式见附表 11-5。

11.4.4 检测标准

1) 相关标准

国家标准:《混凝土外加剂》(GB 8076—2008)。

2) 标准说明

外加剂其他行业标准方法均参照国家标准执行,故不再列举比较。

11.5 pH 值

11.5.1 定义

pH 值是指外加剂中氢离子的总数和总物质量的比。

11.5.2　适用范围

本试验适用于高性能减水剂(早强型、标准型、缓凝型)、高效减水剂(标准型缓凝型)、普通减水剂(早强型、标准型、缓凝型)、引气减水剂、泵送剂、早强剂、缓凝剂、引气剂、防水剂、防冻剂、和速凝剂共十一类混凝土外加剂。

11.5.3　检测方法及原理(以国家标准为主)

(1)试验原理:根据奈斯特(Nernst)方程,利用一对电极在不同 pH 值溶液中能产生不同电位差,这一对电极由测试电极(玻璃电极)和参比电极(饱和甘汞电极)组成,在 25℃时每相差一个单位 pH 值时产生 59.15 mV 的电位差,pH 值可在仪器的刻度表上直接读出。

(2)主要试验步骤:校正仪器,当仪器校正好后,先用水、再用测试溶液冲洗电极,然后再将电极浸入被测溶液中轻轻摇动试杯,使溶液均匀。待到酸度计的读数稳定 1 min,记录读数。测量结束后,用水冲洗电极,以待下次测量。酸度计测出的结果即为溶液的 pH 值。

本试验记录格式见附表 11-2,检测报告格式见附表 11-9。

11.5.4　检测标准

1)相关标准

国家标准:《混凝土外加剂匀质性试验方法》(GB/T 8077—2012)。

2)标准说明

外加剂其他行业标准方法均参照国家标准执行,故不再列举比较。

11.6　细　　　度

11.6.1　定义

细度是指颗粒的粗细程度。

11.6.2　适用范围

本试验适用于高性能减水剂(早强型、标准型、缓凝型)、高效减水剂(标准型缓凝型)、普通减水剂(早强型、标准型、缓凝型)、引气减水剂、泵送剂、早强剂、缓凝剂、引气剂、防水剂、防冻剂、和速凝剂共十一类混凝土外加剂。

11.6.3　检测方法及原理(以国家标准为主)

(1)试验原理:采用孔径为 0.315 mm 的试验筛,称取烘干试样倒入筛内,用人工筛样,称量筛余物质量,计算出筛余物的百分含量。

(2)主要试验步骤:外加剂试样应充分拌匀并经 100～105℃(特殊品种除外)烘干,称取烘干试样 10 g,称准至 0.001 g 倒入筛内,用人工筛样,将近筛完时,应一手执筛往复摇动,一手拍打,摇动速度每分钟约 120 次。其间,筛子应向一定方向旋转数次,使试样分散在筛布上,直至每分钟通过质量不超过 0.005 g 时为止。称量筛余物,精确至 0.001 g。

细度用筛余(%)表示,按式(11-4)计算：

$$筛余 = \frac{m_1}{m_0} \times 100\%$$ (11-4)

式中 m_0——试样质量(g);

m_1——筛余物质量(g)。

重复性限为0.40%;再现性限为0.60%。

本试验记录格式见附表11-2,检测报告格式见附表11-9。

11.6.4 检测标准

1) 相关标准

国家标准:《混凝土外加剂匀质性试验方法》(GB/T 8077—2012)。

2) 标准说明

外加剂其他行业标准方法均参照国家标准执行,故不再列举比较。

11.7 氯离子含量

11.7.1 定义

氯离子含量是指其占所用外加剂重量的百分率。

11.7.2 适用范围

本试验适用于高性能减水剂(早强型、标准型、缓凝型)、高效减水剂(标准型、缓凝型)、普通减水剂(早强型、标准型、缓凝型)、引气减水剂、泵送剂、早强剂、缓凝剂和引气剂共八类混凝土外加剂。

11.7.3 检测方法及原理(以国家标准为主)

(1) 试验原理:离子色谱法是液相色谱分析方法的一种,样品溶液经阴离子色谱柱分离,溶液中的阴离子 F^-,Cl^-,SO_2^-,NO_3^- 被分离,同时被电导池检测。测定溶液中氯离子峰面积或峰高。

(2) 主要试验步骤:

① 准确称取1 g外加剂试样,精确至0.1 mg。放入100 mL烧杯中,加50 mL水和5滴硝酸溶解试样。试样能被水溶解时,直接移入100 mL容量瓶,稀释至刻度;当试样不能被水溶解时,采用超声和加热的方法溶解试样,再用快速滤纸过滤,滤液用100 mL容量瓶承接,用水稀释至刻度。

② 混凝土外加剂中的可溶性有机物可以用 On Guard RP 柱去除。

③ 将上述处理好的溶液注入离子色谱中分离,得到色谱图,测定所得色谱峰的峰面积或峰高。

④ 在重复性条件下进行空白试验。将氯离子标准溶液系列分别在离子色谱中分离,得

到色谱图,测定所得色谱峰的峰面积或峰高。以氯离子浓度为横坐标,峰面积或峰高为纵坐标绘制标准曲线。

⑤ 将样品的氯离子峰面积或峰高对照标准曲线,求出样品溶液的氯离子浓度 C,按式(11-5)计算氯离子含量:

$$X_{Cl^-} = \frac{C \times V \times 10^{-6}}{m} \times 100\%$$ (11-5)

式中 X_{Cl^-}——样品中氯离子含量(%);

C——由标准曲线求得的试样溶液中氯离子的浓度($\mu g/mL$);

V——样品溶液的体积(mL);

m——外加剂样品质量(g)。

本试验记录格式见附表11-5,检测报告格式见附表11-9。

11.7.4 检测标准

1) 相关标准

国家标准:《混凝土外加剂》(GB 8076—2008)。

2) 标准说明

外加剂其他行业标准方法均参照国家标准执行,故不再列举比较。

11.8 硫酸钠含量

11.8.1 定义

外加剂中含有硫酸钠的质量百分数。

11.8.2 适用范围

本试验适用于高性能减水剂(早强型、标准型、缓凝型)、高效减水剂(标准型缓凝型)、普通减水剂(早强型、标准型、缓凝型)、引气减水剂、泵送剂、早强剂、缓凝剂、引气剂、防水剂、防冻剂、和速凝剂共十一类混凝土外加剂。

11.8.3 检测方法及原理(以国家标准为主)

(1)试验原理:氯化钡溶液与外加剂试样中的硫酸盐生成溶解度极小的硫酸钡沉淀,称量经高温灼烧后的沉淀来计算硫酸钠的含量。

(2)主要试验步骤:

① 准确称取试样约0.5 g,于400 mL烧杯中,加入200 mL水搅拌溶解,再加氧化铵溶液50 mL,加热煮沸后,用快速定性滤纸过滤,用水洗涤数次后,将滤液浓缩至200 mL左右,滴加盐酸至浓缩滤液显示酸性,再多加5~10滴盐酸,煮沸后在不断搅拌下趁热滴加氯化钡溶液10 mL,继续煮沸15 min,取下烧杯,置于加热板上,保持50~60℃静置2~4 h或常温静置8 h。

② 用两张慢速定量滤纸过滤，烧杯中的沉淀用 70℃ 水洗净，使沉淀全都转移到滤纸上，用温热洗涤沉淀至无氧根为止(用硝酸锰溶液检验)。

③ 将沉淀与滤纸移如入预先灼烧恒重的坩埚中，小火烘干，灰化。

④ 在 800℃ 电阻高温炉中灼烧 30 min，然后在干燥器里冷却至室温(约 30 min)。取出称量，再将坩埚放回高温炉中，灼烧 20 min，取出冷却至室温称量，如此反复直至恒量。

硫酸钠的含量按式(11-6)计算：

$$X_{Na_2SO_4} = \frac{(m_2 - m_1) \times 0.608\,6}{m} \times 100\% \qquad (11-6)$$

式中　$X_{Na_2SO_4}$——外加剂中硫酸钠含量(%)；

　　　m——试样质量(g)；

　　　m_1——空坩埚的质量(g)；

　　　m_2——灼烧后滤渣加坩埚的质量(g)。

重复性限为 0.60%；再现性限为 0.80%。

本试验记录格式见附表 11-6，检测报告格式见附表 11-9。

11.8.4　检测标准

1) 相关标准

国家标准：《混凝土外加剂匀质性试验方法》(GB/T 8077—2012)。

2) 标准说明

外加剂其他行业标准方法均参照国家标准执行，故不再列举比较。

11.9　流　动　度

11.9.1　定义

流动度是表示掺外加剂水泥净浆流动性的一种量度。

11.9.2　适用范围

本试验适用于高性能减水剂(早强型、标准型、缓凝型)、高效减水剂(标准型缓凝型)、普通减水剂(早强型、标准型、缓凝型)、引气减水剂、泵送剂、早强剂、缓凝剂、引气剂、防水剂、防冻剂、和速凝剂共十一类混凝土外加剂。

11.9.3　检测方法及原理(以国家标准为主)

(1) 试验原理：在水泥净浆搅拌机中，加入一定量的水泥、外加剂和水进行搅拌。将搅拌好的净浆注入截锥圆模内，提起截锥圆模，测定水泥净浆在玻璃平面上自由流淌的最大直径。

(2) 主要试验步骤：

① 将玻璃板放置在水平位置，用湿布抹擦玻璃板、截锥圆模、搅拌器及搅拌锅，使其表

面湿而不带水渍。将截锥圆模放在玻璃板的中央,并用湿布覆盖待用。

② 称取水泥 300 g,倒入搅拌锅内。加入推荐掺量的外加剂及 87 g 或 105 g 水,立即搅拌(慢速 120 s,停 15 s,快速 120 s)。

③ 将拌好的净浆迅速注入截锥圆模内,用刮刀刮平,将截锥圆模按垂直方向提起,同时开启秒表计时,任水泥净浆在玻璃板上流动,至 30 s,用直尺量取流淌部分互相垂直的两个方向的最大直径,取平均值作为水泥净浆流动度。

重复性限为 5 mm;再现性限为 10 mm。

本试验记录格式见附表 11-2,检测报告格式见附表 11-9。

11.9.4 检测标准

1)相关标准

国家标准:《混凝土外加剂匀质性试验方法》(GB/T 8077—2012)。

2)标准说明

外加剂其他行业标准方法均参照国家标准执行,故不再列举比较。

11.10 收 缩 率 比

11.10.1 定义

收缩率比是指掺外加剂混凝土与不掺外加剂混凝土(基准混凝土)体积差值的比值。

11.10.2 适用范围

本试验适用于高性能减水剂(早强型、标准型、缓凝型)、高效减水剂(标准型、缓凝型)、普通减水剂(早强型、标准型、缓凝型)、引气减水剂、泵送剂、早强剂、缓凝剂及引气剂共八类混凝土外加剂。

11.10.3 检测方法及原理(以国家标准为主)

(1)试验原理:收缩率比以 28 d 龄期时受检混凝土与基准混凝土的收缩率的比值表示。

(2)主要试验步骤:受检混凝土及基准混凝土的收缩率按 GBJ 82 测定和计算。试件用振动台成型,振动 15~20 s。每批混凝土拌合物取一个试样,以三个试样收缩率比的算术平均值表示,计算精确 1%

收缩率比按式(11-7)计算:

$$R_\varepsilon = \frac{\varepsilon_1}{\varepsilon_0} \times 100\% \tag{11-7}$$

式中 R_ε——收缩率比(%);

ε_1——受检混凝土的收缩率(%);

ε_0——基准混凝土的收缩率(%)。

本试验记录格式见附表 11-7,检测报告格式见附表 11-9。

11.10.4　检测标准

1）相关标准

国家标准:《混凝土外加剂》(GB 8076—2008)。

2）标准说明

外加剂其他行业标准方法均参照国家标准执行,故不再列举比较。

11.11　限 制 膨 胀 率

11.11.1　定义

限制膨胀率是指混凝土的膨胀被钢筋等约束体限制时导入钢筋的应变值,用钢筋的单位长度伸长值表示。

11.11.2　适用范围

本试验适用于硫铝酸钙类、氧化钙类与硫铝酸钙-氧化钙类粉状混凝土膨胀剂。

11.11.3　检测方法及原理(以国家标准为主)

主要试验步骤:成型试体、拆模,测量前 3 h,将测量仪、标准杆放在标准试验室内,用标准杆校正测量仪并调整千分表零点。测量前,将试体及测量仪测头擦净。每次测量时,试体记有标志的一面与测量仪的相对位置必须一致,纵向限制器测头与测量仪侧头应正确接触,读数应精确至 0.001 mm。不同龄期的试体应在规定时间±1 h 内测量。试体脱模后在 1 h 内测量试体的初始长度。

测量完初始长度的试体立即放入水中养护,测量第 7 d 时的长度。然后放入恒温恒湿室养护,测量第 21 d 时的长度,也可以根据需要测量不同龄期的长度,观察膨胀收缩变化趋势。

养护时,应注意不损伤试体测头。试体之间应保持 15 mm 以上间隔,试体支点距限制钢板两端约 30 mm。

各龄期限制膨胀率按式(11-8)计算:

$$\varepsilon = \frac{L_1 - L}{L_0} \times 100\%$$

(11-8)

式中　ε——所测龄期限制膨胀率(%);

　　　L_1——所测龄期的试体长度测量值(mm);

　　　L——试体的初始长度测量值(mm);

　　　L_0——试体的基准长度(140 mm)。

取相近的 2 个试件测定值的平均值作为限制膨胀率的测量结果,精确至 0.001%。

本试验记录格式见附表 11-8,检测报告格式见附表 11-9。

11.11.4　检测标准

1）相关标准

国家标准：《混凝土膨胀剂》(GB 23439—2009)。

2）标准说明

外加剂其他行业标准方法均参照国家标准执行,故不再列举比较。

第12章 沥青指标

沥青是一种憎水性的有机胶凝材料,其构造致密,与石料等能牢固地粘结在一起,沥青制品具有良好的隔潮、防水、防渗、耐腐蚀等性能,在地下防潮、防水等建筑工程及铺路工程中得到广泛的应用。

沥青在水利工程中主要用于防水和道路铺筑,沥青的种类很多,按产源可分为地沥青和焦油沥青,地沥青主要包括石油沥青和天然沥青,焦油沥青包括煤沥青和木沥青。牌号愈大,相应的针入度值愈大,黏性愈小,延度愈大,软化点愈低,使用年限愈长。道路石油沥青指主要用于道路工程的沥青,建筑沥青指主要用于建筑防水工程的沥青,水利工程防水用沥青就是用的建筑石油沥青。对于地下防潮、防水工程,一般对软化点要求不高,但要求其塑性好,黏结较大,使沥青层与建筑韧粘结牢固,并能适应建筑物的变形而保持防水层完整。

12.1 密 度

12.1.1 定义

沥青密度即规定温度下单位体积的质量。

12.1.2 适用范围

本试验适用于各种沥青的密度测定。

12.1.3 检测方法及原理(以电力标准为主)

沥青密度检测方法共分为液体沥青、黏稠沥青和固体沥青三种,这里主要介绍黏稠沥青的密度检测方法,采用密度瓶法。

主要试验步骤:

① 准备沥青试样,将加热后的沥青试样注入密度瓶容量的 2/3。注入时应避免试样黏附在瓶口或上方瓶壁,并防止混入气泡。

② 取出装有试样的密度瓶,移入干燥器中,在室温下冷却不少于 1 h,连同瓶塞称其质量 m_4,精确至 0.001 g。

③ 从水槽中取出盛有蒸馏水的烧杯,将蒸馏水注入密度瓶,再连同瓶塞放入烧杯中,把烧杯放回已达(20±0.1)℃的恒温水槽中,从烧杯内的水温达到(20±0.1)℃起保温30 min,用细针挑除上升到密度瓶水面的气泡,再用保温过的瓶塞塞紧密度瓶,使多余的水从瓶塞上的毛细孔挤出。

④ 从水中取出密度瓶,按前述方法迅速擦干瓶外水分,称其质量 m_5,精确至 0.001 g。

⑤ 密度按式(12-1)计算,精确至 0.001 g/cm³:

$$\rho_b = \frac{m_4 - m_1}{(m_2 - m_1) - (m_5 - m_4)} \times \rho_w \qquad (12 - 1)$$

式中 ρ_b——沥青密度(g/cm^3);

m_1——密度瓶质量(g);

m_2——密度瓶和水的质量(g);

m_4——密度瓶和试样的质量(g);

m_5——密度瓶、试样和水的质量(g)。

同一样品平行试验两次,以两次测值的平均值作为试验结果。黏稠石油沥青及液体沥青重复性试验的允许差为 0.003 g/cm^3,再现性试验的允许差为 0.007 g/cm^3。

本试验记录格式见附表 12 - 1,检测报告格式见附表 12 - 4。

12.1.4 检测标准

电力行业标准:《水工沥青混凝土试验规程》(DL/T 5362—2006)。

12.2 相 对 密 度

12.2.1 定义

沥青相对密度即同温度条件下压实沥青混合料试件密度与水的密度的比值。

12.2.2 适用范围

本试验适用于利用比重瓶测定各种沥青材料的相对密度。

12.2.3 检测方法及原理(以公路标准为主)

沥青相对密度检测方法共分为液体沥青、黏稠沥青和固体沥青三种,这里主要介绍黏稠沥青的相对密度检测方法,采用比重瓶法。

主要试验步骤:试验步骤同沥青密度试验。

相对密度按式(12 - 2)计算,精确至 0.001 g/cm^3:

$$\gamma_b = \frac{m_4 - m_1}{(m_2 - m_1) - (m_5 - m_4)} \qquad (12 - 2)$$

式中 γ_b——沥青相对密度;

m_1——比重瓶质量(g);

m_2——比重瓶和水的质量(g);

m_4——比重瓶和沥青的质量(g);

m_5——比重瓶、试样和水的质量(g)。

同一样品平行试验两次,以两次测值的平均值作为试验结果。黏稠石油沥青及液体沥青重复性试验的允许差为 0.003 g/cm^3,复现性试验的允许差为 0.007 g/cm^3。

本试验记录格式见附表 12 - 1,检测报告格式见附表 12 - 4。

12.2.4 检测标准

交通行业标准:《公路工程沥青及沥青混合料试验规程》(JTG E 20—2011)。

12.3 针 入 度

12.3.1 定义

针入度是指在规定温度和时间内,附加一定质量的标准针垂直贯入沥青试样的深度。

12.3.2 适用范围

本试验适用于测定各种沥青针入度。

12.3.3 检测方法及原理(以电力标准为主)

(1)试验原理:针入度是沥青主要质量指标之一,表示沥青软硬程度和稠度、抵抗剪切破坏的能力,反映在一定条件下沥青的相对黏度的指标。在25℃和5 s时间内,在100 g的荷重下,标准针垂直穿入沥青试样的深度为针入度,以0.1 mm为单位。

(2)主要试验步骤:

① 准备沥青试样,将恒温水槽调节到要求的试验温度25℃,并保持稳定。

② 将试样注入试样皿中,试样深度应大于预计针入度值10 mm,并盖上试样皿,以防落入灰尘。盛有试样的试样皿在室温下冷却,小试样皿冷却时间为1~1.5 h、大试样皿的冷却时间为1.5~2 h,特殊试样皿的冷却时间为2~2.5 h;冷却后移入(25±0.1)℃的恒温水槽中恒温,小试样皿的恒温时间为1~1.5 h,大试样皿的恒温时间为1.5~2 h,特殊试样皿的恒温时间为2~2.5 h。

③ 调整针入度仪使之水平。检查针连杆和导轨,确认无水和其他外物,无明显摩擦。用三氯乙烯或其他溶剂清洗标准针,并擦干。将标准针插入针连杆,用螺丝紧固。按试验条件,加上附加砝码。

④ 取出达到恒温的试样皿,并移到平底玻璃皿的三角支架上,将盛有试样皿的平底玻璃皿放入恒温水槽中,使平底玻璃皿中水温保持(25±0.1)℃。水面应没出试样表面10 mm以上。将已恒温到(25±0.1)℃盛有试样皿的平底玻璃皿取出,放置在针入度仪的平台上,放下针连杆,用适当位置的NG反光镜或灯光反射观察,使针尖恰好与试样的表面接触,拉下刻度盘的拉杆,使与针连杆顶端轻轻接触,调节刻度盘或深度指示器的示值为零。

⑤ 开动秒表,当达到5 s时,用手紧压按钮,使标准针自由下落贯入试样,到10 s时停压按钮,使标准针停止移动。当采用自动针入度仪时,计时与标准针落下贯入试样同时开始,至5 s时自动停止。拉下刻度盘拉杆与针连杆顶端接触,读取刻度盘指针或位移指示器的读数即为试样的针入度,精确至0.5 s。

⑥ 同一试样重复测定不少于三次,各测试点与试样皿边缘的距离都不得小于10 mm。每次试验应换一根干净标准针或将标准针取下用蘸有三氯乙烯溶剂的棉花或布擦净,再用干棉花或布擦干,当针入度超过200时,用不少于3根的标准针,每次试验用的针留在试样

中,直至 3 次平行试验完成后,才能将针从试样中取出。

⑦ 同一样品平行试验三次,试验结果的最大值和最小值之差应符合标准规定,以三次测值的平均值作为针入度试验结果,取整数,以 0.1 mm 为单位。当试验结果小于 50 (0.1 mm)时,重复性试验的允许差为 2%,再现性试验的允许差为 4%;当试验结果大于或等于 50 (0.1 mm)时,重复性试验的允许差为 4%,再现性试验的允许差为 8%。

本试验记录格式见附表 12-2,检测报告格式见附表 12-4。

12.3.4　检测标准

1)相关标准

国家标准:《沥青针入度测定法》(GB/T 4509—2010)。

电力行业标准:《水工沥青混凝土试验规程》(DL/T 5362—2006)。

2)标准说明

沥青的针入度测定两本标准在试验设备、步骤和结果处理上面有少许不同之处,详见表 12-1。

表 12-1　标准说明

标准号	试验参数	备注
DL/T 5362—2006	1. 试样皿:针入度 200～350(0.1 mm)的沥青用内径 70 mm,深 45 mm 的大试样皿;对针入度大于 350 的沥青需采用特殊试样皿,其深度不小于60 mm,试样体积不少于 125 mL。 2. 平底玻璃皿:容量不小于 1 L,深度不少于 80 mm。 3. 温度计:测量范围 0～50℃。 4. 小试样皿冷却时间为 1～1.5 h,大试样皿的冷却时间为 1.5～2 h、特殊试样皿的冷却时间为 2～2.5 h,冷却后移入(25±0.1)℃的恒温水槽中恒温,小试样皿的恒温时间为 1～1.5 h、大试样皿的恒温时间为 1.5～2 h、特殊试样皿的恒温时间为 2～2.5 h。 5. 平底玻璃皿放入水槽,水面应没出试样表面 10 mm 以上。 6. 开动秒表后有时间节点进行操作。 7. 当试验结果小于 50 (0.1 mm)时,重复性试验的允许差为 2%,再现性试验的允许差为 4%,当试验结果大于或等于 50 (0.1 mm)时,重复性试验的允许差为 4%,再现性试验的允许差为 8%。 三次针入度最大差值 150～249(0.1 mm)为 12,250～500(0.1 mm)为 20	—
GB/T 4509—2010	1. 试样皿:针入度 200～350(0.1 mm)的沥青用内径 55～75 mm,深 45～70 mm 的大试样皿;对针入度 350～500(0.1 mm)的沥青,其内径 55 mm,深 70 mm。 2. 平底玻璃皿:容量不小于 350 mL。 3. 温度计:测量范围 -8～55℃。 4. 小试样皿冷却时间为 45 min～1.5 h、中试样皿的冷却时间为 1～1.5 h、大试样皿的冷却时间为 1.5～2 h,冷却后移入测试温度的恒温水槽中恒温,小试样皿的恒温时间为 45 min～1.5 h、中试样皿的恒温时间为 1～1.5 h、大试样皿的恒温时间为 1.5～2 h。 5. 平底玻璃皿放入水槽,水面应完全覆盖样品。 6. 开动秒表后无时间节点进行操作。 7. 重复性试验的允许差为 4%,再现性试验的允许差为 11%。 三次针入度最大差值 150～249(0.1 mm)为 6,250～350(0.1 mm)为 8,350～500 (0.1 mm)为 20	—

12.4 延 度

12.4.1 定义

沥青延度是指规定形态的沥青试样,在规定温度下以一定速度受拉伸至断开时的长度。

12.4.2 适用范围

本试验适用于测定各种沥青的延度。

12.4.3 检测方法及原理(以电力标准为主)

(1)试验原理:将熔化的试样注入专用模具中,先在室温冷却,然后放入保持在试验温度下的水浴中冷却,用热刀削去高出模具的试样,把模具重新放回水浴,再经一定时间,然后移到延度仪中进行试验。记录沥青试件在一定温度下以一定速度拉伸至断裂时的长度。

(2)主要试验步骤:

① 将拌合均匀的隔离剂涂于清洁干燥的试模内壁和底板,并将试模准确安装在试模底板上。

② 准备试样,然后将试样自试模的一端至另一端往返数次缓缓注入,最后略高出试模,灌模时应避免混入气泡。

③ 试件在室温下冷却,时间不少于 30 min,然后置于规定试验温度±0.1℃的恒温水槽中,恒温 30 min 后取出,用热刮刀自试模的中间刮向两端,刮除高出试模的沥青,使沥青面与试模面平齐,试件表面平滑。将试模连同底板再浸入规定试验温度的水槽中 1~1.5 h。

④ 检查延度仪延伸速度是否符合规定要求,然后移动滑板使其指针正对标尺的零点。将延度仪注水,并恒温至试验温度±0.5℃。

⑤ 将恒温后的试件连同底板移入延度仪的水槽中,将盛有试样的试模自玻璃板或不锈钢板上取下,将试模两端的孔分别套在滑板及槽端固定板的金属柱上,并取下侧模。水面距试件表面应不小于 25 mm。

⑥ 开动延度仪,按规定速度拉伸试样,同时观察试样的延伸情况。在试验过程中,应保持水温在规定的试验温度范围内,避免仪器振动、水面晃动。当水槽采用循环水时,应暂时中断水流循环。

⑦ 试件拉断时,读取标尺上指针的读数,以 cm 表示。正常情况下,试件延伸时成锥尖状,拉断时实际断面接近于零。如不能得到这种结果,应在报告中注明。

⑧ 试验中如发现沥青浮于水面或沉入槽底,可用乙醇或氯化钠调整水的密度与沥青密度相接近,使沥青试样既不浮于水面,又不沉入槽底,重新开始试验。

(3)试验结果处理:

① 同一样品平行试验三次,如 3 个测值均大于 100 cm,试验结果记作">100 cm",特殊

需要也可分别记录实测值,如 3 个测值中,有一个以上的测值小于 100 cm 时,若最大值或最小值与平均值之差满足重复性试验精密度要求,则取 3 个测定结果的平均值的整数作为延度试验结果,若平均值大于 100 cm,记作">100 cm"。

② 当试验结果小于 100 cm 时,重复性试验的精密度为平均值的 20%,再现性试验的精密度为平均值的 30%。

本试验记录格式见附表 12-2,检测报告格式见附表 12-4。

12.4.4　检测标准

1)相关标准

国家标准:《沥青延度测定法》(GB/T 4508—2010)。

电力行业标准:《水工沥青混凝土试验规程》(DL/T 5362—2006)。

2)标准说明

沥青的延度测定两个标准在试验设备、步骤和结果处理上面有少许不同之处,详见表 12-2。

表 12-2　标准说明

标准号	试验参数	备注
DL/T 5362—2006	1. 温度计:测量范围 0~50℃,分度为 0.1℃。 2. 试件在室温下冷却,时间不少于 30 min。 3. 将试模连同底板再浸入规定试验温度的水槽中 1~1.5 h。 4. 结果处理:同一样品平行试验三次,如 3 个测值均大于 100 cm,结果记作">100 cm",特殊需要也可分别记录实测值,如 3 个测值中,有一个以上的测值小于 100 cm 时,若最大值或最小值与平均值之差满足重复性试验精密度要求,则取 3 个测定结果的平均值的整数为延度试验结果,若平均值大于 100 cm,记作">100 cm"。 当试验结果小于 100 cm 时,重复性试验的精密度为平均值的 20%,再现性试验的精密度为平均值的 30%	—
GB/T 4508—2010	1. 温度计:测量范围 0~50℃,分度为 0.1℃和 0.5℃各一支。 2. 试件在室温下冷却,时间 30~40 min。 3. 将支撑板、模具和试件一起放入水浴中,并在试验温度下保持85~95 min。 4. 结果处理:若三个试件测定值在其平均值的 5%内,取平行测定三个结果的平均值作为测定结果,若三个试件测定值不在其平均值的 5%以内,但其中两个较高值在平均值的 5%之内,则弃去最低测定值,取两个较高值的平均值作为测定结果,否则重新测定。 5. 同一操作者在同一实验室使用同一实验仪器对在不同时间同一样品进行试验得到的结果不超过平均值的 10%(置信度 95%)。 6. 不同操作者在不同实验室用相同类型的仪器对同一样品进行试验得到的结果不超过平均值的 20%(置信度 95%)	—

12.5 软 化 点

12.5.1 定义

沥青软化点是指沥青试件受热软化下垂时的温度。水利工程用沥青软化点不能太低或太高,否则夏季易融化,冬季脆裂不易施工。软化点反映沥青黏度、高温稳定性及感温性。

12.5.2 适用范围

本试验适用于测定各种沥青的软化点。

12.5.3 检测方法及原理(以电力标准为主)

(1)试验原理:置于肩或锥状黄铜环中两块水平沥青圆片,在加热介质中以一定速度加热,每块沥青片上置有一只钢球。所报告的软化点为当试样软化到使两个放在沥青上的钢球下落 20 mm 距离时温度的平均值。

(2)主要试验步骤(低于 80℃的沥青软化点测定):

① 将装有试样的试样环连同试样底板置于(5.0±0.5)℃的恒温水槽中不少于 15 min,同时将金属支架、钢球、钢球定位环等也置于同一恒温水槽中。

② 烧杯内注入新煮沸并冷却至 5.0℃的蒸馏水,水面略低于立杆上的深度标记。

③ 从恒温水槽中取出盛有试样的试样环,放置在支架中层板的圆孔中,套上定位环,然后将整个环架放入烧杯中,调整水面至深度标记,并保持水温为(5.0±0.5)℃。环架上任何部分不得附有气泡。将温度计由上层板中心孔垂直插入,使端部测温头底部与试样环下面齐平。

④ 将盛有水和环架的烧杯移至放有石棉网的加热炉具上,然后将钢球放在定位环中间的试样中央,立即开动振荡搅拌器,使水微微振荡,并开始加热,使杯中水的升温速率在 3 min 内达到(5±0.5)℃/min,并保持稳定。在加热过程中,应记录每分钟上升的温度,如升温速率超出(5±0.5)℃/min,应重作试验。

⑤ 试样受热软化,沥青下坠至与下层底板表面接触时,即读取温度,精确至 0.5℃。

(3)试验结果处理:

① 同一样品平行试验两次,以两次测值的平均值作为试验结果,精确至 0.5℃。

② 精密度要求:当试样软化点小于 80℃时,重复性试验的允许差为 1℃,再现性试验的允许差为 4℃;当试样软化点等于或大于 80℃时,重复性试验的允许差为 2℃,再现性试验的允许差为 8℃。

本试验记录格式见附表 12-2,检测报告格式见附表 12-4。

12.5.4 检测标准

1)相关标准

国家标准:《沥青软化点测定法 环球法》(GB/T 4507—2014)。

电力行业标准:《水工沥青混凝土试验规程》(DL/T 5362—2006)。

2）标准说明

沥青的软化点测定两个标准在试验设备、步骤和结果处理上面有少许不同之处,详见表12-3。

表 12-3 标准说明

标准号	试验参数	备注
DL/T 5362—2006	1. 恒温水槽:可自动控温,控温准确度 0.5℃。 2. 温度计:测温范围 0～200℃,分度值为 0.5℃。 3. 重复性和再现性要求不同	—
GB/T 4507—2014	1. 浴槽:可以加热的玻璃容器,其内径不小于 85 mm,离加热底部的深度不小于 120 mm。 2. 温度计:应符合 GB/T 514 中 GB-42 温度计的技术要求,即测温范围在 30～180℃,最小分度值为 0.5℃的全浸式温度计。 3. 重复性和再现性要求不同	—

12.6 脆 点

12.6.1 定义

沥青脆点是指在低温下,受到瞬时荷载作用时,出现脆性破坏的性能。

12.6.2 适用范围

本试验适用于测定各种沥青的脆点。

12.6.3 检测方法及原理(以电力标准为主)

(1)主要试验步骤:

① 准备沥青试样。

② 称取试样(0.4±0.01) g,置于一块洁净的薄钢片上,将薄钢片放在电炉上慢慢加热,当沥青开始流动时,用镊子夹住薄钢片前后左右摆动,使试样均匀布满薄钢片表面,形成光滑的薄膜,在制样过程中避免样品膜产生气泡。从开始加热起应在 5～10 min 内完成。对于软化点高的试样,也可以用干净的细针尖展开,或用玻璃纸等薄片隔开按压,并经过适当加热制成薄膜试件。若仪器附有将试样压制成宽20 mm、厚 0.5 mm 薄膜的特殊压膜设备时,可将压制的试样薄膜按长度贴在不锈钢薄片上,并加微热,使之与钢片很好地黏接起来。

③ 将制备成的试样薄膜小心移置于平稳的试验台上,在室温下冷却不少于 30 min,避免薄膜沾染灰尘。

④ 向圆柱玻璃筒中注入工业酒精,注入量约为圆柱玻璃筒容积的一半。

⑤ 将涂有试样薄膜的钢片稍微弯曲,装入弯曲器的两个夹钳中间。

⑥ 将装有试样的弯曲器置于大试管中,装上温度计,再将装有弯曲器的大试管置于圆柱玻璃筒内,从漏斗中将干冰缓慢加到工业酒精中,控制温度下降速率为 1℃/min。

⑦ 当温度达到估计的脆点以前 10℃时,开始以 1 rad/s 的速度转动摇把直至摇不动为止。直接观察薄片上试样是否有裂缝,有时也可听到断裂响声,此时不必再转动摇把,如无裂缝则以相同的速度转回。如此反复操作,每分钟使薄钢片弯曲一次。

⑧ 薄片弯曲时出现一个或多个裂缝时的温度即为试样的脆点。

(2)试验结果处理:

① 同一样品平行试验三次,以三次测值的平均值作为试验结果,精确至 1℃。

② 精密度要求:重复性试验的允许差为 3℃,再现性试验的允许差为 6℃。

本试验记录格式见附表 8-3,检测报告格式见附表 8-4。

12.6.4 检测标准

1)相关标准

国家标准:《石油沥青脆点测定法 弗拉斯法》(GB/T 4510—2006)。

电力行业标准:《水工沥青混凝土试验规程》(DL/T 5362—2006)。

2)标准说明

沥青的软化点测定两个标准在试验设备、步骤和结果处理上面有少许不同之处,详见表 12-4。

表 12-4 标准说明

标准号	试验参数	备注
DL/T 5362—2006	1. 天平:量程不小于 100 g,最小分度值不大于 0.01 g。 2. 将制备成的试样薄膜在室温下冷却不少于 30 min。 3. 当温度达到估计的脆点以前 10℃时,开始以 1 rad/s 的速度转动摇把直至摇不动为止。 4. 重复性试验的允许差为 3℃,再现性试验的允许差为 6℃	—
GB/T 4510—2006	1. 天平:最小分度值 0.01 g。 2. 将制备成的试样薄膜在室温下冷却 1～4 h。 3. 当温度达到估计的脆点以前 10℃时,开始以 1 rad/s 的速度转动摇把直至夹钳距离缩短(3.5±0.2)mm 为止。 4. 重复性试验的允许差为 2℃,无再现性要求	—

第三部分　金属结构类

第13章　锻件、焊接、材料质量与防腐涂层

铸件是用各种铸造方法获得的金属成型物件,即把冶炼好的液态金属,用浇筑、压射、吸入或其他浇铸方法注入预先准备好的铸型中,冷却后经打磨等后续加工手段后,所得到的具有一定形状,尺寸和性能的物件。金属焊接是一种连接金属的制造或雕塑过程。焊接过程中,工件和焊料熔化或不熔化,形成材料直接的连接焊缝。通常通过直接外观质量检验,磁粉探伤,渗透探伤等方法来检测锻件产品质量。

13.1　铸锻件外部质量

13.1.1　适用范围

本试验适用于铸钢件、钢锻件。

13.1.2　检测方法及原理(以水利行业标准为主)

水利行业标准采用的外部质量试验方法包括:外观检验法、磁粉探伤法、渗透探伤法。

1)外观检验法

外观检验法包括直接外观检验和间接外观检验。直接外观检验是用眼睛直接观测测量铸锻件的形状尺寸,在检验过程中可以采用适当的照明,利用反光镜调节照射角度和观察角度,或借助于低倍放大镜(不大于5倍)进行观察。间接外观检验必须借助于工业内窥镜等工具进行观察试验,适用于眼睛不能接近的铸锻件外观检验。

2)磁粉探伤法

磁粉探伤法是通过磁粉在缺陷附近漏磁场中的堆积以检测铁磁性材料表面或近表面处缺陷的一种无损检测方法。

主要试验步骤:预清洗、缺陷的探伤、探伤方法的选择、退磁、后清洗。

3)渗透探伤法

渗透探伤法是利用毛细现象检查材料表面缺陷的一种无损检验方法。

主要试验步骤:清洗、渗透、去除、干燥、显像、检验。

本检测项目记录格式见附表13-1～附表13-3;检测报告格式见附录3.2.1节～附录3.2.3节。

13.1.3　检测标准

1)相关标准

水利行业标准:《水工金属结构铸锻件通用技术条件》(SL 576—2012)。

国家标准:《产品几何技术规范(GPS)几何公差 形状、方向、位置和跳动公差标注》

（GB/T 1182—2008）；

《形状和位置公差未注公差值》（GB/T 1184—1996）；

《铸件尺寸公差与机械加工余量》（GB/T 6414—1999）；

《球墨铸铁件》（GB/T 1348—2009）；

《一般工程用铸造碳钢件》（GB/T 11352—2009）；

《铸钢件磁粉检测》（GB/T 9444—2007）；

《铸钢件渗透检测》（GB/T 9443—2007）。

机械行业标准：《承压设备无损检测 第4部分 磁粉检测》（JB/T 4730.4—2005）；

《承压设备无损检测 第5部分 渗透检测》（JB/T 4730.5—2005）。

2）标准说明

铸锻件检测一般分为外观检验法、磁粉探伤法和渗透探伤法，具体标准说明见表 13-1。

表 13-1 标准说明

标准号	测试方法	试验设备	备注
GB/T 1182—2008 GB/T 1184—1996 GB/T 6414—1999	外观检验法	放大镜、卡尺	目测需在一定光照条件下
GB/T 9444—2007 JB/T 4730.4—2005	磁粉探伤法	电磁轭、磁悬液	标准试块检验灵敏度
GB/T 9443—2007 JB/T 4730.5—2005	渗透探伤法	渗透剂	标准试块检验灵敏度

13.2 铸锻件内部质量

13.2.1 适用范围

本试验适用于铸钢件、钢锻件。

13.2.2 检测方法及原理（以水利行业标准为主）

水利行业标准采用的外部质量检测方法包括：射线探伤法、超声探伤法。

1）射线探伤法

射线探伤法是利用 X 射线穿透物质和在物质中传播过程有衰减的特性来发现其中缺陷的一种无损探伤方法。当强度均匀的射线束透照物体时，如果物体局部区域存在缺陷或结构存在差异，这将改变物体对射线的衰减程度，使得不同部位透射射线强度不同，这样采用一定的检测器（例如，射线照相中采用胶片）检测透射射线的强度，就可以判断物体内部的缺陷和物质分布等。

射线探伤常用的方法有 X 射线探伤、γ 射线探伤、高能射线探伤和中子射线探伤。对于常用的工业射线探伤来说，一般使用的是 X 射线探伤和 γ 射线探伤。

2）超声探伤法

超声波探伤是利用超声能透入金属材料的深处，并由一截面进入另一截面时，在界面边缘发生反射的特点来检查零件缺陷的一种方法。当超声波束自零件表面由探头传播至金属内部，遇到缺陷与零件底面时就分别发生反射波，在荧光屏上形成脉冲波形，根据这些脉冲波形来判断缺陷位置和大小。

本检测项目记录格式见附表13-4、附表13-5；检测报告格式见附录13.2.4节和附录13.2.5节。

13.2.3　检测标准

1）相关标准

水利行业标准：《水工金属结构铸锻件通用技术条件》（SL576—2012）。

国家标准：《铸钢件射线照相检测》（GB/T 5677—2007）；

《钢锻件超声检测方法》（GB/T 6402—2008）；

《铸钢件 超声检测 第1部分：一般用途铸钢件》（GB/T 7233.1—2009）。

2）标准说明

铸锻件检测一般分为射线探伤法和超声探伤法。具体标准说明见表13-2。

表 13-2　标准说明

标准号	测试方法	试验工具	备注
GB/T 5677—2007	射线探伤法	X射线机、底片	—
GB/T 6402—2008 GB/T 7233.1—2009	超声探伤法	超声波仪器、标准试块	每次检测前校验仪器

13.3　焊缝外观质量

13.3.1　适用范围

本参数适用于焊接件。

13.3.2　检测方法及原理（以水利行业标准为主）

水利行业标准采用的外部质量试验方法包括：外观检验法、磁粉探伤法、渗透探伤法。

1）外观检验法

外观质量检查包括直接外观检验和间接外观检验。直接外观检验是用眼睛直接观测测量铸锻件的形状尺寸，在检验过程中可以采用适当的照明，利用反光镜调节照射角度和观察角度，或借助于低倍放大镜进行观察。间接外观检验必须借助于工业内窥镜等工具进行观察试验，适用于眼睛不能接近的铸锻件外观检验。

2）磁粉探伤法

磁粉探伤法是通过磁粉在缺陷附近漏磁场中的堆积以检测铁磁性材料表面或近表面处缺陷的一种无损检测方法。

主要试验步骤：预清洗、缺陷的探伤、探伤方法的选择、退磁、后清洗。

3）渗透探伤法

渗透探伤法是利用毛细现象检查材料表面缺陷的一种无损检验方法。

主要试验步骤：清洗、渗透、去除、干燥、显像、检验。

本检测项目记录格式见附表 13-6～附表 13-8；检测报告格式见附录 13.2.1 节、附录 13.2.6 节和附录 13.2.7 节。

13.3.3 检测标准

1）相关标准

水利行业标准：《水工金属结构焊接通用技术条件》(SL36—2006)。

机械行业标准：《无损检测 焊缝磁粉检测》(JB/T 6061—2007)；

《无损检测 焊缝渗透检测》(JB/T 6062—2007)；

《承压设备无损检测 第4部分 磁粉检测》(JB/T 4730.4—2005)；

《承压设备无损检测 第5部分 渗透检测》(JB/T 4730.5—2005)。

2）标准说明

焊缝外观质量检查一般分为外观检验法、磁粉探伤法和渗透探伤法。具体标准说明见表 13-3。

表 13-3　标准说明

标准号	测试方法	试验工具	备注
SL 576—2012	外观检验法	焊接检验尺、放大镜、焊缝量规	目测在一定光照条件下
JB/T 6061—2007 JB/T 4730.4—2005	磁粉探伤法	电磁轭、磁悬液	标准试块检验灵敏度
JB/T 6062—2007 JB/T 4730.5—2005	渗透探伤法	渗透剂	标准试块检验灵敏度

13.4　焊缝内部质量

13.4.1　适用范围

本参数适用于焊接件。

13.4.2　检测方法及原理（以水利行业标准为主）

水利行业标准采用的外部质量试验方法包括：射线探伤法、超声探伤法。

1）射线探伤法

射线探伤法是利用 X 射线能穿透物质和在物质中传播过程中有衰减的特性来发现其中缺陷的一种无损探伤方法。

2）超声探伤法

超声波探伤是利用超声能透入金属材料的深处,并由一截面进入另一截面时,在界面边缘发生反射的特点来检查零件缺陷的一种方法。

本检测项目记录格式见附表13-9和附表13-10;检测报告格式见附录13.2.8节和附录13.2.9节。

13.4.3　检测标准

1）相关标准

水利行业标准:《水工金属结构焊接通用技术条件》(SL 36—2006)。

国家标准:《金属熔化焊焊接接头射线照相》(GB/T 3323—2005);

《焊缝无损检测　超声检测技术、检测等级和评定》(GB/T 11345—2013);

《焊缝无损检测　超声检测　验收等级》(GB/T 29712—2013)。

机械行业标准:《承压设备无损检测　第2部分 射线检测》(JB/T 4730.2—2005);

《承压设备无损检测　第3部分 超声检测》(JB/T 4730.3—2005)。

2）标准说明

焊缝检测一般分为射线探伤法和超声探伤法。具体标准说明见表13-4。

表 13-4　标准说明

标准号	测试方法	试验工具	备注
GB/T 3323—2005 JB/T 4730.2—2005	射线探伤法	X 射线机、底片	—
GB/T 11345—2013 JB/T 4730.3—2005	超声探伤法	超声波仪器、标准试块	每次检测前校验仪器

13.5　金属材料力学性能试验

金属的力学性能是指金属材料抵抗各种外加载荷的能力,其中包括:弹性和刚度、强度、塑性、硬度、冲击韧性、断裂韧性及疲劳强度等,它们是衡量材料性能极其重要的指标。

13.5.1　抗拉强度

13.5.1.1　定义

抗拉强度:抗拉强度就是试样拉断前承受的最大标称拉应力。是金属由均匀塑性变形向局部集中塑性变形过度的临界值,也是金属在静拉伸条件下的最大承载能力。

13.5.1.2　适用范围

本试验适用于金属材料在室温条件下拉伸性能的测定。

13.5.1.3　检测方法及原理(以国家标准为主)

原理:试样拉断前承受的最大力和试样标称截面积的比值。当钢材屈服到一定程度后,由于内部晶粒重新排列,其抵抗变形的能力又重新提高,此时变形虽然发展很快,但却只能随着应力的提高而提高,直至应力达最大值。此后,钢材抵抗变形的能力明显降低,并在最薄弱处发生较大的塑性变形,此处试件截面迅速缩小,出现颈缩现象,直至断裂破坏。对于塑性材料,抗拉强度表征材料达到最大均匀塑性变形时的应力;对于没有(或很小)均匀塑性变形的脆性材料,它反映材料的断裂应力。

主要试验步骤:

① 按规定尺寸截取试样,试验机力值显示清零。

② 将试件固定在试验机夹头内,开动机器进行拉伸,拉伸速率可选择表13-5中A和B两种方法的速率。

③ 连续加荷至试件拉断,读出最大荷载。

按式(13-1)计算抗拉强度:

$$\sigma_b = \frac{P_b}{F_0} \qquad\qquad (13-1)$$

式中 σ_b ——抗拉强度(MPa);

P_b ——最大荷载(N);

F_0 ——试样公称横截面(mm²)。

抗拉强度值修约至1 MPa。

13.5.1.4 检测标准

1) 相关标准

国家标准:《金属材料 拉伸试验 第1部分:室温试验方法》(GB/T 228.1—2010)。

2) 标准说明

钢板试验方法均参照国家标准执行,故不再列举比较。但钢板的抗拉强度测定试验速率分为方法A和方法B,两种方法有些许不同之处,见表13-5。

表 13-5 抗拉强度方法说明

标准号	速率方法	方法参数	备注
GB/T 228.1—2010	方法 A	应变速率 0.006 7 s⁻¹,相对误差±20%	拉伸试验只测定抗拉强度
	方法 B	选取不超过 0.008 s⁻¹ 的单一应变速率	

13.5.2 屈服强度

13.5.2.1 定义

屈服强度也称屈服极限,指金属材料呈现屈服现象时,在试验期间达到塑性变形发生而力不增加的应力点,应区分上屈服强度和下屈服强度。试样发生屈服而力首次下降前的最大应力叫上屈服强度;在屈服期间,不计初始瞬时效应时的最低应力叫下屈服强度。中碳钢和高碳钢没有明显的屈服过程,通常将对应于塑性应变为 $\varepsilon_b = 0.2\%$ 时的应力定为屈服强度。工程中常以屈服强度作为钢材设计强度取值的依据。

13.5.2.2 适用范围

本试验适用于金属材料室温拉伸性能的测定。

13.5.2.3 检测方法及原理(以国家标准为主)

原理:试样屈服期屈服点荷载和试样标称截面积的比值。

主要试验步骤：

① 按规定尺寸截取试样,试验机力值显示清零。

② 将试件固定在试验机夹头内,开动机器进行拉伸,拉伸速率可选择表13-6中A和B两种方法的速率。

③ 连续加荷至屈服期结束,读出屈服点荷载。

按式(13-2)计算屈服强度：

$$\sigma_a = \frac{P_a}{F_0} \qquad\qquad (13-2)$$

式中　σ_a——屈服强度(MPa)；

　　　P_a——屈服点荷载(N)；

　　　F_0——试样公称横截面(mm^2)。

抗拉强度值修约至1 MPa。

13.5.2.4　检测标准

1)相关标准

国家标准：《金属材料 拉伸试验 第1部分：室温试验方法》(GB/T 228.1—2010)。

2)标准说明

钢板试验方法均参照国家标准执行,故不再列举比较。但钢板的屈服强度测定试验速率分为方法A和方法B,两种方法有些许不同之处,见表13-6。

表13-6　屈服强度方法说明

标准号	速率方法	方法参数	备注
GB/T 228.1—2010	方法A	应变速率0.000 25 s^{-1},相对误差±20%	以仅测定下屈服为例
	方法B	应变速率在0.000 25～0.002 5 s^{-1}之间	

13.5.3　伸长率

13.5.3.1　定义

伸长率是指试样原始标距的伸长与原始标距之比的百分率。伸长率是衡量钢材塑性大小的一个重要技术指标。非抗震要求的热轧带肋钢筋主要检测断后伸长率。断后伸长率是指断后标距的残余伸长与原始标距之比的百分率。

13.5.3.2　适用范围

本试验适用于金属材料室温拉伸性能的测定。

13.5.3.3　检测方法及原理(以国家标准为主)

在此只介绍最常测的断后伸长率,它是指断后标距的残余伸长与原始标距之比的百分率。

主要试验步骤：

① 按规定尺寸截取试样,试验机力值显示清零。

② 将试件固定在试验机夹头内,开动机器进行拉伸,拉伸速率可选择表13-6中A和B两种方法的速率。

③ 连续加荷至试件拉断,量出断后标距。

按式(13-3)计算屈服强度:

$$A = \frac{L_\mathrm{u} - L_0}{L_0} \qquad\qquad (13-3)$$

式中　A——断后伸长率(%);

　　　L_0——原始标距(mm);

　　　L_u——断后标距(mm)。

断后伸长率修约至0.5%。

本试验记录格式见附表9-1,检测报告格式见附表9-4。

13.5.3.4　检测标准

1)相关标准

国家标准:《金属材料 拉伸试验 第1部分:室温试验方法》(GB/T 228.1—2010)。

2)标准说明

钢筋试验方法均参照国家标准执行,故不再列举比较。

13.5.4　冷弯性能

13.5.4.1　定义

钢筋冷弯性能是指金属材料在常温下能承受弯曲而不破裂的性能,冷弯性能可衡量钢材在常温下冷加工弯曲时产生塑性变形的能力。

13.5.4.2　适用范围

本试验适用于钢筋混凝土用钢筋的弯曲试验。

13.5.4.3　检测方法及原理(以国家标准为主)

(1)试验原理:将一定形状和尺寸的试件放置于弯曲装置上,以规定直径的弯心将试样弯曲到所要求的角度后,卸除试验力检查试样承受变形的性能。

(2)主要试验步骤:钢筋混凝土用钢筋的弯曲试验分为正向弯曲和反向弯曲两种,这里主要介绍正向弯曲试验。试验采用支辊式弯曲装置,将两辊固定,试样放于两支辊上,试样轴线应与弯曲压头轴线垂直,弯曲压头在两支座之间的中点处对试样连续施加力使其弯曲,直至达到规定的弯曲角度180°。弯曲试验时,应当缓慢地施加弯曲力,以使材料能够自由地进行塑性变形,当出现争议时,试验速率应为(1±0.2)mm/s。弯曲结束后应按照相关产品标准的要求评定弯曲试验结果,如未规定具体要求,弯曲试验后不使用放大仪器观察,试样弯曲外表面无可见裂纹应评定为合格。

13.5.4.4　检测标准

1)相关标准

国家标准:《金属材料 弯曲试验方法》(GB/T 232—2010)。

2)标准说明

钢筋试验方法均参照国家标准执行,故不再列举比较。

13.5.5 硬度(洛氏硬度)

13.5.5.1 定义

硬度是衡量金属材料软硬程度的一项重要的性能指标,它既可理解为是材料抵抗弹性变形、塑性变形或破坏的能力,也可表述为材料抵抗残余变形和反破坏的能力。硬度不是一个简单的物理概念,而是材料弹性、塑性、强度和韧性等力学性能的综合指标。硬度试验根据其测试方法的不同可分为静压法(如布氏硬度、洛氏硬度、维氏硬度等)、划痕法(如莫氏硬度)、回跳法(如肖氏硬度)及显微硬度、高温硬度等多种方法。

洛氏硬度没有单位,是一个无量纲的力学性能指标,可分为 HRA、HRB、HRC 三种,它们的测量范围和应用范围也不同。一般生产中 HRC 用得最多。压痕较小,可测较薄的材料、硬的材料和成品件的硬度。

13.5.5.2 适用范围

本试验适用于金属材料的硬度试验。

13.5.5.3 检测方法及原理(以国家标准为主)

(1)试验原理:将压头(金刚石圆锥、钢球或硬质合金球)分两个步骤压入试样表面,经规定保持时间后,卸除主试验力,测量在初试验力下的残余压痕深度,计算洛氏硬度值。

(2)主要试验步骤:

① 试验一般在 10~35℃下进行。

② 试样应平稳地放在刚性支撑物上,并使压头轴线与试样表面垂直,避免试件产生位移。

③ 使压头与试样表面接触,无冲击和振动地施加初试验力,初试验力保持时间不应超过 3 s。

④ 无冲击和无振动地将测量装置调整至基准位置,从初试验力施加至总试验力的时间应不小于 1 s 且不大于 8 s。

⑤ 总试验力保持时间为(4±2)s,然后卸除主试验力,保持初试验力,经短时间稳定后,进行读数。

⑥ 试验过程中,硬度计应避免受到冲击或振动,两相邻压痕中心之间的距离至少应为压痕直径的 4 倍,并且不应小于 2 mm,任一压痕中心距试样边缘的距离至少应为压痕直径的 2.5 倍,并且不应小于 1 mm。

洛氏硬度按式(13-4)计算:

$$洛氏硬度 = N - \frac{h}{S} \qquad (13-4)$$

式中 N——给定标尺的硬度数;

h——卸除主试验力后,在初试验力下压痕残留的深度(mm);

S——给定标尺的单位(mm)。

13.5.5.4 检测标准

1)相关标准

国家标准:《金属洛氏硬度试验 第1部分:试验方法(A、B、C、D、E、F、G、H、K、N、T 标尺)》(GB/T 230.1—2004)。

2)标准说明

洛氏硬度试验方法均参照国家标准执行,故不再列举比较。

13.5.6 弯曲

参照 9.4 节冷弯性能。

13.6 表面清洁度

13.6.1 定义

表面清洁度是指零件、总成及整机特定部位的清洁程度或被杂质污染的程度。

13.6.2 适用范围

本参数适用于水工金属结构。

13.6.3 检测方法及原理(以水利行业标准为主)

水利行业标准采用的表面清洁度试验方法包括:目测法。

根据《水工金属结构防腐规范》(SL 105—2007)要求,水工金属结构表面预处理主要进行喷(抛)射清理 表面清洁度等级评定时,应用《涂装前钢材表面锈蚀和除锈等级》(GB/T 8923.1—2011)中的照片与被检基体金属的表面进行目视比较,评定方法应按《涂装前钢材表面锈蚀和除锈等级》(GB/T 8923.1—2011)的规定执行。

本检测项目记录格式见附表 13-11;检测报告格式见附录 13.2.10 节。

13.6.4 检测标准

1)相关标准

水利行业标准:《水工金属结构防腐蚀规范》(SL 105—2007)。

国家标准:《涂覆涂料前钢材表面处理 表面清洁度的目视评定 第一部分:未涂覆过的钢材表面和全面清除原有涂层后的钢材表面的锈蚀等级和处理等级》(GB/T 8923.1—2011)。

2)标准说明

清洁度试验方法均参照国家标准执行,故不再列举比较。

13.7 涂料涂层质量

13.7.1 定义

金属结构涂料涂层是为了达到保护金属结构的目的,在金属结构表面采用涂料一次或多次施涂所得到的固态连续膜。

13.7.2　适用范围

本参数适用于水工金属结构。

13.7.3　检测方法及原理(以水利行业标准为主)

采用的涂料涂层质量试验方法包括:外观检验法、干膜厚度测定法、附着力检验法(划格法与拉开法)。

1) 外观检验法

外观检验法是用眼睛直接观察构件是否有漏涂、流挂等缺陷。

2) 干膜厚度测定法

涂层干膜厚度测定法采用磁感应原理,利用从测头经过非磁性覆盖层而流入铁基体的磁通的大小。涂膜固化后,进行干膜测定。85%以上的局部厚度达到设计厚度,未达到设计厚度的部位,其最小局部厚度应不低于设计厚度的85%。

主要试验步骤:采用10点法检测涂层厚度,在每个检测部位的一个面积为 1 dm² 基准面上测量涂层厚度,取其算术平均值为该基准面的局部平均厚度值。

3) 附着力检验法

划格法采用使用切割刀具切割涂膜至底材形成不同形状(网格形或交叉形)划痕,再用胶黏带黏附后撕开,查看涂料的剥落情况,然后对涂膜的附着情况进行评级,这种方法称为"划格法"。当涂膜厚度≤250 μm 时,应按规定用划格法进行检验,当涂膜厚度>250 μm 时,应按规定用划叉法进行检验。拉开法可选用拉脱式涂层附着力测试仪检验。

本检测项目记录格式见附表 13-12 和附表 13-13;检测报告格式见附录 13.2.10 节。

13.7.4　检测标准

1) 相关标准

国家标准:《色漆和清漆 漆膜的划格试验》(GB/T 9286—1998);

　　　　　　《漆膜附着力测定法》(GB/T 1720—1979);

　　　　　　《色漆和清漆 漆膜厚度的测定》(GB/T 13452.2—2008)。

水利行业标准:《水工金属结构防腐蚀规范》(SL 105—2007)。

交通行业标准:《海港工程钢结构防腐蚀技术规范》(JTS 153—3—2007)。

电力行业标准:《水电水利工程金属结构设备防腐蚀技术规程》(DL/T 5358—2006)。

2) 标准说明

涂料涂层质量试验方法以水利行业标准执行为准,故不再列举比较。

13.8　金属涂层质量

13.8.1　定义

金属涂层:以金属为喷涂材料,用热喷涂法制备的覆盖层。

13.8.2　适用范围

本参数适用于水工金属结构。

13.8.3　检测方法及原理(以水利行业标准为主)

涂料涂层质量试验方法包括:外观检验法、涂层厚度检查、涂层结合强度检验。

1) 外观检验法

外观检验法是用眼睛直接观察构件是否有漏涂、流挂等缺陷。

2) 涂层厚度检查(10 点法与 5 点法)

金属涂层测厚法采用磁感应原理,利用从测头经过非磁性覆盖层而流入铁基体的磁通的大小来测定涂层厚度。

当表面的面积在 1 m^2 以上时,应在一个面积为 1 dm^2 的基准面上用测厚仪测量 10 次,取其算术平均值为该基准局部厚度。

当表面的面积在 1 m^2 以下时,应在一个面积为 1 cm^2 面上用测厚仪测量 5 次,取其算术平均值为该基准局部厚度。

3) 涂层结合强度检测(切割法与拉开法)

检测原理是将涂层切割至基体,使之形成具有规定尺寸的方形格子,涂层不应产生剥离。

本检测项目记录格式见附表 13－14 和附表 13－15;检测报告格式见附录 13.2.10 节。

13.8.4　检测标准

1) 相关标准

国家标准:《磁性基体上非磁性覆盖层 覆盖层厚度测量 磁性法》(GB/T 4956—2003);
　　　　　《热喷涂涂层厚度的无损测量方法》(GB/T 11374—2012)。

水利行业标准:《水工金属结构防腐蚀规范》(SL 105—2007)。

交通行业标准:《海港工程钢结构防腐蚀技术规范》(JTS 153－3—2007)。

机械行业标准:《金属镀层和化学处理层厚度的检验方法》(SJ 1281—1977)。

2) 标准说明

金属涂层试验方法以水利行业标准执行为准,故不再列举比较。

13.9　腐 蚀 测 试

13.9.1　定义

腐蚀是指(包括金属和非金属)在周围介质(水、空气、酸、碱、盐、溶剂等)作用下产生损耗与破坏的过程。

13.9.2　适用范围

本试验适用于水工金属结构。

13.9.3 检测方法及原理(以水利行业标准为主)

采用的腐蚀测试试验方法:蚀余厚度超声波测厚法、锈蚀深度量测法。

(1)蚀余厚度超声波测厚法是利用超声波在不同材质界面发生反射的原理,通过精确测量超声波从材料表面进入到从底部反射圆表面的时间,来测定钢材厚度,通过与钢材厚度进行比较来确定腐蚀深度。

(2)锈蚀深度量测法采用游标示尺等器具直接测量钢材表面蚀坑深度,来评价钢材锈蚀情况。

主要试验步骤:对于表面蚀坑不明显的构件,采用超声波测量仪测量钢板厚度并与原钢材厚度比较,得出蚀余厚度,若构件表面有涂层,应扣除涂层厚度。对于表面蚀坑明显构件可采用直接量测法测量蚀坑深度,计算蚀余厚度。

本检测项目记录格式见附表13-14,检测报告格式见附录13.2.10节。

13.9.4 检测标准

1)相关标准

国家标准:《磁性基体上非磁性覆盖层 覆盖层厚度测量 磁性法》(GB/T 4956—2003);
      《热喷涂涂层厚度的无损测量方法》(GB/T 11374—2012)。

水利行业标准:《水工钢闸门和启闭机安全检测技术规程》(SL 101—2014)。

机械行业标准:《金属镀层和化学处理层厚度的检验方法》(SJ 1281—1977)。

交通行业标准:《海港工程钢结构防腐蚀技术规范》(JTS 153—3—2007)。

2)标准说明

金属涂层试验方法以水利行业标准执行为准,故不再列举比较。

第14章 制造安装

14.1 常规尺寸及位置检测

14.1.1 适用范围

本试验适用于水工金属结构。

14.1.2 检测方法及原理（以水利行业标准为主）

水利行业标准采用的常规尺寸及位置试验方法：直接测量法。

直接测量检验是采用全站仪、水准仪以及钢卷尺、超声波测厚仪和游标卡尺等测量构件常规尺寸及位置。

本检测项目记录格式见附表14-1；检测报告格式见附录14.2.1节。

14.1.3 检测标准

1）相关标准

国家标准：《产品几何技术规范（GPS）几何公差形状、方向、位置和跳动公差标注》（GB/T 1182—2008）；

《形状和位置公差 未注公差值》（GB/T 1184—1996）；

《水利水电工程钢闸门制造、安装及验收规范》（GB/T 14173—2008）。

水利行业标准：《水工金属结构制造安装质量检验通则》（SL 582—2012）。

2）标准说明

常规尺寸及位置检测，具体标准说明见表14-1。

表14-1 标准说明

标准号	测试方法	试验工具	备注
GB/T 1182—2008 GB/T 1184—1996 GB/T 14173—2008 SL 582—2010	直接测量法	全站仪、水准仪以及钢卷尺、超声波测厚仪和游标卡尺等	—

14.2 表面缺陷深度

14.2.1 适用范围

本试验适用于水利金属结构。

14.2.2　检测方法及原理(以水利行业标准为主)

表面缺陷深度利用游标卡尺、钢板测厚仪、深度尺等进行直接测量。

本检测项目记录格式见附表 14-2;检测报告格式见附录 14.2.1 节。

14.2.3　检测标准

1)相关标准

水利行业标准:《水工钢闸门和启闭机安全检测技术规程》(SL 101—2014)。

电力行业标准:《水工钢闸门和启闭机安全检测技术规程》(DL/T 835—2003)。

2)标准说明

具体标准说明见表 14-2。

表 14-2　标准说明

标准号	测试方法	试验工具	备注
SL 101—2014 DL/T 835—2003	仪器测定法	游标卡尺、钢板测厚仪、深度尺	—

14.3　温度、湿度

14.3.1　适用范围

本试验适用于水利金属结构。

14.3.2　检测方法及原理(以水利行业标准为主)

标准采用的温度、湿度试验方法:仪器测定法。

仪器测定法利用仪器直接测量结果。

本检测项目记录格式见附表 14-3;检测报告格式见附录 14.2.1 节。

14.3.3　检测标准

1)相关标准

国家标准:《工程测量规范》(GB 50026—2007)。

交通行业标准:《水运工程水工建筑物原型观测技术规范》(JTJ 218—2005)。

2)标准说明

具体标准说明见表 14-3。

表 14-3　标准说明

标准号	测试方法	试验工具	备注
GB 50026—2007 JTJ 218—2005	仪器测定法	红外测温仪 SF530、露点仪	—

14.4 变形、磨损

14.4.1 适用范围

本试验适用于水利金属结构。

14.4.2 检测方法及原理(以水利行业标准为主)

水利行业标准采用的变形、磨损试验方法:仪器测定法。

仪器测定法利用仪器直接测量。

本检测项目记录格式见附表14-4;检测报告格式见附录14.2.1节。

14.4.3 检测标准

1)相关标准

国家标准:《无损检测 接触式超声脉冲回波法测厚方法》(GB/T 11344—2008);
《工程测量规范》(GB 50026—2007)。

水利行业标准:《水工金属结构制造安装质量检验通则》(SL 582—2012)。

2)标准说明

变形、磨损检测直接仪器测定。

具体标准说明见表14-4。

表 14-4 标准说明

标准号	测试方法	试验工具	备注
GB/T 11344—2008 GB 50026—2007 SL 582—2012	仪器测定法	全站仪、超声波测厚仪	—

14.5 振动频率、振幅、角度

14.5.1 适用范围

本试验适用于水利金属结构。

14.5.2 检测方法及原理(以水利行业标准为主)

水利行业标准采用的振动频率、振幅、角度试验方法:仪器测定法。

仪器测定法利用仪器直接测量。

本检测项目记录格式见附表14-5和附表14-6;检测报告格式见附录14.2.1节。

14.5.3 检测标准

1）相关标准

国家标准:《水利水电工程钢闸门制造、安装及验收规范》(GB/T 14173—2008)。

水利行业标准:《水工钢闸门和启闭机安全检测技术规程》(SL 101—2014);

《水利水电工程启闭机制造安装及验收规范》(SL 381—2007)。

电力行业标准:《水工钢闸门和启闭机安全检测技术规程》(DL/T 835—2003)。

2）标准说明

变形、磨损检测直接仪器测定。

具体标准说明见表14-5。

表 14-5　标准说明

标准号	测试方法	试验工具	备注
SL 101—2014 SL 381—2007 GB/T 14173—2008 DL/T 835—2003	仪器测定法	万能角度尺、动态信号测试分析系统	—

14.6　橡　胶　硬　度

14.6.1　适用范围

本试验适用于水利橡胶材料。

14.6.2　检测方法及原理(以水利行业标准为主)

水利行业标准采用的水压试验方法:仪器测定法。

仪器测定法利用仪器直接测量。

本检测项目记录格式见附表14-7;检测报告格式见附录14.2.1节。

14.6.3　检测标准

1）相关标准

国家标准:《硫化橡胶或热塑性橡胶压入硬度试验方法第一部分:邵氏硬度计法(邵尔硬度)》(GB/T 531.1—2008)。

2）标准说明

橡胶硬度检测直接仪器测定。具体标准说明见表14-6。

表 14-6　标准说明

标准号	测试方法	试验工具	备注
GB/T 531.1—2008	仪器测定法	橡胶硬度计	—

14.7 水压试验

14.7.1 适用范围

本试验适用于水利金属结构。

14.7.2 检测方法及原理(以水利行业标准为主)

水利行业标准采用的水压试验方法:仪器测定法。

仪器测定法利用仪器直接测量。

本检测项目记录格式见附表 14-8;检测报告格式见附录 14.2.1 节。

14.7.3 检测标准

1)相关标准

水利行业标准:《水利工程压力钢管制造安装及验收规范》(SL 432—2008)。

电力行业标准:《水电水利工程压力钢管制造安装及验收规范》(DL/T 5017—2007)。

2)标准说明

橡胶硬度检测直接仪器测定。具体标准说明见表 14-7。

表 14-7 标准说明

标准号	测试方法	试验工具	备注
SL 432—2008 DL/T 5017—2007	仪器测定法	压力表、电子秒表	—

第 15 章　各式启闭机与清污机

15.1　电 气 检 测

15.1.1　适用范围

本试验适用于水利金属结构配套电气设备检测。

15.1.2　检测方法及原理(以国家标准为主)

国家标准采用的电气检测试验方法:仪器测定法。

仪器测定法利用仪器直接测量出结果。

本检测项目记录格式见附表 15-1;检测报告格式见附录 15.2.1 节。

15.1.3　检测标准

1)相关标准

国家标准:《电气装置安装工程盘、柜及二次回路接线施工及验收规范》(GB 50171—2012);
　　　　　《电气装置安装工程电气设备交接试验标准》(GB 50150—2016)。

2)标准说明

常规尺寸及位置检测。具体标准说明见表 15-1。

表 15-1　标准说明

标准号	测试方法	试验工具	备注
GB 50171—2012 GB 50150—2016	仪器测定法	数字钳形表	—

15.2　启门力、闭门力、持住力

15.2.1　适用范围

本试验适用于水利金属结构。

15.2.2　检测方法及原理(以水利行业标准为主)

水利行业标准采用的电气检测试验方法:仪器测定法。

仪器测定法:利用仪器测量出结果。

本检测项目记录格式见附表 15-2;检测报告格式见附录 15.2.1 节。

15.2.3 检测标准

1）相关标准

水利行业标准：《水工钢闸门和启闭机安全检测技术规程》（SL 101—2014）；

《水利水电工程启闭机制造安装及验收规范》（SL 381—2007）。

电力行业标准：《水工钢闸门和启闭机安全检测技术规程》（DL/T 835—2003）。

2）标准说明

具体标准说明见表 15－2。

表 15－2 标准说明

标准号	测试方法	试验工具	备注
SL 101—2014 SL 381—2007 DL/T 835—2003	仪器测定法	动态信号测试分析系统、旁压拉力传感器或其他测力计	—

15.3 钢 丝 绳 检 测

15.3.1 适用范围

本试验适用于水利金属结构。

15.3.2 检测方法及原理（以国家标准为主）

国家标准采用的钢丝绳试验方法：仪器测定法。

仪器测定法利用仪器直接测量结果。

本检测项目记录格式见附表 15－3；检测报告格式见附录 15.2.1 节。

15.3.3 检测标准

1）相关标准

国家标准：《起重机 钢丝绳 保养、维护、检验和报废》（GB/T 5972—2016）；

《重要用途钢丝绳》（GB 8918—2006）。

水利行业标准：《水利水电工程钢闸门设计规范》（SL 74—2013）。

煤炭行业标准：《钢丝绳（缆）在线无损定量检测方法和判定规则》（MT/T 970—2005）。

2）标准说明

钢丝绳检测利用仪器测定法，具体标准说明见表 15－3。

表 15－3 标准说明

标准号	测试方法	试验工具	备注
GB/T 5972—2016 GB 8918—2006 SL 74—2013 MT/T 970—2005	仪器测定法	钢丝绳检测系统	—

15.4 里 氏 硬 度

15.4.1 适用范围

本试验适用于水利金属结构。

15.4.2 检测方法及原理(以国家标准为主)

国家标准采用的里氏硬度试验方法:仪器测定法。

仪器测定法利用仪器直接测量。

本检测项目记录格式见附表15-4;检测报告格式见附录15.2.1节。

15.4.3 检测标准

1)相关标准

国家标准:《金属材料 里氏硬度试验 第1部分:试验方法》(GB/T 17394.1—2014)。

2)标准说明

变形、磨损检测直接仪器测定,具体标准说明见表15-4。

表 15-4　标准说明

标准号	测试方法	试验工具	备注
GB/T 17394—2014	仪器测定法	里氏硬度计	—

15.5 上拱度、上翘度、挠度

15.5.1 适用范围

本试验适用于水利金属结构。

15.5.2 检测方法及原理(以水利行业标准为主)

水利行业标准采用的上拱度、上翘度、挠度试验方法:仪器测定法。

仪器测定法利用仪器直接测量。

本检测项目记录格式见附表15-5;检测报告格式见附录15.2.1节。

15.5.3 检测标准

1)相关标准

水利行业标准:《水工金属结构制造安装质量检验通则》(SL 582—2012)。

国家标准:《工程测量规范》(GB 50026—2007)。

2)标准说明

上拱度、上翘度、挠度检测直接仪器测定,具体标准说明见表15-5。

表 15-5 标准说明

标准号	测试方法	试验工具	备注
SL 582—2012 GB 50026—2007	仪器测定法	全站仪、GPS 全球定位系统、经纬仪、水准仪	—

15.6 油液运动粘度检测

15.6.1 适用范围

本试验适用于水利机械。

15.6.2 检测方法及原理(以水利行业标准为主)

水利行业标准采用的油液运动粘度检测试验方法:仪器测定法。

仪器测定法利用仪器直接测量。

本检测项目记录格式见附表 15-6;检测报告格式见附录 15.2.1 节。

15.6.3 检测标准

1)相关标准

国家标准:《石油产品运动粘度测定法和动力粘度计算法》(GB/T 265—1988)。

水利行业标准:《水利水电工程启闭机制造安装及验收规范》(SL 381—2007)。

2)标准说明

油液运动粘度直接仪器测定,具体标准说明见表 15-6。

表 15-6 标准说明

标准号	测试方法	试验工具	备注
GB/T 265—1988 SL 381—2007	仪器测定法	NDJ-1 型旋转式粘度计	—

15.7 表 面 粗 糙 度

15.7.1 适用范围

本试验适用于水利金属结构。

15.7.2 检测方法及原理(以水利行业标准为主)

根据《水工金属结构防腐蚀规范》(SL105—2007)的要求,对钢闸门面板表面粗糙度进行检测。

检测方法为:用表面粗糙度仪检测粗糙度时在该闸门面板上共取 9 个评定点,每个评定点的评定长度为 40 mm,并在此长度范围内测 5 点取其算术平均值作为此评定点的表面粗糙度值。

本检测项目记录格式见附表 15-7;检测报告格式见附录 15.2.1 节。

15.7.3 检测标准

1)相关标准

水利行业标准:《水工金属结构防腐蚀规范》(SL 105—2007)。

2)标准说明

表面粗糙度仪直接检测,具体标准说明见表 15-7。

表 15-7 标准说明

标准号	测试方法	试验工具	备注
SL 105—2007	仪器测定法	表面粗糙度仪	—

15.8 整机运行试验

15.8.1 适用范围

本试验适用于水利金属结构。

15.8.2 检测方法及原理(以水利行业标准为主)

按照《水利水电工程启闭机制造安装及验收规范》(SL 381—2007)标准规范中条款 5.3.3 的相关要求,在启闭机无荷载运行时(全行程内往返 3 次),对电机三相电流不平衡度、启闭机主令开关、启闭机机械部件、启闭机轴承温度、启闭机运转噪声等进行检查和测量。

本检测项目记录格式见附表 15-8;检测报告格式见附录 15.2.1 节。

15.8.3 检测标准

水利行业标准:《水利水电工程启闭机制造安装及验收规范》(SL 381—2007)。

15.9 负 荷 试 验

15.9.1 适用范围

本试验适用于水利金属结构。

15.9.2 检测方法及原理(以水利行业标准为主)

按照《水利水电工程启闭机制造安装及验收规范》(SL 381—2007)标准规范中条款 5.3.4 的相关要求,在启闭机带荷载(闸门)运转时,对电机三相电流不平衡度、启闭机主令开关、启闭机机械部件、启闭机轴承温度、启闭机运转噪声、启门力、闭门力、持住力等进行检查和测量。

本检测项目记录格式见附表 15-9;检测报告格式见附录 15.2.1 节。

15.9.3 检测标准

水利行业标准:《水利水电工程启闭机制造安装及验收规范》(SL 381—2007)。

第四部分　机械电气类

第16章 水力机械

水力机械是指以液体如油、水等作为工作介质与能量载体的机械设备,根据液体与机械的相互作用方式,可以分成容积式水力机械和叶片式水力机械。通过对水力机组开展相关的质量检测,可以校核水力机组的加工制造质量,了解水力机组运行的电气、机械、水力等方面的工作特性,从而合理地确定各种工作参数,为安全、经济运行提供最可靠的技术资料,有效地指导水电站和水泵站的安全生产。同时,水力机械质量检测还是检测水轮机理论、计算方法和鉴定制造质量与安装质量的最好手段及可靠依据。因此,通过分析研究水力机组质量检测积累的资料,可以更经济、有效地利用我国丰富的水力资源,同时可为发现新型结构、性能优异的水力机组提供技术参考。

16.1 流量、流速

16.1.1 定义

流量:单位时间内流经封闭管道或明渠有效截面的流量,又称瞬时流量。

流速:流体在单位时间内流过的距离。

流量按式(16-1)计算:

$$Q = SV \qquad (16-1)$$

式中 Q——流量(m^3/s);

$\quad\ \ S$——截面积(m^2);

$\quad\ \ V$——流速(m/s)。

流量、流速是水力机械重要的指标,实际采用的流量、流速测定方法,应该根据现场条件、检测方法的经济性及不确定度等要求分析确定。

16.1.2 适用范围

根据不同的流速断面,可以采取相应的流量测定方法。流量测定使用的仪器、仪表和设备,除规范其他条款另有规定外,宜使所测数值在其量程的30%~95%范围内;并应经法定计量检定机构校准或检定合格,且在规定的有效期内。对于某些专用仪器、仪表或设备,当检定机构不能检定时,可采用实验室间比对的方式进行校准。

16.1.3 检测方法及原理(以水利部标准为主)

水利部标准流量测定方法包括:流速仪法、超声波法、食盐浓度法、差压法。

1)流速仪法

测流量时,应符合下列规定:水体温度不应超过30℃;水中的水草、塑料袋等纤维状或形体大的杂物应较少;水质无污染或污染较轻;泵站应具有满足流速仪布置要求的测流断面。

测流断面的选择应符合下列规定:应优先选择在进出水流道(管道)中;断面规则,几何尺寸应易于测量;流态稳定,流速分布应相对均匀;应垂直于水流方向;对于进出水流道或有压流管道,测流断面上游应具有长度不少于 20 倍管径(或 80 倍水力半径)、下游不少于 5 倍管径(或 20 倍水力半径)的顺直段;对于明渠,测流断面上下游应具有长度不少于 15 倍水面宽度的顺直段。

流速仪的选用应符合下列规定:宜采用旋桨型流速仪;流速仪检定的有效测量范围应能涵盖测点的流速变化范围;流速仪检定的不确定度不应大于 1.5%。对于明渠,当水面宽度和水深均不小于 0.8 m 时,测点数量应按式(16-2)确定,且不少于 25 个。

$$24\sqrt[3]{A} < n < 36\sqrt[3]{A} \qquad (16-2)$$

式中　A——测流端面面积(m^2);

　　　n——测点数量(个);

对于有压流圆形管道,当直径大于 250 mm 时,测点数量应按式(16-3)确定。

$$4\sqrt{R} < n < 5\sqrt{R} \qquad (16-3)$$

式中　R——测流端面半径(m);

　　　n——每条半径上的测点数(个);

对于矩形流道(管道),当短边长度大于 0.8m 时,测点数量不应少于 26 个。

主要试验步骤:宜采用计算机同时对所有流速仪的信号进行采集,一次采集的时间不宜少于 120 s。

圆形管道单测点测量流量时,流速仪应布置在管道中心线上。

流量应按式(16-4)计算:

$$Q = kv_cA \qquad (16-4)$$

式中　Q——流量(m^3/s);

　　　k——流速系数,当测流断面上游具有长度大于 15 倍管径的直管段时,宜取 $k = 0.88$;

　　　A——测流断面面积(m^2);

　　　v_c——管道中心流速(m/s)。

圆形管道多测点测量流量时,宜采用圆环等面积法、圆环等流量法、对数-线性法或对数-车比雪夫法布置测点并计算流量。

表 16-1　对数-线性法测点位置布置表

每根半径上的测点数 n	r/R	y/D
3	0.358 6±0.010 0 0.730 2±0.010 0 0.935 8±0.003 2	0.320 7±0.005 0 0.134 9±0.005 0 0.032 1±0.001 6

每根半径上的测点数 n	r/R	y/D
5	0.277 6±0.010 0 0.565 8±0.010 0 0.695 0±0.010 0 0.847 0±0.007 6 0.962 2±0.001 8	0.361 2±0.005 0 0.217 1±0.005 0 0.152 5±0.005 0 0.076 5±0.003 8 0.018 9±0.000 9

采用对数-线性法时,测点位置应符合表 16-1 的规定,流量应按式(16-5)计算:

$$Q = \overline{v}A \qquad (16-5)$$

$$\overline{v} = \frac{1}{n}\sum_{i=1}^{n} v_i$$

式中 $\overline{v}$——平均流速(m/s);

$\quad\quad n$——测点数(个);

$\quad\quad A$——测流断面面积(m²)。

采用对数-车比雪夫法时,测点位置应符合表 16-2 的规定流量,按式(16-5)计算。

表 16-2 对数-车比雪夫法测点位置布置表

每根半径上的测点数 n	r/R	y/D
3	0.735 4±0.010 0 0.725 2±0.010 0 0.935 8±0.003 2	0.312 3±0.005 0 0.137 4±0.005 0 0.032 1±0.001 6
4	0.331 4±0.010 0 0.612 4±0.010 0 0.800 0±0.010 0 0.952 4±0.002 4	0.334 3±0.005 0 0.193 8±0.005 0 0.100 0±0.005 0 0.023 8±0.001 2
5	0.28 6±0.010 0 0.570 0±0.010 0 0.689 2±0.010 0 0.847 2±0.007 6 0.962 2±0.001 8	0.356 7±0.005 0 0.215 0±0.005 0 0.115 4±0.005 0 0.076 4±0.003 8 0.018 9±0.000 9

矩形管道多测点测量流量时,宜采用对数-线性法或对数-车比雪夫法布置测点并计算流量。

采用对数-线性法时,矩形断面测点布置应符合图 16-1 和表 16-3 的规定。

表 16-3 矩形断面按对数-线性法布置的测点布置及对应的加权系数 k_1 表

测杆号	x/L	y/H								
		0.034	0.092	0.250	0.367 5	0.500	0.632 5	0.750	0.908	0.966
Ⅰ	0.092	2	2	5	—	5	—	5	2	2
Ⅱ	0.367 5	3	—	3	6	—	6	3	—	3

测杆号	x/L	y/H								
		0.034	0.092	0.250	0.367 5	0.500	0.632 5	0.750	0.908	0.966
Ⅲ	0.632 5	3	—	3	6	—	6	3	—	3
Ⅳ	0.908	2	2	5	—	6	—	5	2	2

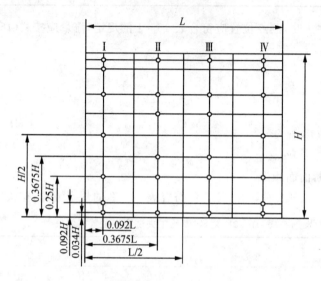

图 16-1　矩形断面按对数-线性法测点布置图

采用对数-线性法布置测点时,平均流速应按式(16-6)计算,流量按式(16-7)计算:

$$\bar{v} = \frac{\sum v_i k_i}{\sum k_i} \tag{16-6}$$

$$Q = \bar{v}A \tag{16-7}$$

式中,k_i 为加权系数,应按表 16-3 的规定取值。

采用对数-车比雪夫法时,矩形断面测点布置应符合图 16-2 和表 16-4 的规定。

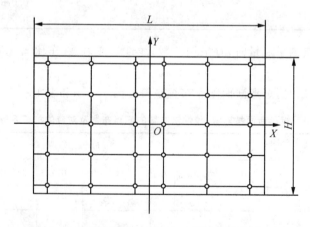

图 16-2　矩形断面按对数-车比雪夫法测点布置图

表 16-4　矩形断面按对数-车比雪夫法测点布置表

水平测线或垂直测线的数目	X/L
5	$0, \pm 0.212, \pm 0.426$
6	$\pm 0.063, \pm 0.265, \pm 0.439$
7	$0, \pm 0.134, \pm 0.297, \pm 0.447$

采用对数-车比雪夫法布置测点时,流量应按式(16-5)规定计算。

明渠多测点测量流量时,应根据现场条件和流速仪数量选用一点法、二点法、三点法、五点法或六点法。对应的测点布置应符合图 16-3 的规定。

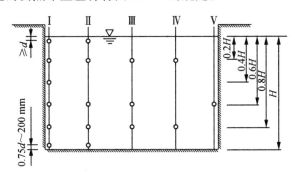

图 16-3　明渠多测点布置图

测线平均流速按式(16-8)计算:

$$\text{六点法：} v = 0.1(v_{水面} + 2v_{0.2} + 2v_{0.4} + 2v_{0.6} + 2v_{0.8} + v_{渠底})$$
$$\text{五点法：} v = 0.1(v_{水面} + 3v_{0.2} + 3v_{0.6} + 2v_{0.8} + v_{渠底})$$
$$\text{三点法：} v = 0.25(v_{0.2} + 2v_{0.6} + v_{0.8})$$
$$\text{二点法：} v = 0.5(v_{0.2} + v_{0.8})$$
$$\text{一点法：} v = v_{0.6} \tag{16-8}$$

式中　　$v_{0.2}, v_{0.4}, v_{0.6}, v_{0.8}$——各相对水深的测点流速(m/s);

　　　　v——第 i 条测线的平均流速(m/s)。

应按图 16-4 的规定,以测线为界将测量断面划分为若干部分,各部分的面积应按式

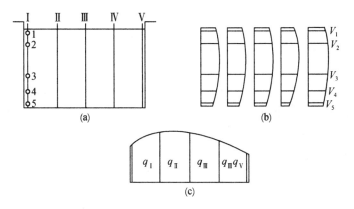

图 16-4　测流断面划分计算图

(16-9)计算

$$A_i = b_i h_i \tag{16-9}$$

式中　A_i——第 i 部分面积(m^2)；

　　　b_i——第 i 部分断面宽度(m)；

　　　h_i——第 i 部分平均水深(m)。

两条测线中间部分的平均流速按式(16-10)计算：

$$V = \frac{v_{i-1} + v_i}{2} \tag{16-10}$$

式中　V——第 i 部分断面平均流速(m/s)；

　　　v_i——第 i 条测线平均流速(m/s)。

测线与渠道边壁中间部分的平均流速按式(16-11)计算：

$$V_1 = \alpha v_1$$
$$V_n = \alpha v_{n-1} \tag{16-11}$$

式中，α 为边壁流速系数，宜按表16-5的规定取值。

表 16-5　明渠边壁的流速系数

边壁情况		α 值
斜坡边坡		0.83～0.91
陡峭边壁	粗糙	0.85
	光滑	0.90

各部分流量按式(16-12)计算：

$$q_i = V_i A_i \tag{16-12}$$

式中，q_i 为第 i 部分流量(m^3/s)。

测量断面的流量应按式(16-13)计算：

$$Q = \sum_1^n q_i \tag{16-13}$$

本试验记录格式见附表16-1。检测报告格式为文字型报告格式。

2）超声波法

采用超声波法测流时，宜优先选用外夹式多声道超声流量计。上下游均应具有一定长度的顺直段，长度满足流量计制造厂家规定的使用要求，断面规则，几何尺寸应易于测量，流态稳定且应远离振动源和噪声源。

主要试验步骤：根据仪器要求，每个测量工况的测试时间不宜少于 60 s，且读数不宜少于 10 个。测量结果应采用各次测量读数的算术平均值。

3）食盐浓度法

当泵站的进出水流道（管道）顺直段长度较短或断面不规整时，宜采用食盐浓度法测量流量。但对于原水中氯离子浓度较高或不稳定的水体,不宜采用食盐浓度法测量流量。

主要试验步骤:根据流量及流道(管道)尺寸加工制作盐水溶液注入装置。盐水溶液喷射栅宜固定在进水流道(管道)进口附近。盐水溶液喷射口数量应按式(16-14)确定。

$$n_1 = k_1 S_1 \tag{16-14}$$

式中　n_1——盐水溶液喷射口数量(个);

　　　　S_1——盐水溶液喷射栅处的流道(管道)断面面积(m^2);

　　　　k_1——盐水溶液喷射口布置系数(个/m^2),宜取 3。

混合水取样点宜均匀布置在出水流道(管道)出口断面处或其附近。取样点数量应按式(16-15)确定:

$$n_2 = k_2 S_2 \tag{16-15}$$

式中　n_2——取样点数量(个),当 n_2 小于 3 时,取向 $n_2=3$;

　　　　S_2——取样点所在的流道(管道)断面面积(m^2);

　　　　k_2——取样点布置系数(个/m^2),宜取 $k_2=0.8$。

测量时,盐水溶液的注入时间不宜少于 90 s,且其浓度和注入流量应稳定。原水和盐水溶液的取样应与盐水溶液的注入同步进行,取样次数不应少于 3 次。混合水取样次数不应少于 10 次,其中盐水溶液浓度达到最大值并稳定的次数不应少于 3 次。水泵流量应按式(16-16)确定:

$$Q_p = \frac{c_1 - c_0}{c_2 - c_0} q \tag{16-16}$$

式中　Q_p——水泵流量(L/s);

　　　　c_0——原水中氯离子的浓度,实际测量时常用中和 100 mL 原水的硝酸银滴定量表示(mL);

　　　　c_1——注入盐水溶液中氯离子的浓度,实际测量时常用中和 100 mL 盐水溶液的硝酸银滴定量表示(mL);

　　　　c_2——混合水样中氯离子的浓度,实际测量时常用中和 100 mL 混合水样的硝酸银滴定量表示(mL);

　　　　q——盐水溶液注入流量(L/s)。

4)差压法

测量条件:进出水管道中弯头的内外侧之间形成的差压;水泵进口与进水池之间形成的差压;水泵进水喇叭口与进水池之间形成的差压;大型泵站进水流道进出口之间的差压。

装置布置应符合下列规定:取压孔应位于水流稳定区,且不在管道(流道)的顶部或底部,其中心线应垂直于管道(流道)壁面;取压孔内部应光滑无毛刺,孔径为 4~6 mm;取压处为负压时,取压管不应采用软管;差压传感器检定的不确定度不应大于 0.5%。

流量应按式(16-17)计算:

$$Q = k \Delta h^n \tag{16-17}$$

式中　Q——流量(m^3/s)；

　　　　k——流量系数；

　　　　Δh——压差(Pa)；

　　　　n——指数，宜取 0.48～0.52。

16.1.4　检测标准

1) 相关标准

水利行业标准：《泵站现场测试与安全检测规程》(SL 548—2012)。

国家标准：《水泵流量的测定方法》(GB/T 3214—2007)。

2) 标准说明

根据《泵站现场测试与安全检测规程》(SL 548—2012)选取相应合理的检测方法(表 16 - 6)。

表 16 - 6　泵站流量主要测量方法的分析与评价

序号	测量方法	对水质的要求	对装置的要求	经济性	不确定度	其他
1	流速仪法	水中水草、塑料袋等纤维状或形体大的杂物较少；水质无污染或者污染较轻	具有较长的顺直管段，且断面规则，几乎尺寸容易测量	成本高，工作量较大	较低	—
2	超声波法	水中纤维状或颗粒状杂物较少	具有一定长度的顺直管段，且断面规则，几乎尺寸容易测量	成本低，简便易行	低	易受泵站震动和噪声的影响
3	食盐浓度发	水中氯离子含量较低且稳定	无要求	成本高，工作量大	低	—
4	差压法	无要求	具有形成差压的条件	成本低，简便易行	较低	应与其他测试方法配合

当采用量水堰法测量流量时，应按《水泵流量的测定方法》(GB/T 3214—2017)的规定执行。

16.2　水位(液位)、压力、水头(扬程)、温度

16.2.1　定义

水位(液位)：河流、湖泊、海洋及水库等水体的自由水面离固定基面的高程。

压力：每单位面积上的力，水力学及工程学科中将压强称为压力。物体所受的压力与受力面积之比叫作压强。液体由内部向各个方向都有压强；压强随深度的增加而增加；在同一深度，液体向各个方向的压强相等；液体压强还跟液体的密度有关，液体密度越大，压强也越大。

水头(扬程)：单位重量液体流经泵后获得的有效能量，是泵的重要工作性能参数，又称压头。可表示为流体的压力能头、动能头和位能头的增加。

温度：表示物体冷热程度的物理量。

16.2.2　适用范围

本检测方法适用于离心泵、混流泵、轴流泵的水位、压力及水头的测量。

16.2.3　检测方法及原理

检测方法及原理以《泵站现场测试与安全检测规程》(SL 548—2012)为主。

1）水位（液位）测量

泵站水位测量应以标准水准点为基准。泵站下列部位可用于水位测量：进水池靠近进水流道（管道）进口处；出水池靠近出水流道（管道）出口处；进水池首端或引水渠末端；出水池末端或输水干渠首端。

当测量部位的水面不平稳时，应设置稳定水面的测井或测筒。

测量水位宜采用仪器：水位尺；液位传感器；压力传感器；浮子水位计；电子水位计；水柱差压计；测针和钩形水位计；超声波水位计。

本试验记录格式见附表 16-2。检测报告格式见附录 16.2.1 节。

2）压力测量

测量压力的取压孔应布置在流速和压力分布相对均匀和稳定的断面。对于离心泵和涡壳式混流泵，进口压力测量断面宜选在与泵进口法兰相距 2 倍管道直径的上游处，出口压力测量断面宜选在与泵出口法兰相距 2 倍管道直径的下游处；对于轴流泵和导叶式混流泵，进口压力测量断面可选在进口座环处，出口压力测量断面可选在泵出口弯头下游 2 倍管道直径处。

测量进出水流道（管道）水力损失时，宜测量进水流道（管道）进口、出水流道（管道）出口和进出水流道（管道）中间等部位的压力。

测量压力宜采用真空表、压力表、压力传感器、差压传感器等仪器仪表。压力测量前，应测量被测量断面中心处的高程和测量用仪器仪表基准面的高程。压力测量时，应该保证引压管路畅通并可靠排除管路内的空气。

3）水头（扬程）计算

当采用压力表（计）测量水泵进出口测量断面压力时，水泵扬程应按式(16-18)计算。

$$H = H_2 - H_1 = \left(\frac{p_2}{\rho g} + \frac{v_2^2}{2g} + z_2 \right) - \left(\frac{p_1}{\rho g} + \frac{v_1^2}{2g} + z_1 \right) \qquad (16-18)$$

式中　H——水泵扬程(m)；

　　　H_1、H_2——水泵进、出口测量断面中心处的总水头(m)；

　　　v_1，v_2——水泵进、出口测量断面的平均流速(m/s)；

　　　ρ——被测液体的密度(kg/m³)；

　　　g——自由落体重力加速度(m/s²)；

　　　p_1，p_2——水泵进、出口测量断面中心处的压力(Pa)；

　　　z_1，z_2——水泵进、出口测量断面中心处的高程(m)。

当采用差压传感器直接测量水泵进出口测量断面之间的压差时，水泵扬程应按式

(16-19)计算：

$$H = \frac{\Delta p}{\rho g} + \frac{v_2^2 - v_1^2}{2g} \qquad (16-19)$$

式中，Δp 为水泵出口测量断面与进口测量断面之间的压差(Pa)。

当需要计算装置扬程时，装置扬程应为泵站进水池末端与出水池首端之间的水位差；当需要计算泵站扬程时，泵站扬程应为泵站进水池首端与出水池末端之间的水位差。

4）温度的测量

用温度计测量水的温度。本试验记录格式见附表16-3。检测报告格式见附录16.2.1节。

16.2.4　检测标准

1）相关标准

水利行业标准：《泵站现场测试与安全检测规程》(SL 548—2012)。

国家标准：《回转动力泵　水力性能验收试验1级、2级和3级》(GB/T 3216—2016)；

《水轮机、蓄能泵和水泵水轮机水力性能现场验收试验规程》(GB/T 20043—2005)。

2）标准说明

泵站水位(液位)、压力、水头(扬程)检测主要以《泵站现场测试与安全检测规程》SL 548—2012为主。

16.3　压力脉动

16.3.1　定义

压力脉动是指在指定时间间隔内液体压力相对于平均值的往复变化。水力机组过流部件如引水钢管、蜗壳、导水叶、转轮及尾水管的压力脉动都会引起机组振动。

16.3.2　适用范围

本方法适用于反击式水轮机、冲击式水轮机、可逆式水泵水轮机、蓄能泵等的压力脉动的测量。通常选用量程及频率响应范围合适的压力传感器检测机组的蜗壳进口压力脉动、活动导叶后转轮前(无叶区)压力脉动、顶盖压力脉动、尾水锥管上下游压力脉动与尾水肘管压力脉动，且测量管路应尽可能接近相应压力脉动测量点。

16.3.3　检测方法及原理

检测方法及原理以《水力机械(水轮机、蓄能泵和水泵水轮机)振动和脉动现场测试规程》(GB/T 17189—2007)为主。

1）测量脉动量的测点布置

压力脉动的关键测量部位：水力机械高压侧，如压力钢管末端(蜗壳进口)；尾水锥管段上、下游侧;顶盖;无叶区;根据需要和布置可能,还可增加其他测量部位,如蜗壳内的其他位置,钢管的某个断面,扩散段或其他部位等。

压力脉动传感器安装的相对位置应尽量与模型保持一致。压力脉动测量管路应单独引出,传感器应尽量安装在靠近测点位置。

2)压力脉动的测量

测量仪器包括各种前置放大器、主放大器、滤波器等。它们的频率范围也应覆盖被测信号的有用频率范围。压力传感器的工作压力应能满足被测流道中可能出现的最高压力或负压。如装于钢管和蜗壳的传感器应能承受最高水头和最大水锤压力之和而不改变其灵敏度及固有频率,装于尾水管的传感器则应能在负压状态下正常工作。

测头安装后应与流道内壁齐平,注意避免连接管的共振及阻尼的影响,尽量减小传感器对机械冲击的灵敏度,避免连接管的次生振荡。测量管路中的空气应排除干净,具体测量系统可根据图16-5框图建立。本试验记录格式见附表16-4。检测报告格式见附录16.2.1节。

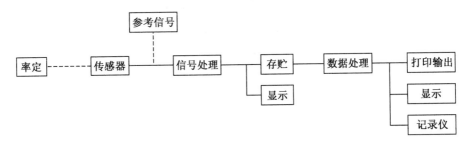

图 16-5 压力脉动测量和分析系统

16.3.4 检测标准

1)相关标准

水利行业标准:《泵站现场测试与安全检测规程》(SL 548—2012)。

国家标准:《水力机械(水轮机、蓄能泵和水泵水轮机)振动和脉动现场测试规程》(GB/T 17189—2007);

《回转动力泵 水力性能验收试验 1 级、2 级和 3 级》(GB/T 3216—2016);

《水轮机、蓄能泵和水泵水轮机水力性能现场验收试验规程》(GB/T 20043—2005)。

2)标准说明

泵站轴功率检测主要以《水力机械(水轮机、蓄能泵和水泵水轮机)振动和脉动现场测试规程》(GB/T 17189—2007)为主。

16.4 气 蚀

16.4.1 定义

气蚀,又称空蚀,指流道中水流局部压力下降到临界压力(一般接近汽化压力)时,水流中气核成长、积聚、流动、溃灭、分裂现象的总称。气蚀气泡溃灭或分裂时会造成材料的损坏。

16.4.2 适用范围

本方法适用于水泵、水轮机的现场性能测试和安全检测。本方法旨在明确水泵、水轮机气蚀损坏的评定条件和测量方法,确定气蚀损坏保证量。

本部分不包括空化可能对设备的其他性能产生的影响,如功率、效率、振动、整体的机械性能和噪声;在运行中暴露出的材料缺陷;带有保护层的过流表面的涂层磨蚀不计入空蚀保证。

本部分假定水中不含腐蚀性的化学物质,如果要考虑水中所含的化学物质的腐蚀性,应在协议中给出水质的分析结果,并基于此做出空蚀保证。因为化学腐蚀性涉及化学成分和设备的材料等诸多因素,不在本部分可以确定的限定范围之内。如果在进一步的分析过程中表明水的腐蚀性大于协议里的给定值,则在评估空蚀保证是否满足时,就必须考虑水的腐蚀性的影响。如果出现空蚀的区域可以区分出是由于化学腐蚀或电化学腐蚀的影响而增加的,这些增加的破坏部分就应排除在空蚀评定的范围之外。

水中固体颗粒如泥沙引起的磨损不作为空蚀来考虑。当设备在含有大量固体颗粒的水中运行时,材料损失会因空蚀(如果存在)与磨损的联合作用而加剧。而且当材料表面因磨蚀而发生改变时,因水力型线的改变空蚀可能被引发和加剧。空蚀和磨损破坏在外观、部位和机理上都不相似,故在测量损坏时能区分出二者是非常重要的。如果出现空蚀的区域可以区分出是由于磨损的影响而增加的,这些增加部分的损坏应从空蚀评定中除开。

空蚀评定以一般水质为基础。水中含有少量固体颗粒及其造成的磨损轻微时,可视为一般水质。应在合同文件中描述水中含固体颗粒量的情况,以及相应的矿物类型、颗粒粒径级配。如果比例较大,应有专门协议,该协议可考虑将空蚀和固体颗粒磨损所造成的破坏区分开来,在难以区分二者时,建议在合同空蚀评定中统一考虑固体颗粒磨损和空蚀所引起的材料损失。

16.4.3 检测方法及原理

检测方法及原理以《水轮机、蓄能泵和水泵水轮机空蚀评定第 2 部分:蓄能泵和水轮机的空蚀评定》(GB/T 15469.2—2007)为主。

1)最大深度 S_i

所有气蚀区域的最大深度可采用深度量尺和样板或者其他合适的方法测得。

2)单个气蚀面积 A_i

如果气蚀区域轮廓不规则和其面积曲线呈三维时,最好采用合适的涂料或者墨水描绘后,用接触的方法转印到合适的纸上,然后用求积仪的方法确定纸上所反映出来的面积,如果采用的是坐标纸,数方格就可以确定气蚀面积。

3)空蚀剥落体积

(1)直接测量法:是采用一种合适的临时性的填充物去填充被空蚀的表面,使之恢复到原始未被损坏的表面形状。如果被测量的区域是三维时,则需要采用样板或者其他合理的装置使之能够确定基准来进行测量。

（2）近似计算法：通过所测得的每个气蚀区的气蚀深度和面积,用计算方法确定空蚀量。可以采用以下公式之一进行近似计算：

$$V = \sum (k_1 S_1 A_1 + k_2 S_2 A_2 + \cdots)$$

$$V = k \sum (S_1 A_1 + S_2 A_2 + \cdots) \tag{16-20}$$

除特殊规定外,取 $k_1, k_2, \cdots$ 或 $k \approx 0.5$。

本试验记录格式见附表 16-5。检测报告格式见附录 16.2.1 节。

16.4.4　检测标准

1）相关标准

电力行业标准：《反击式水轮机气蚀损坏评定标准》(DL 444—1991)。

国家标准：《水轮机、蓄能泵和水泵水轮机空蚀评定第 1 部分：反击式水轮机的空蚀评定》(GB/T 15469.1—2008)；

　　　　　　《水轮机、蓄能泵和水泵水轮机空蚀评定第 2 部分：蓄能泵和水泵水轮机的空蚀评定》(GB/T 15469.2—2007)；

　　　　　　《水斗式水轮机空蚀评定》(GB/T 19184—2003)。

2）标准说明

水泵、水轮机气蚀检测主要以《水轮机、蓄能泵和水泵水轮机空蚀评定第 2 部分：蓄能泵和水泵水轮机的空蚀评定》(GB/T 15469.2—2007)为主。

16.5　磨　　损

16.5.1　定义

磨损：指零部件几何尺寸(体积)变小,零部件失去原有设计所规定的功能称为失效。水泵、水轮机泥沙磨损的大致特征是：磨损开始时,有成片的沿水流方向的划痕。磨损发展时,表面呈波纹状或沟槽状痕迹,常连成一片鱼鳞状凹坑。磨损痕迹常依水流方向,磨损后表面密实,呈现金属光泽。

16.5.2　适用范围

本方法适用于水泵、水轮机的现场性能测试和安全检测。本方法旨在明确水泵、水轮机叶片磨损的趋势及相应的物理量。

16.5.3　检测方法及原理

检测方法及原理以《水轮机、蓄能泵和水泵水轮机空蚀评定第 2 部分：蓄能泵和水泵水轮机的空蚀评定》(GB/T 15469.2—2007)为主。

1）外观检查

对于磨损量的测量和评定是比较困难的,空蚀破坏大的地方,一般也是磨损最为严重的部位。外观检查主要是对易磨损部位进行观察、照相、录像、测量其面积和深度，能测量厚度的，也可比较两次大修期间由于磨损厚度减薄的程度。

2）电镜法

通过显微镜对过流表面受磨损部位进行观察，以弄清受损坏的主要原因，这个也是研究空蚀、磨损破坏机理的主要方法。

3）磨损量的测量

磨损部位的面积、深度的测量以及磨损量的计算方法与气蚀的测量方法类似。最大深度：所有磨损区域的最大深度可采用深度量尺和样板或者其他合适的方法测得。单个磨损面积：如果磨损区域轮廓不规则和其面积曲线呈三维时，最好采用合适的涂料或者墨水描绘后，用接触的方法转印到合适的纸上，然后用求积仪的方法确定纸上所反映出来的面积，如果采用的是坐标纸，数方格就可以确定磨损面积。磨损剥落体积：直接测量法是采用一种合适的临时性的填充物去填充被磨损的表面，使之恢复到原始未被损坏的表面形状，如果被测量的区域是三维时，则需要采用样板或者其他合理的装置使之能够确定基准来进行测量；近似计算法是通过所测得的每个磨损区的气蚀深度和面积，用计算方法确定磨损量。可以采用以下公式之一进行近似计算：

$$V = \sum (k_1 S_1 A_1 + k_2 S_2 A_2 + \cdots)$$

$$V = k \sum (S_1 A_1 + S_2 A_2 + \cdots) \tag{16-21}$$

除特殊规定外，取 $k_1, k_2, \cdots$ 或 $k \approx 0.5$。

本试验记录格式见附表 16-6。检测报告格式见附录 16.2.1 节。

16.5.4　检测标准

1）相关标准

电力行业标准：《反击式水轮机气蚀损坏评定标准》（DL 444—1991）。

国家标准：《水轮机、蓄能泵和水泵水轮机空蚀评定第 1 部分：反击式水轮机的空蚀评定》（GB/T 15469.1—2008）；

《水轮机、蓄能泵和水泵水轮机空蚀评定第 2 部分：蓄能泵和水泵水轮机的空蚀评定》（GB/T 15469.2—2007）；

《水斗式水轮机空蚀评定》（GB/T 19184—2003）。

2）标准说明

水泵、水轮机气蚀检测主要以《水轮机、蓄能泵和水泵水轮机空蚀评定第 2 部分：蓄能泵和水泵水轮机的空蚀评定》（GB/T 15469.2—2007）为主。

16.6　含　沙　量

16.6.1　定义

含沙量是指单位体积的浑水中所含干沙的质量。单位为 kg/m^3 或 g/m^3。含沙量公式为：

$$C_s = \frac{W_s}{V} \tag{16-22}$$

式中 C_s——实际含沙量（kg/m³ 或 g/m³）；

  V——水样容积（m³）；

  W_s——水样中的干沙重（kg 或 g）。

16.6.2 适用范围

本方法适用于水泵站、泥沙站、水文实验站等水体的含沙量测验。

16.6.3 检测方法及原理

检测方法及原理以《河流悬移质泥沙检测规范》（GB 50159—2015）为主。

含沙量检测方法，应该根据测站特性、精度要求和设备条件等情况分析确定。通常情况下可以通过选点法、垂线混合法进行检测。断面比较稳定和主流摆动不大的断面，可采用固定取样垂线位置，当复式河槽或者不同水位级含沙量横向分布变化较大时，应按不同水位级分别确定代表线的取样位置。

采用选点法时，各测点位置，应符合表 16-7 的规定。

表 16-7 各种选点法的测点位置

河流情况	方法名称	测点的相对水深位置
畅流期	五点法	水面,0.2,0.6,0.8 及河底
	三点法	0.2,0.6,0.8
	二点法	0.2,0.8
	一点法	0.6
封冻期	六点法	冰底或冰花底,0.2,0.4,0.6,0.8 及河底
	二点法	0.15,0.85
	一点法	0.5

注：相对水深为仪器入水深与垂线水深之比，冰期取为有效相对水深。

采用垂线混合法时，按照取样历时比例取样混合时，各种取样方法的取样位置与历时，应符合表 16-8 的规定。

表 16-8 各种取样方法的取样位置与历时

取样方法	取样的相对水深位置	各点取样历时/s
五点法	水面,0.2,0.6,0.8 及河底	$0.1t,0.3t,0.3t,0.2t,0.1t$
三点法	0.2,0.6,0.8	$t/3,t/3,t/3$
一点法	0.2,0.8	$0.5t,0.5t$

注：t 为垂线总取样历时。

采用烘干法处理水样按照以下步骤进行：量水样容积；沉淀浓缩水样；烘干烘杯并称重；将浓缩水样倒入烘杯烘干冷却；称沙重。

采用选点法取样时，垂线平均含沙量应该按式(16-23)~式(16-29)计算：

畅流期：

五点法：$C_{sav} = \dfrac{1}{10V_m}(V_{0.0}C_{S0.0} + 3V_{0.2}C_{S0.2} + 3V_{0.6}C_{S0.6} + 2V_{0.8}C_{S0.8} + V_{1.0}C_{S1.0})$

$$(16-23)$$

三点法：$C_{sav} = \dfrac{(V_{0.2}C_{S0.2} + V_{0.6}C_{S0.6} + V_{0.8}C_{S0.8})}{V_{0.2} + V_{0.6} + V_{0.8}}$ 　　　　$(16-24)$

两点法：$C_{sav} = \dfrac{(V_{0.2}C_{S0.2} + V_{0.8}C_{S0.8})}{V_{0.2} + V_{0.8}}$ 　　　　$(16-25)$

一点法：$C_{sav} = \eta_1 C_{S0.6}$ 　　　　$(16-26)$

冰冻期：

六点法：$C_{sav} = \dfrac{1}{10V_m}(V_{0.0}C_{S0.0} + 2V_{0.2}C_{S0.2} + 2V_{0.4}C_{S0.4} + 2V_{0.6}C_{S0.6} + 2V_{0.8}C_{S0.8} + V_{1.0}C_{S1.0})$

$$(16-27)$$

两点法：$C_{sav} = \dfrac{(V_{0.15}C_{S0.15} + V_{0.85}C_{S0.85})}{V_{0.15} + V_{0.85}}$ 　　　　$(16-28)$

一点法：$C_{sav} = \eta_2 C_{S0.5}$ 　　　　$(16-29)$

式中　C_{sav}——垂线平均含沙量（kg/m^3 或 g/m^3）；

$C_{S0.0}, C_{S0.2}, C_{S0.4}, C_{S0.6}, C_{S0.8}, C_{S1.0}$——垂线中各取样点的含沙量（$kg/m^3$ 或 g/m^3）；

$V_{0.2}, V_{0.6}, V_{0.8}$——垂线中各取样点的流速（$m/s$）；

η_1, η_2——一点法系数，可以根据经验分析确定，无试验资料的可以取1。

本试验记录格式见附表16-7。检测报告格式见附录16.2.1节。

16.6.4　检测标准

水利行业标准：《河流泥沙颗粒分析规程》（SL 42—2010）。

国家标准：《河流悬移质泥沙检测规范》（GB 50159—2015）。

16.7　轴　功　率

16.7.1　定义

轴功率：在一定流量和扬程下，原动机单位时间内给予泵轴的功称为轴功率。水泵轴功率公式为：

$$P = P_a - \sum P \qquad (16-30)$$

式中　P——水泵轴功率（kW）；

P_a——电动机输入功率（kW）；

$\sum P$ ——电动机总损耗。

16.7.2 适用范围

水泵的轴功率测定宜采用负载率换算法,也可采用应变片法和扭矩测功法,适用于水泵的现场性能测试和安全检测。

16.7.3 检测方法及原理

检测方法及原理以《泵站现场测试与安全检测规程》(SL 548—2012)为主。

1) 应变片法

采用应变片法测定水泵轴功率时,应符合下列要求:泵轴上应有不小于 200 mm 长的等径轴段,且表面平整光滑;应测量粘贴应变片处的泵轴直径,确定泵轴的弹性模量;应变片的粘贴方向应与泵轴长度方向成 45°夹角;应在泵轴上粘贴四片应变片组成全桥电路,并对输出信号进行放大;扭矩信号传输应采用拉线式集流环方式或无线遥测方式。

采用应变片法测定水泵轴功率时,应按图 16-6 的规定在泵轴上粘贴并连接应变片。

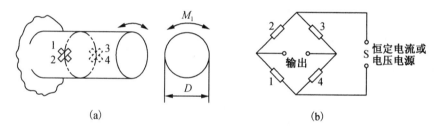

图 16-6 泵轴上扭矩测量的应变片连接

泵轴上的扭矩应按式(16-31)、式(16-32)计算:

$$M_t = \pi \left(\frac{D}{2}\right)^3 G \frac{\sum \varepsilon 45°}{4} \qquad (16-31)$$

$$G = \frac{E}{2(1+\nu)} \qquad (16-32)$$

式中 M_t ——泵轴上的扭矩(N·m);

D ——泵轴直径(m);

$\sum \varepsilon 45°$ ——应变片实测应变值;

G ——切变模量(N/m²);

E ——泵轴材料的弹性模数(N/m²);

ν ——泵轴材料的泊松比。

应变片的应变值 $\sum \varepsilon 45°$ 应通过测量图 16-6(b)规定的全桥电路的输出值得出。在每一个工况点,应在平稳时至少测量 3 次,求其算术平均值作为该工况的测量值。

应在测量应变片应变值的同时测量水泵转速。

水泵轴功率应按式(16-33)计算：

$$P_a = \frac{2\pi M_t n}{60 \times 10^3} \approx \frac{M_t n}{9\,550} \qquad (16-33)$$

式中　P_a——水泵轴功率(kW)；

　　　n——水泵转速(r/min)。

本试验记录格式见附表16-8。检测报告格式见附录16.2.1节。

2）扭矩测功法

采用扭矩测功法测定水泵轴功率时，应符合下列要求：泵轴上应有不小于200 mm长的等径轴段位置，且表面平整光滑；应根据被测轴的功率和转速，选用适宜的传感器；在被测轴受力之前，应先调整传感器的"零点"；正式测试前应进行盘车；扭矩信号传输应采用拉线式集流环方式或无线遥测方式。

采用扭矩测功法测定水泵轴功率时，应根据测算的水泵最大扭矩，选择适宜量程的扭矩仪或钢弦测功仪传感器。应按照扭矩仪或钢弦测功仪的使用说明书，将其可靠安装在水泵轴的适当位置。应在读取扭矩仪或钢弦测功仪读数的同时测量水泵转速。

水泵轴功率应按式(16-33)计算。

本试验记录格式见附表16-9。检测报告格式见附录16.2.1节。

16.7.4　检测标准

1）相关标准

水利行业标准：《泵站现场测试与安全检测规程》(SL 548—2012)。

国家标准：《回转动力泵　水力性能验收试验1级、2级和3级》(GB/T 3216—2016)；

　　　　　《水轮机、蓄能泵和水泵水轮机水力性能现场验收试验规程》(GB/T 20043—2005)。

2）标准说明

泵站轴功率检测主要以《泵站现场测试与安全检测规程》(SL 548—2012)为主。

16.8　效率、耗水率

16.8.1　定义

效率：水泵有效功率与轴功率之比。其值根据电机转换的机械功率 P 和水流转换的水力功率 P_h 来计算[式(16-34)、式(16-35)]。

水泵效率：
$$\eta = \frac{P_h}{P} \qquad (16-34)$$

水轮机效率：
$$\eta = \frac{P}{P_h} \qquad (16-35)$$

耗水率：每发 1 kW·h 电通过水轮机的流量，是表征发电机效率的重要参数。其计算公式为(16-36)：

$$q = \frac{3\,600Q}{p_{\mathrm{g}}} \qquad\qquad (16-36)$$

式中　q——耗水率[m³/(kW·h)]；

　　　p_{g}——发电机出力(kW)；

　　　Q——水轮机过机流量(m³/s)。

16.8.2　适用范围

本方法适用于水泵、水轮机的现场性能测试和安全检测。

16.8.3　检测方法及原理

检测方法及原理以《水轮机、蓄能泵和水泵水轮机水力性能现场验收试验规程》(GB/T 20043—2005)为主。

1) 间接测量法

分别测取水力比能、流量、机械功率(电功率)，按式(16-37)、式(16-38)计算：

水泵：
$$\eta = \frac{\gamma QH}{P} \qquad\qquad (16-37)$$

水轮机：
$$\eta = \frac{P}{\gamma QH} \qquad\qquad (16-38)$$

本试验记录格式见附表16-10。检测报告格式见附录16.2.1节。

2) 直接测量

测取水能损失引起的水温升高，热力学法效率按式(16-39)、式(16-40)计算：

水泵：
$$\eta = \eta_{\mathrm{h}} \cdot \eta_{\mathrm{m}} = \frac{E \pm \dfrac{\Delta P_{\mathrm{h}}}{P_{\mathrm{m}}} E_{\mathrm{m}}}{E_{\mathrm{m}}} \cdot \frac{P_{\mathrm{m}}}{P} \qquad\qquad (16-39)$$

水轮机：
$$\eta = \eta_{\mathrm{h}} \cdot \eta_{\mathrm{m}} = \frac{E_{\mathrm{m}}}{E \pm \dfrac{\Delta P_{\mathrm{h}}}{P_{\mathrm{m}}} E_{\mathrm{m}}} \cdot \frac{P}{P_{\mathrm{m}}} \qquad\qquad (16-40)$$

式中　η_{h}——水力效率(%)；

　　　η_{m}——机械效率(%)；

　　　γ——水重度(kg/m³)；

　　　E——水力比能(J)；

　　　E_{m}——位置比能(J)；

　　　ΔP_{h}——水力功率修正项(kW)；

　　　P_{m}——水泵泵轮传递的机械功率(kW)；

　　　P——水泵主轴传递的机械效率(%)。

16.8.4　检测标准

1) 相关标准

水利行业标准：《泵站现场测试与安全检测规程》(SL 548—2012)。

国家标准:《回转动力泵 水力性能验收试验 1 级、2 级和 3 级》(GB/T 3216—2016);

《水轮机、蓄能泵和水泵水轮机水力性能现场验收试验规程》(GB/T 20043—2005)。

2)标准说明

水泵轴功率检测主要以《水轮机、蓄能泵和水泵水轮机水力性能现场验收试验规程》(GB/T 20043—2005)为主。

16.9 转　速

16.9.1 定义

转速:单位时间内的转数。

16.9.2 适用范围

本方法适用于水泵的现场性能测试和安全检测。

16.9.3 检测方法及原理

检测方法及原理以《水轮机、蓄能泵和水泵水轮机水力性能现场验收试验规程》(GB/T 20043—2005)为主。

1)直接测量功率时转速的测量

当用直接法来测量功率时,转速的测量必须采用经率定的转速计或电子计数器。转速测量必须在相对于水力机械主轴没有任何转差的情况下进行。

本试验记录格式见附表 16 - 12。检测报告格式见附录 16.2.1 节。

2)间接测量功率时转速的测量

当用间接法测定功率时,在下列条件下允许采用配电盘上的频率表测量同步电机的转速:负载负荷必须稳定;频率表的分辨率必须是电网频率的 0.1%;频率表必须用适当地精密仪表进行校验。

当水力机械与异步电机连轴时,转速可用上述仪表测量,或可通过测得的电网频率及测出的电机转差率按式(16 - 41)计算:

$$n = \frac{2}{i} \times \left(f - \frac{m}{\Delta t} \right) (s^{-1}) \tag{16 - 41}$$

式中　i——电机的极数;

f——测得的电网频率(Hz);

m——在时间间隔 $\Delta t(s)$ 时,由与电网同步的闪频仪累计的反射信号数。

本试验记录格式见附表 16 - 11。检测报告格式见附录 16.2.1 节。

3)测量精确度

在 95% 置信度时,估算的系统精确度为:

① 对于转速计:±0.2%~±0.4%;

② 对于电子计数器和其他精密仪表:小于±0.2%。

16.9.4　检测标准

1）相关标准

国家标准：《回转动力泵　水力性能验收试验 1 级、2 级和 3 级》(GB/T 3216—2016)；

　　　　　《水轮机、蓄能泵和水泵水轮机水力性能现场验收试验规程》(GB/T 20043—2005)。

水利行业标准：《泵站现场测试与安全检测规程》(SL 548—2012)。

2）标准说明

转速检测主要以《水轮机、蓄能泵和水泵水轮机水力性能现场验收试验规程》(GB/T 20043—2005)为主。

16.10　噪　　声

16.10.1　定义

噪声：发声体做无规则振动时发出的声音。水泵噪声就是水泵在运行时产生的不规则的、间歇的、连续的或随机的噪声。水泵噪声与日常生活接触的工业噪声、交通噪声不相同，它属于低频噪声（频率在 500 Hz 以下的声音）。低频噪声的特点就是衰减缓慢、声波较长、其衍射波能轻易绕过障碍物，所以低频噪声不易处理。

水泵房噪声是由水泵工作噪声和电机噪声引起的综合噪声源。

水泵工作噪声主要包括：水泵本身运行的噪声、水泵运行引起的管道谐振噪声、水泵运行引起的水流运动和撞击噪声。

作为电机噪声，主要包括空气动力性噪声、机械性噪声和电磁噪声三部分。当电机工作时，冷却空气的气流噪声加上风扇高速旋转的叶片噪声组成空气动力性噪声。机械噪声包括轴承噪声及电机转子不平衡、转子受"沟槽谐波力"作用等引起的结构振动而产生的噪声。电磁噪声是由定子与转子之间交变电磁引力、磁滞伸缩引起的泵房噪声，向外传递的主要途径是空气传递和固体传声。

16.10.2　适用范围

本方法适用于除潜液泵、往复泵以外的各种型式、电动机驱动的工作介质为液体的泵或者泵的机组。

16.10.3　检测方法及原理

检测方法及原理以《泵的噪声测量与评价方法》(GB/T 29529—2013)为主。

泵声压级测点布置：

泵或者泵机组测点离泵体表面水平距离为 1 m。测定高规定如下：

① 泵的轴线距离声反射面（地面）的高度为泵的中心高；

② 当泵的中心高小于或等于 1 m 时，测点高规定为 1 m；

③ 当泵的中心高与被测表面距离大于 1 m 时，测点高与中心高相同。

按照泵的种类可以参考图 16-7～图 16-10 布置泵和泵机组的测点位置，在规定测点上测量声源的 A 声级读数值 L_{pAi} ,对照各测点的背景噪声按式(16-42)进行修正后,得到各测点的 A 声级的测定值 $L_{pAi} - K_{Li}$;按式(16-43)分别对泵周围的测点(P-1—P-5)、电动机周围测点(M-1—M-5)进行平均计算。

$$K_{1A} = -10 \lg(1 - 10^{-0.1\Delta L_A})$$ (16-42)

式中

$$\Delta L_A = \overline{L}'_{PA} - \overline{L}''_{PA}$$

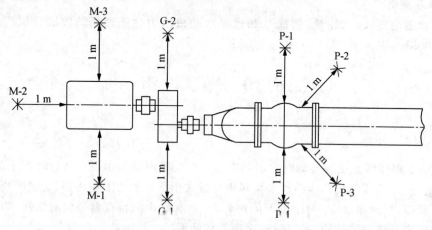

图 16-7 轴流泵与混流泵测点布置图

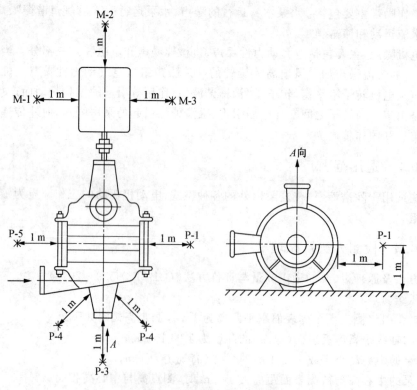

图 16-8 多级离心泵测点布置图

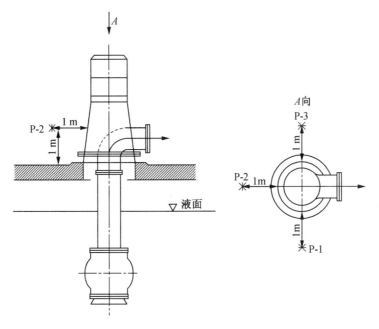

图 16-9　立式单基础泵测点布置图

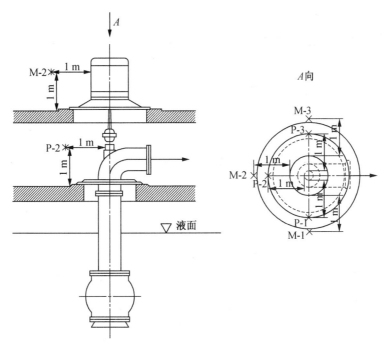

图 16-10　立式双基础泵测点布置图

若 $\Delta L_A > 10\,\mathrm{dB}$,不需要修正;若 $\Delta L_A \geqslant 3\,\mathrm{dB}$,按照本标准所做的测量有效,按照上式进行修正。

若 $\Delta L_A < 3\,\mathrm{dB}$,测量结果的准确度应降低。

$$\overline{L}'_{PA} = 10 \lg\left[\frac{1}{N}\sum_{i=1}^{N}10^{0.1L'_{PAi}}\right]$$

$$\overline{L}''_{PA} = 10 \lg\left[\frac{1}{N}\sum_{i=1}^{N}10^{0.1L''_{PAi}}\right] \tag{16-43}$$

式中 $\overline{L}'_{PA}$——被测声源工作期间的测量表面平均 A 计权声压级(dB);

$\overline{L}''_{PA}$——被测表面平均背景噪声 A 计权声压级(dB);

$\overline{L}'_{PAi}$——在第 i 个传声器位置上测得的 A 计权声压级(dB);

$\overline{L}''_{PAi}$——在第 i 个传声器位置上测得的背景噪声 A 计权声压级(dB);

N——传感器位置数目。

A 计权表面声压级计算公式为:$\overline{L}_{PA} = \overline{L}'_{PA} - K_{1A} - K_{2A}$

声功率级的计算公式为:$L_{WA} = \overline{L}_{PA} + 10 \lg\left[\dfrac{S}{S_0}\right]$

式中 $\overline{L}_{PA}$——A 计权表面声压级(dB);

S——测量表面积(m^2);

S_0——$1\ m^2$。

在测量泵的声功率时,用评价表面上的声压级 L_{PA} 来评价泵的噪声级别;在测量泵的 A 声级时,规定平均声压级 $\overline{L}_{PA}$ 评价泵的噪声级别。

评价表面:用泵的声功率级评价泵的噪声级别时,规定一个半径为 R 的半球面为评价表面。R 按式(16-44)确定:

$$R = \sqrt{(1/4)l_1 l_2 + \sqrt{l_1 l_2} + h^2 + 1} \tag{16-44}$$

式中 l_1, l_2——基准体的长和宽(m);

h——与泵的中心高有关(m)。

对卧式泵中心高为泵的轴线到声反射面(地面)间的距离;对立式泵中心高为 $l_3/2$。当中心高不大于 $1\ m$ 时,h 取 $1\ m$;当中心高大于 $1\ m$ 时,h 取中心高。

泵的声功率为 L_{WA},按半自由场条件下的点声源,按式(16-45)计算半径 R 的评价表面上的声压级 L_{PA}:

$$L_{PA} = L_{WA} - 20 \lg(R - R_0) - 8.0 \tag{16-45}$$

式中 L_{PA}——半径为 R 的评价表面上的声压级(dB);

L_{WA}——泵声源的声功率级级(dB);

R——规定的评价表面的半径(m);

R_0——基准半径(1 m)。

本试验记录格式见附表 16-13。检测报告格式见附录 16.2.1 节。

16.10.4 检测标准

1) 相关标准

水利行业标准:《泵站现场测试与安全检测规程》(SL 548—2012)。

机械行业标准:《泵的噪声测量与评价方法》(JT/T 8098—1999)。

国家标准:《旋转电机噪声测定方法及限值》(GB/T 10069.1—2006);

《泵的噪声测量与评价方法》(GB/T 29529—2013)。

2)标准说明

根据《泵站现场测试与安全检测规程》(SL 548—2012)选取相应合理的检测方法;噪声等级按照《泵的噪声测量与评价方法》(GB/T 29529—2013)进行评价。

泵噪声级别的限值:

用 3 个限值 L_A,L_B,L_C 把泵的噪声划分为 A,B,C,D 四个等级,其中,D 级为不合格。

按式(16-46)确定泵的噪声值:

$$L_A = 30 + 9.7 \lg(p_u n)$$

$$L_B = 36 + 9.7 \lg(p_u n)$$

$$L_C = 42 + 9.7 \lg(p_u n) \qquad (16-46)$$

式中　L_A,L_B,L_C——划分泵的噪声级别的限值(dB);

　　　p_u——泵的输出功率(kW);

　　　n——泵的规定转速(r/min)。

当满足:

L_{PA} 或 $\overline{L}_{PA} \leqslant L_A$ 的泵噪声评价为 A 级;

$L_A < L_{PA}$ 或 $\overline{L}_{PA} \leqslant L_B$ 的泵噪声评价为 B 级;

$L_B < L_{PA}$ 或 $\overline{L}_{PA} \leqslant L_C$ 的泵噪声评价为 C 级;

L_{PA} 或 $\overline{L}_{PA} > L_A$ 的泵噪声评价为 D 级。

对 $p_u n \leqslant 27\,101.3$ 的泵例外,其 $L_C \leqslant 85$ dB,可不去区别其噪声的 A,B 级别,所以对这些泵:

L_{PA} 或 $\overline{L}_{PA} \leqslant 85$ dB 的泵评为合格;

L_{PA} 或 $\overline{L}_{PA} > 85$ dB 的泵评为不合格。

16.11　几何尺寸、形位公差

16.11.1　定义

几何尺寸:机组的基本几何图形的尺寸。水力机组是由许多结构部件组成的,若加工后结构部件的几何尺寸与设计值存在较大偏差,将会影响机组的性能,使机组的效率降低,振动与水力脉动增大,严重时还可能影响机组安全稳定运行。

形位公差:包括形状公差和位置公差。任何零件都是由点、线、面构成,这些点、线、面称为要素。机械加工后零件的实际要素相对于理想要素总有误差,包括形状误差和位置误差。这类误差会影响机械产品的功能。设计时应规定相应的公差并按规定的标准符号标在图样上。

16.11.2 适用范围

本方法适用于水泵、水轮机及其电气设备的检测。

16.11.3 检测方法及原理

检测方法及原理以《产品几何技术规范(GPS)几何公差形状、方向、位置和跳动公差标注》(GB/T 1182—2008)为主。

1) 几何尺寸

转外形尺寸主要检测 D_1，D_2，D_3，D_4，D_5，H_1 及 H_2 七项，见图 16 - 11。

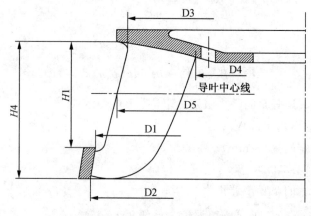

图 16 - 11　转轮外形尺寸示意图

对转轮几何形状与型线主要检测如下内容[参见《水轮机、蓄水泵和水泵水轮机通流部件技术条件》(GB/T 10969—2008)]：

(1) 叶片进口型线和头部形状；

(2) 叶片出口型线、尾部形状和出口边厚度；

(3) 叶片进出口角度；

(4) 叶片进出口节距；

(5) 叶片出口开度。

2) 形位公差

任何零件都是由点、线、面构成的，这些点、线、面称为要素。这些要素可以是组成要素(如圆柱体的外表面)，也可以是导出要素(如中心线或中心面)。机械加工后零件的实际要素相对于理想要素总是有误差的，包括形状误差和位置误差，这类误差会影响机械产品的功能。

三坐标测量仪、光学测量系统、样板等方法均可用于测量转轮、泵轮叶片、转轮、泵轮的轴面形状、活动导叶和固定导叶形状。通过对转轮、泵轮叶片形状及其几何位置的相应检查，可用以确定叶片安放角等并与理论值对比，计算形位公差。具体见图 16 - 12。通过单个测量值和相应平均值的比较，可以决定一致性是否得到满足。如果一致性要求没有满足，应对相应部件进行修正或重新制造。在平均值与理论值之间的偏差超出一致性允许偏差时，应对理论值或部件的几何尺寸进行修正。当对周期性重复部件进行抽查时，可用单个值与理论值直接进行比较。

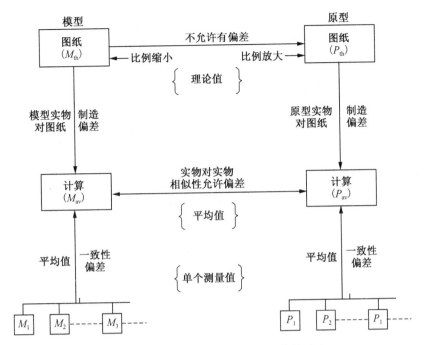

图 16-12 模型和原型尺寸检查及偏差对比

本试验记录格式见附表 16-14。检测报告格式见附录 16.2.1 节。

16.11.4 检测标准

水利行业标准：《泵站现场测试与安全检测规程》(SL 548—2012)；
《泵站设备安装及验收规范》(SL 317—2015)。

国家标准：《产品几何技术规范(GPS)几何公差形状、方向、位置和跳动公差标注》(GB/T 1182—2008/ISO 1101：2004)；
《水轮机、蓄水泵和水泵水轮机通流部件技术条件》(GB/T 10969—2008)；
《水轮机、蓄能泵和水泵水轮机水力性能现场验收试验规程》(GB/T 20043—2005)；
《回转动力泵 水力性能验收试验 1 级、2 级和 3 级》(GB/T 3216—2016)。

16.12 表 面 粗 糙 度

16.12.1 定义

表面粗糙度：指表面轮廓的最高峰相对于最低谷的高度。
ISO 4287—1 中定义为：一个平面与一个实际表面的垂直相交线。

16.12.2 适用范围

《涂覆涂料前钢材表面处理 喷射清理后的钢材表面粗糙度特性 第 1 部分：用于评定喷射清理后钢材表面粗糙度的 ISO 表面粗糙度比较样块的技术要求和定义》(GB/T

13288.1—2008/ISO 8503—1：1988)可用目视和触觉比较磨料喷射清理后钢材表面粗糙度的 ISO 表面粗糙度比较样块的技术要求。ISO 表面粗糙度比较样块用于现场评定涂覆涂料前磨料喷射清理后的钢材表面粗糙度。

《涂覆涂料前钢材表面处理 喷射清理后的钢材表面粗糙度特性 第 3 部分：ISO 表面粗糙度比较样块的校准和表面粗糙度的测定方法显微镜调焦法》(GB/T 13288.3—2009/ISO 8503—3：1988)可用于喷射清理后基本上为平面的、平均峰谷差在 $\overline{h_y} = 20 \sim 200\,\mu m$ 范围内的钢材表面粗糙度的测定。

《涂覆涂料前钢材表面处理 喷射清理后的钢材表面粗糙度特性 第 5 部分：表面粗糙度的测定方法 复制带法》(GB/T 13288.5—2009/ISO 8503—5：2003)本部分适用于给定规格(或厚度)的复制带测定相应范围内的粗糙度。目前商用的各规格复制带可测定的粗糙度范围是平均峰谷高度 20～115 μm。本部分适用于金属或非金属磨料喷射清理后的表面粗糙度的测定。

16.12.3 检测方法及原理

1) 比较样块法

表面粗糙度比较样块是通过视觉和触觉，以比较法来检查机械零件加工后表面粗糙度的一种工作具。通过目测或放大镜与被测加工件进行比较，判断表面粗糙度级别。它的表征参数为表面轮廓算术平均偏差 Ra 值。它完全符合国家标准《磨、车、镗、铣、插及加工表面》(GB/T 6060.2—2006)、《表面粗糙度比较样块》(GB/T 6060.3—2008)和国家检定规程《水泥胶砂搅拌机检定规程》(JJG 102—1999)的各项技术要求。

2) 显微镜调焦法

用规定的显微镜在规定的观察区域观察试样表面。根据观察区域调整显微镜物镜的焦距，测定同一观察区域上最高峰处与最低谷处的距离，记录为 h_y 值。

在试样表面上不同的观察区域，重复上述步骤共 20 次，记录 20 个不同的 h_y 值，计算算术平均值，作为平均最大峰谷高度，由此确定试样表面的粗糙度。

3) 复制带法

复制带表面的薄膜是一层可压缩的微孔塑料膜，这层薄膜涂覆在厚度极其均匀(50 $\mu m\pm$ 2 μm)的聚酯片表面。当受到硬质表面挤压时，微孔塑料膜坍陷约为初始厚度的 25%。

注：这种方法反映的是测试"平均最大峰谷高度的粗糙度"。由于粗糙度仪的探头在复制表面轻微平移，因此仪器测得的结果是平均最大值，与数学平均值不同。

(1) 需要的仪器：

复制带：由一个正方形复制薄膜(边长约 10 mm)贴在背面带胶的纸带上。复制薄膜应置于纸带(尺寸约 53 mm×19 mm)中间小孔(直径约 10 mm)上，纸带上印有复制带的规格、尺寸。

测量仪：使用带有专门为复制带设计的弹簧，回复力 1.5 N，精度不低于±5 μm。探头为圆形，顶端直径 6.3 mm，底端直径相同或更大。

施压工具：由顶端带有圆球(标称直径 9 mm)的铸塑棒制成，圆球用于将复制薄膜压紧在待测的样品表面。

(2) 测试步骤：

选择待测表面的典型区域测定；选择一种规格合适的复制带；清洁测量仪的触针表面并调整零点到读数为−50 μm(即不可压缩的聚酯片厚度)。经过最初的调整，随后所测的读数会自动地减去聚酯片的厚度。在测量仪使用之前,用已校准过厚度的并且可测量的薄片对仪器进行校验,如果校验结果超出产品说明的精度之外,仪器不应使用;将一单片去除保护纸的复制带贴在喷射清理后的表面上,用施压工具在复制带中部的复制薄膜上施加稳定的压力,使其接触复制带中部的复制薄膜。随着表面被复制,复制薄膜逐渐变暗,直至整个圆形区域变为均一黑色;从表面取下复制带,置于测量仪触针之间的中心位置。将测量仪触针轻轻放下,至复制薄膜上,测量其表面粗糙度。测量仪的读数是喷射清理后表面的平均最大峰谷距离;将带有标注的复制薄膜附在试验报告里,记录相应测试结果。

本试验记录格式见附表 16 - 15。检测报告格式见附录 16.2.1 节。

16.12.4 检测标准

国家标准:《涂覆涂料前钢材表面处理喷射清理后的钢材表面粗糙度特性第 1 部分:用于评定喷射清理后钢材表面粗糙度的 ISO 表面粗糙度比较样块的技术要求和定义》(GB/T 13288.1—2008/ISO 8503—1:1988);

《涂覆涂料前钢材表面处理喷射清理后的钢材表面粗糙度特性第 3 部分:ISO 表面粗糙度比较样块的校准和表面粗糙度的测定方法显微镜调焦法》(GB/T 13288.3—2009/ISO 8503—3:1988);

《涂覆涂料前钢材表面处理喷射清理后的钢材表面粗糙度特性第 5 部分:表面粗糙度的测定方法复制带法》(GB/T 13288.5—2009/ISO 8503—5:2003)。

16.13　硬　　　度

16.13.1 定义

硬度:指材料局部抵抗硬物压入其表面的能力。

16.13.2 适用范围

《金属材料里氏硬度试验》(GB/T 17394—2014)规定了使用带有 D,DC,S,E,D+15,DL,C 和 G 型冲击装置的硬度计来测定金属材料里氏硬度的试验原理、测试仪器、试样、试验程序、试验结果等内容。本部分适用于带有 D,DC,S,E,D+15,DL,C 和 G 型冲击装置的里氏硬度计见表 16 - 9。

表 16 - 9　带有 D,DC,S,E,D+15,DL,C 和 G 型冲击装置的里氏硬度计的适用范围

符号	说明	不同类型冲击体参数							
		D	DC	S	E	DL	D+15	C	G
HL	里氏硬度	HLD	HLDC	HLS	HLE	HLDL	HLD+5	HLC	HLG
适用范围		300HLD ~ 890HLD	300HLD ~ 890HLD	400HLD ~ 920HLD	300HLD ~ 920HLD	560HLD ~ 950HLD	330HLD ~ 890HLD	350HLD ~ 960HLD	300HLD ~ 750HLD

16.13.3　检测方法及原理

里氏硬度试验方法是一种动态硬度试验法,用规定质量的冲击体在弹簧力作用下以一定速度垂直冲击试样表面,以冲击体在距试样表面 1 mm 处的回弹速度(v_R)与冲击速度(v_A)的比值来表示材料的里氏硬度。

里氏硬度 HL 按式(16-47)计算:

$$HL = 1\,000\,\frac{v_R}{v_A} \tag{16-47}$$

式中　v_R——回弹速度(m/s);

　　　v_A——冲击速度(m/s)。

(1)测试试样表面形状。

支承环应与测试位置的表面轮廓相匹配。冲击速度矢量应垂直于要测试的局部表面区域。可以在曲面试样的表面上(凹面、凸面)进行测试,但需使用与曲面相匹配的支承环。对于 G 型冲击装置,测试位置的曲率半径应不小于 50 mm;对于其他型式的冲击装置,曲率半径应不小于 30 mm。

(2)厚度和质量。

宜根据试件的刚度(通常由局部厚度决定)以及试件的质量选择冲击装置型式与其相适应的硬度计。试件的质量小于试验允许的最小质量,或者试件的质量足够大但局部厚度小于试验允许的最小厚度(表 16-10)能够影响到试验结果时,需要根据仪器使用说明书对试件进行刚性支承或耦合到牢固的支承物上进行试验。

表 16-10　试样的质量和厚度要求

冲击设备类型	最小质量/kg	最小厚度(未耦合)/mm	最小厚度(耦合)/mm
D,DC,S,E,D+15,DL	5	25	3
G	15	70	10
C	1.5	10	1

(3)表面处理。

试验表面需要精心处理,避免出现如下情况:在打磨过程中由于发热而造成硬度变化,或者在加工过程中由于加工硬化而造成硬度变化。任何涂层、氧化皮、污物或者其他表面不规则性都需要完全清除。表面不能有润滑剂。对于不同冲击装置,试件试验位置的表面粗糙度参数 Ra 的最大值应符合表 16-11 的规定。

表 16-11　推荐的试验表面粗糙度参数 Ra

硬度计冲击装置的型式	试验表面粗糙度参数 Ra 的最大允许值/μm
D,DC,S,E,D+15,DL	2.0
G	7.0
C	0.4

注:如果试验表面太粗糙,将会出现不正确试验结果。宜对试验表面进行加工和抛光,以达到要求。

试验时的环境温度宜为 10～35℃ 范围内,不在此范围内的应在试验报告中注明。

试件的试验位置出现的磁场或电磁场会影响里氏硬度试验结果,应避免试验位置出现磁场或电磁场。

试验过程中试件和冲击装置之间不能产生相对运动。必要时应使用设计合理的固定夹具。试件的试验面和支承表面应清洁无污物(氧化皮、润滑剂、尘土等)。

本试验记录格式见附表 16 - 16。检测报告格式见附录 16.2.1 节。

16.13.4　检测标准

国家标准:《金属材料里氏硬度试验第 1 部分:试验方法》(GB/T 17394.1—2014)。

16.14　振　　动

16.14.1　定义

1) 振动测量参数

频率范围:振动测量应是宽带,必须考虑所测振动的上、下限频率,以便充分覆盖泵的频谱,其范围通常为 10～1 000 Hz。

2) 测量

可使用以下的量:

① 振动位移,μm;

② 振动速度,mm/s;

③ 振动加速度,m/s^2。

一般来说,振动的宽带加速度、速度和位移之间,峰值、峰-峰值、均方根值和平均值之间没有简单的关系式。

3) 振动值

用满足要求的仪器所做测量位置和方向上的振动值。当评价泵的宽带振动时,根据经验通常考虑振动速度的均方根值,因为该值与振动能量有关。

4) 振动烈度

通常在两个或三个测量方向及各个测量位置上进行测量以得到一组不同的振动值,在规定的泵支承和运行条件下所测得的最大宽带值定义为振动烈度。

16.14.2　适用范围

本方法适用于水力机械(泵)的振动测量。振动测量应是宽带,必须考虑所测振动的上、下限频率,以便充分覆盖泵的频谱,其范围通常为 10～1 000 Hz。

16.14.3　检测方法及原理

1) 振动测量系统及仪器

(1) 测量系统。

为适应被测信号的较大变化范围,测量系统的动态范围应足够大。动态范围的下限由测量系统的噪声决定,其中电路噪声占极大部分,接地回路不当也是噪声大的一个原因。为了减少测量系统的噪声,应将传感器与被测物体电气绝缘。

测量系统可根据图 16-13 构成,该系统适用于包括暂态过程在内的各种试验。

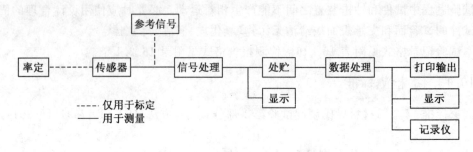

图 16-13　振动测量和分析系统

(2) 测量仪器。

① 测量仪器包括前置放大器、主放大器、滤波器等,它们的频率范围应覆盖被测信号的有用频率范围,其通频响应单位至少为 10~1 000 Hz,但对于转速接近或低于 600 r/min 的泵,其通频响应范围下限应达到 2 Hz。

② 为便于进行振动分析,建议测量系统配置适当的多档低通滤波器。

③ 应尽量避免在前置放大器中使用积分单元,因为它可能产生不可预见的测量误差。

(3) 传感器。

① 各振动量(位移、速度、加速度)应分别采用专门型式的传感器测量。当没有专门传感器时,理论上可对另一传感器的输出进行积分或微分得到所需振动参数,但是需要特别注意排除可能由此引起的误差。

② 传感器的灵敏度应使最小被测信号电平大于测量系统的动态范围下限电平 10 dB (约 3 倍)。传感器的灵敏度也不应过大,以避免最大信号电平使测量系统过载。传感器和测量系统的整体分别率对于振动位移应达到 10 μm。

③ 传感器从 f_L 到 f_U 频率范围内其频率-幅值响应非线性偏差应小于 ± 1.5 dB。当这一要求不能满足时,可允许此非线性偏差为 ± 3 dB。否则,在测量或数据处理中应根据测量系统的实际频率响应进行修正。

④ 使用专门支架安装传感器时,应保证该支架有足够的刚度,使传感器安装后支架的固有频率远大于被测信号的最高频率 f_U。

⑤ 当进行一般振动水平的测量和评价时,宜首先选用位移传感器测量振动位移。

⑥ 在某些情况下,可选用两种不同类型的传感器覆盖频率范围的不同部分。

(4) 仪器标定。

测试系统必须在试验前进行标定,在试验后作检查。在长时间的测试中,试验期间也应该进行校核。标定一般应在被测值的全部范围内进行。标定的方法、范围和结果应在试验大纲中说明,并包括在最终报告中。

标定可用下述两种方法:

① 直接标定:对包括传感器、放大器、滤波元件、连接电缆及记录仪器在内的完整测量系统按严格指定方式直接施加标定信号。对具有振动质量块的传感器(如加速度计、磁电式

第 17 章　电　气　设　备

水利水电工程电气设备主要有水轮发电机组电气设备、发电机中性点设备、断路器、电压互感器、电流互感器、励磁、调速系统电气设备、汇流母线、电力变压器、电抗器、GIS(Gas Insulated Substation,气体绝缘变电站)或户外开关站设备、避雷器以及继电保护、监控系统、系统通信、调度自动化、安全自动控制等电气设备。

1) 电气设备分类

按运行系统分类:可分为一次设备和二次设备。

2) 检测的目的和要求

在工程的施工过程中,通过采用各种科学的检测方法,使用相关的仪器仪表,对构成设备的原材料、元器件及安装和运行的设备进行严格的检测,从而对电气设备作出客观、正确的质量评判,以便准确无误地指导处理检查出来的缺陷,提前消除工程安全稳定运行的隐患。

17.1　电压、电流、频率、电阻、绝缘测量及相位

17.1.1　定义

电压:也称作电势差或电位差,是衡量单位电荷在静电场中由于电势不同所产生的能量差的物理量。其大小等于单位正电荷因受电场力作用从 A 点移动到 B 点所做的功,电压的方向规定为从高电位指向低电位的方向。电压的国际单位制为伏特(V,简称伏),常用的单位还有毫伏(mV)、微伏(μV)、千伏(kV)等。

电流:科学上把单位时间里通过导体任一横截面的电量叫作电流强度,简称电流。通常用字母 I 表示,单位是安培(A)。

频率:是单位时间内完成周期性变化的次数,是描述周期运动频繁程度的量,常用符号 f 或 ν 表示,单位为赫兹(Hz)。

相位:相位(phase)是对于一个波,特定的时刻在它循环中的位置:一种它是否在波峰、波谷或它们之间的某点的标度。相位描述信号波形变化的度量,通常以度(角度)作为单位,也称作相角。当信号波形以周期的方式变化,波形循环一周即为360°。

17.1.2　适用范围

本试验适用于检查错误接线、继电保护系统二次接线状况。

17.1.3　检测方法及原理

1) 测试目的

在现场测量电压、电流、频率、电阻、绝缘测量以及 U—U、I—I、U—I 之间的相位,判断

感性、容性电路及三相电压的相序,测试二次回路和母差保护系统,读出差动保护各组 CT 之间的相位关系,检查电表的接线正确与否等。

2)仪器设备及环境条件

(1)测试仪器:MG3 000+多功能三钳数字相位伏安表。

(2)测量范围:电压:5~500 V;电流:5 mA~10 A;相位:0~360°;频率:45~65 Hz。

(3)精度:0.5 级。

(4)电源:AC220V+10%,50 Hz。

(5)环境条件:温度-10~40℃,湿度<45%~75% RH。被测载流导线在钳口中的位置应居中。应避免受外参比频率电磁场干扰。

3)测试方法

(1)正确接线。

三相四线时:黄、绿、红、黑四组线,分别接 A 相、B 相、C 相、零相。

三相三线时:黄、红、黑三组线,分别接 A 相、C 相、B 相(注意此时绿线不接)。

单相时:黄、黑二组线,分别接火线、零线。

(2)按下仪器开关键按钮,仪器首先进入三相四线系统测量界面,可直接按上下键查看各项数据,包括三路电压、电流、频率、电阻、绝缘及相位等。

(3)如需进入三相三线系统测量界面,可按"F1"键进行转换,此时可显示三路电压、电流、频率、电阻、绝缘及相位等,按上下键可查看数据。

电压测量原始记录表见附表 17-1,检测报告格式见附录 17.2.1 节。

电流测量原始记录表见附表 17-2,检测报告格式见附录 17.2.2 节。

频率测量原始记录表见附表 17-3,检测报告格式见附录 17.2.3 节。

电阻测量原始记录表见附表 17-4,检测报告格式见附录 17.2.4 节。

绝缘测量原始记录表见附表 17-5,检测报告格式见附录 17.2.5 节。

相位测量原始记录表见附表 17-6,检测报告格式见附录 17.2.6 节。

17.1.4　检测标准

测试可参照以下标准执行:

《电气装置安装工程电气设备交接试验标准》(GB 50150—2006)。

《三相异步电动机试验方法》(GB/T 1032—2012)。

《三相同步电动机试验方法》(GB/T 1029—2005)。

《电力设备预防性试验规程》(DL/T 596—2005)。

17.2　交流工频耐压

17.2.1　定义

工频耐压试验是对各种电气产品、电器元件、绝缘材料等进行规定电压下的绝缘强度试验,考核产品的绝缘水平,发现被试品的绝缘缺陷,衡量过电压的能力。

17.2.2　适用范围

本试验适用于电气装置、电气设备、电气线路和电工安全用具等承受过电压能力的检测。

17.2.3　检测方法及原理

对电容量较大的被试品,可以采用串联谐振回路产生高电压,在回路频率 $f = \frac{1}{2}\pi\sqrt{LC}$ 时,回路产生谐振,此时试品上的电压是励磁变高压端输出电压的 Q 倍。Q 为系统品质因素,即电压谐振倍数,一般为几十到一百以上。先通过调节变频电源的输出频率使回路发生串联谐振,再在回路谐振的条件下调节变频电源输出电压使试品电压达到试验值。由于回路的谐振,变频电源较小的输出电压就可在试品 CX 上产生较高的试验电压。本检测项目原始记录表见附表 17-7,检测报告格式见附录 17.2.7 节。

17.2.4　检测标准

国家标准:《电气装置安装工程电气设备交接试验标准》(GB 50150—2006)。
电力行业标准:《电力设备预防性试验规程》(DL/T 596—2015);
　　　　　　　《现场绝缘试验实施导则交流耐压实验》(DL/T 474.4—2006)。

17.3　直 流 耐 压

17.3.1　定义

直流耐压试验,属于破坏性试验,试验过程中会对设备产生一定程度的损害,为检测设备在高压试验下承受的最大电压峰值。便于确定设备的使用范围和选择设备的量程。

17.3.2　适用范围

本试验适用于检验电器、电气设备、电气装置、电气线路和电工安全用具等承受过电压能力的检测。

17.3.3　检测方法及原理

1) 试验条件
(1) 试验宜在干燥的天气条件下进行。
(2) 试品表面应抹拭干净,试验场地应保持清洁。
(3) 试品和周围的物体必须有足够的安全距离。
(4) 因为试品的残余电荷会对试验结果产生很大的影响,因此试验前要将试品对地直接放电 5 min 以上。

2) 试验程序
直流耐压试验和泄漏电流试验一般都结合起来进行。即在直流耐压的过程中,随着电压的升高,分段读取泄漏电流值,而在最后进行直流耐压试验。

对试品施加电压时,应从足够低的数据开始,然后缓慢地升高电压,但也不必太慢,以免造成在接近试验电压时试品上的耐压时间过长。从试验电压值的 75％ 开始,以每秒 2％ 的速度上升,通常能满足上述要求。

3)试验结果判断

将试验电压值保持规定的时间后,如试品无破坏性放电,微安表指针没有向增大方向突然摆动,则认为直流耐压试验通过。

温度对泄漏电流的影响是极为显著的,因此最好在以往试验相近的温度条件下进行测量,以便于进行分析比较。

泄漏电流的数值,不仅和绝缘的性质、状态,而且和绝缘的结构、设备的容量等有关,因此不能仅从泄漏电流的绝对值泛泛地判断绝缘是否良好,重要的是观察其温度特性、时间特性、电压特性及长期以来的变化趋势来进行综合判断。

4)放电

对电力电缆、电容器、发电机、变压器等,必须先经适当的放电电阻对试品进行放电。如果直接对地放电,可能产生频率极高的振荡过电压,对试品的绝缘有危害。放电电阻视试验电压高低和试品的电容而定,必须有足够的电阻和热容量。通常采用水电阻器,电阻值大致上可用每千伏 200～500 Ω。

试验完毕,切断高压电源,一般需待试品上的电压降至 1/2 试验电压以下,将被试品经电阻放电棒接地放电,最后直接接地放电。对大容量试品如长电缆、电容器、大电机等,需放电 5 min 以上,以使试品上的充电荷放尽。

另外,对附近电气设备,有感应静电压的可能时,也应予放电或事先短路。经过充分放电后,才能接触试品。对于在现场组装的倍压整流装置,要对各级电容器逐级放电后,才能进行更改接线或结束试验,拆除接线。

17.3.4 检测标准

国家标准:《电气装置安装工程电气设备交接试验标准》(GB 50150—2006)。

电力行业标准:《现场绝缘试验实施导则 直流高压实验》(DL/T 474.2—2006);
《电力设备预防性试验规程》(DL/T 596—2015)。

17.4 匝间绝缘试验

17.4.1 定义

匝间绝缘测试机理为用一个高压窄脉冲(根据现有标准脉冲上升沿为 1.2 μs 和 0.5 μs 两种)加于被测绕组两端,此脉冲能量在绕组与匹配电容之间产生一个并联自激振荡,由于绕组直流电阻的存在,此谐振为一衰减波并较快趋近于零,分析被测绕组振荡波形与标准绕组振荡波形之差异,即可判断被测绕组的优劣,判断其是否存在匝间短路或匝间绝缘不良问题。

17.4.2 适用范围

本试验适用于水利工程电气设备常规检测。

17.4.3　检测方法及原理

采用匝间绝缘测试仪进行检测匝间绝缘,一般需要在尽可能不损坏被测件的条件下测试其电气性能,首要条件是能在短暂的瞬间以较低的能量施加于被测件以判别线圈的品质。

测量时将与标准线圈测量时同样的脉冲通过电容器放电施加于被测线圈,由于线圈电感量、杂散电容和 Q 值的存在,将响应一个对应于该放电脉冲的电压衰减波形,比较该衰减波形的某些特征,可以检测线圈匝间和层间短路及圈数与磁性材料的差异,如果施加一个高电压脉冲,根据出现的电晕或层间放电来判断绝缘不良。

17.4.4　检测标准

国家标准:《交流低压电机成型绕组匝间绝缘试验规范》(GB/T 22714—2008);
　　　　　《旋转交流电机定子成型线圈耐冲击电压水平》(GB/T 22715—2016)。
机械行业标准:《交流低压电机成型绕阻匝间绝缘试验方法及限值》(JB/T 5811—2007)。

17.5　局部放电试验

17.5.1　定义

局部放电试验:指设备绝缘系统中部分被击穿的电气放电,这种放电可以发生在导体(电极)附近,也可以发生在其他位置。

17.5.2　适用范围

本试验适用于水利工程电气设备常规检测。

17.5.3　检测方法及原理

由于局部放电会产生各种物理、化学变化,如发生电荷转移交换,发射电磁波、声波、发热、发光、产生分解物等,所以有很多测量局部放电的方法,一般分为电测法和非电测法。

1)电测法

(1)无线电干扰测量法(RIV)。直接耦合或通过天线接收测量局部放电的辐射强度。由 RIV(Radio Influence Voltage,无线电感应电压)表读取辐射信号幅值,但不能直接读出放电量。这种方法已被用于检查电机线棒和没有屏蔽层的长电缆的局部放电部位。

(2)放电能量法。放电有能量损耗。测量一个周期的放电能量。

(3)脉冲电流法。IEC(International Electrotechnical Commission,国际电工委员会)通用方法,直接通过检测回路测量放电脉冲电压,灵敏度最高。脉冲电流法最为常用。脉冲电流法适用于在电力设备现场或试验条件下,利用交流电压下的脉冲电流法测量变压器、互感器、套管、耦合电容器及固体绝缘结构的局部放电。

2)非电测法

(1)超声波局部放电测量。超声波是一种振荡频率高于 20 kHz 的声波,超声波的波长较短,可以在气体、液体和固体等媒介中传播,传播的方向性较强,故能量较集中,因此通过超声波测试技术可以测定局部放电的位置和放电程度。

(2)其他非电检测方法。

① 光检测法。光检测法利用局部放电产生的光辐射进行检测。在实验室利用光测法来分析局部放电特征及绝缘劣化等方面已经取得了很大进展,但是由于光测法设备复杂昂贵、灵敏度低,且需要被检测物质对光是透明的,因而在实际中无法应用。

② 热检测法。通过检测绝缘物内的温度来断定局部放电的程度,但只对严重放电有效。

③ 放电产物分析法(DGA)。DGA(Dissolved Gas Analysis,油中溶解气体分析技术)法是通过检测变压器油分解产生的各种气体的组成和浓度来确定故障状态。该方法目前已广泛应用于变压器的在线故障诊断中,并且建立起模式识别系统可实现故障的自动识别,是当前在变压器局部放电检测领域非常有效的方法。

本检测项目原始记录表见附表17-8,检测报告格式见附录17.2.8节。

17.5.4 检测标准

国家标准:《电气装置安装工程 电气设备交接试验标准》(GB 50150—2016);

《局部放电测量》(GB/T 7354—2003)。

电力行业标准:《低压无功补偿装置运行规程》(DL/T 417—2015);

《电力设备预防性试验规程》(DL/T 596—1996)。

17.6 密封性试验

17.6.1 定义

密封性试验:电气设备的密封性试验。

17.6.2 适用范围

本试验适用于水利工程电气设备常规检测。

17.6.3 检测方法

(1)采用灵敏度不低于1×10^{-6}(体积比)的检漏仪对各气室封闭部位、管道接头等处进行检测时,检漏仪不应报警。

(2)必要时可采用局部包扎法进行气体泄漏测量。以24 h的漏气换算,每个气室年漏气率不应大于1%。

(3)泄漏值的测量应在封闭组合电器充气24 h后进行。

17.6.4 检测标准

国家标准:《电气装置安装工程电气设备交接试验标准》(GB 50150—2006);

《高压开关设备六氟化硫气体密封试验方法》(GB 11023—89)。

电力行业标准:《电力设备预防性试验规程》(DL/T 596—1996)。

17.7 绝缘油性能试验

17.7.1 定义

绝缘油性能试验：绝缘油是指用于高压电气设备(如油浸变压器、油开关等)中作为绝缘、散热和灭弧作用的油介质。大量使用且比较典型的是变压油。本试验以变压器油为例，介绍绝缘油的相关检测项目和要求。

17.7.2 适用范围

本试验适用于水利工程电气设备常规检测。

17.7.3 检测方法及原理

参照试验项目中的相关要求进行。

1) 新油试验

新油验收及充油电气设备的绝缘油试验分类如表 17-1 所示。

表 17-1　电气设备绝缘油试验分类

试验类别	适用范围
击穿电压	① 6 kV 以上电气设备的绝缘油或新注入设备前、后的绝缘油。 ② 对下列情况之一者，可不进行击穿电压试验： a. 35 kV 以下互感器，其主绝缘试验已合格的。 b. 15 kV 以下油断路器，其注入新油的击穿电压已在 35 kV 及以上的。 c. 按本标准有关规定不需要取油的
简化分析	准备注入变压器、电抗器、互感器、套管的新油，应按照绝缘油的试验项目及标准进行。 准备注入油断路器的新油，应按照绝缘油的试验项目及标准进行
全分析	对油的性能有怀疑时，应按照绝缘油的试验项目及标准进行

2) 混合油的试验

绝缘油当需要进行混合时，在混合前，应按混油的实际使用比例先取混油样进行分析，其结果应符合表 17-2 的规定，混油后还应按表 17-2 进行绝缘油的试验。

表 17-2　绝缘油的试验项目及标准

序号	项目	标准	说明
1	外状	透明，无杂质或悬浮物	外观目视
2	水溶性酸(pH 值)	>5.4	按《运行中变压器油、汽轮机油水溶性酸测定法(比色法)》(GB/T7598—2008)的有关要求进行试验
3	酸值 mg KOH/g	≤0.03	按《运行中变压器油、汽轮机油水溶性酸测定法(比色法)》(GB/T7598—2008)的有关要求进行试验

序号	项目	标准			说明
4	闪点/(闭口℃) ≥	DB-10	DB-25	DB-45	按《闪点的测定 宾斯基-马丁闭口杯法》(GB/T 261—2008)中的有关要求进行试验
		140	140	135	
5	水分/(mg·m⁻¹)	500 kV：≤10 20～30 kV：≤15 110 kV 及以下等级：≤20			按《运行中变压器油水分测定法(气相色谱法)》(GB/T 7601—2008)中的有关要求进行
6	界面张力(25℃)/(mN·m⁻¹)	≥35			按《石油产品油对水界面张力测定法(圆环法)》(GB/T 6541—1996)中的有关要求进行试验
7	介质损耗因数 tan δ/%	90℃时， 注入电气设备前≤0.5 注入电气设备前≤0.7			按《液体绝缘材料工频相对介电常数、介质损耗因数和体积电阻率的测量》(GB/T 5654—2007)中的有关要求进行试验
8	击穿电压	500 kV：≥60 kV 330 kV：≥50 kV 60～220 kV：≥50 kV 35 kV 及以下等级：≥35 kV			① 按《绝缘油 击穿电压测定法》(GB/T 507—2002)或《电力系统油质试验方法 绝缘油介电强度测定法》(DL/T429.9—1991)中的有关要求进行试验； ② 油样应取自被试设备。 ③ 该指标为平板电极测定值，其他电极可按《运行中变压器油质量标准》(GB/T 7595—2017)及《绝缘油 击穿电压测定法》(GB/T 507—2002)中的有关要求进行试验。 ④ 对注入设备的新油均不应低于本标准
9	体积电阻率(90℃)/(Ω·m)	≥6×10¹⁰			按《液体绝缘材料工频相对介电常数、介质损耗因数和体积电阻率的测量》(GB/T 5654—2007)或《绝缘油体积电阻率测定法》(DL/T 421—2009)中的有关要求进行试验
10	油中含气量(体积分数)/%	330～500 kV：≤1			按《绝缘油中含气量测定真空压差法》(DL/T 423—2009)或《绝缘油中含气量测定方法(二氧化碳洗脱法)》(DL 450—1991)中的有关要求进行试验
11	油泥与沉淀物(质量分数)/%	≤0.02			按《石油产品和添加剂机械杂质测定法(重量法)》(GB/T 511—2010)中的有关要求进行试验
12	油中溶解气体组分含量色谱分析	见有关规范			按《绝缘油中溶解气体组分含量的气相色谱测定法》(GB/T 17623—2017)或《变压器油中溶解气体分析和判断导则》(GB/T 7252—2001)及《变压器油中溶解气体分析和判断导则》(DL/T 722—2014)中的有关要求进行试验

本检测项目原始记录表见附表17-9,检测报告格式见附录17.2.9节。

17.7.4 检测标准

国家标准：《电气装置安装工程电气设备交接试验标准》(GB 50150—2006)；

《运行中变压器油水溶性酸测定法》(GB/T 7598—2008)；

《运行中变压器油、汽轮机油水分测定法(气相色谱法)》(GB/T 7601—

2008)；

《液体绝缘材料相对电容率、介质损耗因数和直流电阻率的测量》(GB/T 5654—2007)。

电力行业标准：《电力设备预防性试验规程》(DL/T 596—2005)。

17.8 变压器额定电压冲击合闸试验

17.8.1 定义

主要为现场试验。

17.8.2 适用范围

本试验适用于水利工程电气设备常规检测。

17.8.3 检测方法及原理

参照试验项目中的相关要求进行。本检测项目原始记录表见附表17-10,检测报告格式见附录17.2.10节。

17.8.4 检测标准

国家标准：《电气装置安装工程电气设备交接试验标准》(GB 50150—2006)。

17.9 热 延 伸

17.9.1 定义

热延伸试验指电缆绝缘和护套材料在热和负荷作用下塑性变形和永久变形的一种检验方法。主要考察的是聚乙烯的交联程度,交联度越高则热延伸就越小。

17.9.2 适用范围

本试验适用于水利工程电气设备常规检测。

17.9.3 检测方法及原理

根据高分子材料(橡胶)弹性理论,制定本方法。适用于热缩材料在高能辐射后交联度的间接测试。

试验步骤：

① 遵循《电缆和光缆绝缘和护套材料通用试验方法 第11部分》(GB/T 2951.11—2008)第九章提供的样品规定,进行截面积的制取和测量。

② 设置试验温度(通常为200℃,测试烘箱温度的标准),打开烤箱。

③ 按标准负载压力(通常0.2 MPa)挂重物,如果在0.2 MPa的负荷压力下,重量计算

为重物和挂钩总重量(g)＝截面积(mm²)×20.4。

④ 当烘箱达到给定温度时,打开烘箱并将试样悬挂在炉里,然后迅速关闭烘箱,以防止温度下降太多。

⑤ 当烤箱回到预定的温度(通常为 5 min 以内),开始计时,该样品的伸长率在 10 min 后读取,此伸长率为负荷下该样品的伸长率。如果烘箱中没有观察窗,要求打开烘箱后在 30 s 内完成读数。

⑥ 读数完成打开烘箱,将样品剪短在试样的下端,关闭烘箱,并让样品在烘箱中保留恢复。

⑦ 烘箱回至规定温度或样品保留在烘箱中 5 min 后,打开烤箱,取出样品,放置冷却在室温下。

⑧ 样品完全冷却,再次读取伸长率,该值为试样永久冷却的伸长率。

参照试验项目中的相关要求进行。本检测项目原始记录表见附表 17－11,检测报告格式见附录 17.2.11 节。

17.9.4　检测标准

国家标准:《电缆和光缆绝缘和护套材料通用试验方法　第 11 部分》(GB/T 2951.11—2008);

《电缆和光缆绝缘和护套材料通用试验方法　第 2 部分》(GB/T 2951.21—2008)。

17.10　介质损耗测量

17.10.1　定义

电场作用下电介质中产生的一切损耗称为介质损耗或介质损失。如果介质损耗很大,会使电介质温度过高,促使材料发生老化,如果介质温度不断上升,甚至会把电介质融化、烧焦,丧失绝缘能力,导致热击穿,因此,电介质损耗的大小是衡量绝缘介质电性能的一项重要指标。

然而不同设备由于运行电压、结构尺寸等不同,不能通过介质损耗的大小来衡量对比设备好坏。因此引入了介质损耗因数 tg δ(又称介质损失角正切值)的概念。

介质损耗因数的定义是:介质损耗因数$(\tan\delta)=\dfrac{被测试品的有功功率\,P}{被测试品的无力功率\,Q}\times100\%$

介质损耗因数 tg δ 只与材料特性有关,与材料的尺寸、体积无关,便于不同设备之间进行比较。

17.10.2　适用范围

本试验适用于水利工程电气设备常规检测。

17.10.3 检测方法及原理

本次检测方法以西林电桥法为例。

QS1 电桥是 20 世纪 80 年代以前广泛使用的现场介损测试仪器。试验时需配备外部标准电容器(如 BR16 型标准电容器),以及 10 kV 升压器及电源控制箱。需要调节平衡,结果需要换算,使用不太方便。

工作原理:

高压西林电桥是由交流阻抗器、转换开关、检流计、高压标准电容器等组成。调节 R_3、C_4 使电桥平衡,此时 a、b 两点电压幅值相位完全相等,即 R_3、C_4 两端电压相等。高压西林电桥原理如图 17-1 所示。计算过程如式(17-1)～式(17-4)所示。

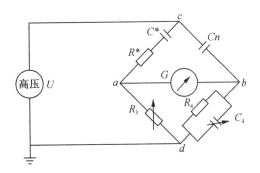

图 17-1 高压西林电桥原理图

因为交流电路中电容阻抗为:

$$\frac{1}{jwC} \tag{17-1}$$

电路中 R_4、C_4 的并联阻抗为两者倒数和的倒数:

$$\frac{1}{\frac{1}{R_4} + \frac{1}{\frac{1}{jwC_4}}} = \frac{1}{\frac{1}{R_4} + jwC_4} = \frac{R_4}{1 + jwR_4C_4} \tag{17-2}$$

按阻抗元件分压原理,可以得到:

$$Ua = \frac{R_3}{\frac{1}{jwCx} + R_x + R_3}U = Ub = \frac{\frac{R_4}{1 + jwR_4C_4}}{\frac{R_4}{1 + jwR_4C_4} + \frac{1}{jwCn}}U \tag{17-3}$$

经过运算,按复数相等实部、虚部分别相等的规定可得到:

$$R_x = \frac{C_4}{C_n}R_3, \qquad C_x = \frac{R_4}{R_3}Cn \tag{17-4}$$

按串连模型介损定义:由于 R_4 是固定的 3 184 Ω,频率是 50 Hz,C_4 单位为 μF 时,$\tan\delta = C_4$,因此可以在 C_4 刻度盘上读出介损,通过 R_3,R_4,Cn 可以计算 Cx。

现场使用 QS1 电桥时,需要先将升压装置,标准电容器和电桥等进行连线,然后调节 R_3 和 C_4,使得检流计指示为零。这时电桥平衡。读得 C_4 值即为 $\tan \delta$ 值,R_3 值经过计算可得出被试品电容值。总之现场操作使用都比较麻烦,抗干扰能力差,已经不能适应现在电气试验工作的需要。

本检测项目原始记录表见附表 17 - 12,检测报告格式见附录 17.2.12 节。

17.10.4　检测标准

国家标准:《电气装置安装工程电气设备交接试验标准》(GB50150—2016)。

电力行业标准:《电力设备预防性试验规程》(DL/T 596—2005);

　　　　　　　《现场绝缘试验实施导则 第 3 部分 介质损耗因数 $\tan \delta$ 试验》(DL/T 474.3—2006)。

17.11　电气间隙和爬电距离

17.11.1　定义

电气间隙:在两个导电零部件之间或导电零部件与设备防护界面之间测得的最短空间距离。即在保证电气性能稳定和安全的情况下,通过空气能实现绝缘的最短距离。

电气间隙的大小和老化现象无关。电气间隙能承受很高的过电压,但当过电压值超过某一临界值后,此电压很快就引起电击穿,因此在确认电气间隙大小的时候必须以设备可能会出现的最大的内部和外部过电压(脉冲耐受电压为依据)。在不同场合使用同一电气设备或运用过电压保护器时所出现的过电压大小各不相同。因此根据不同的使用场合将过电压分为Ⅰ至Ⅳ四个等级。

爬电距离:沿绝缘表面测得的两个导电零部件之间或导电零部件与设备防护界面之间的最短路径。即在不同的使用情况下,由于导体周围的绝缘材料被电极化,导致绝缘材料呈现带电现象。此带电区(导体为圆形时,带电区为环形)的半径,即为爬电距离,爬行距离计算方法如图 17 - 2 所示。

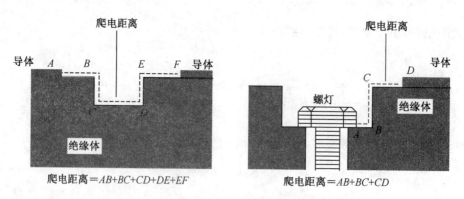

图 17 - 2　爬电距离计算原理

在绝缘材料表面会形成泄漏电流路径。若这些泄漏电流路径构成一条导电通路,则出现表面闪络或击穿现象。绝缘材料的这种变化需要一定的时间,它是由长时间加在器件上的工作电压所引起的,器件周围环境的污染能加速这一变化。

因此在确定端子爬电距离时要考虑工作电压的大小、污染等级及所运用的绝缘材料的抗爬电特性。根据基准电压、污染等级及绝缘材料组别来选择爬电距离。基准电压值是从供电电网的额定电压值推导出来的。

17.11.2 适用范围

本试验适用于水利工程电气设备常规检测。

17.11.3 检测方法及原理

1)电气间隙的测量步骤
① 确定工作电压峰值和有效值。
② 确定设备的供电电压和供电设施类别。
③ 根据过电压类别来确定进入设备的瞬态过电压大小。
④ 确定设备的污染等级(一般设备为污染等级 2)。
⑤ 确定电气间隙跨接的绝缘类型(功能绝缘、基本绝缘、附加绝缘、加强绝缘),电气间隙测试原理如图 17-3 所示。

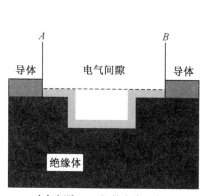
电气间隙=A至B的直线距离

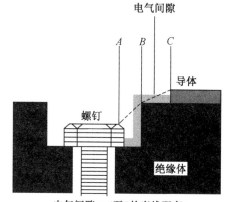
电气间隙=A至B的直线距离+
B至C的直线距离

图 17-3 电气间隙示意图

2)确定爬电距离步骤
① 确定工作电压的有效值或直流值。
② 确定材料组别,根据相比漏电起痕指数,其划分为:Ⅰ组材料,Ⅱ组材料,Ⅲa组材料,Ⅲb组材料。(注:如不知道材料组别,假定材料为Ⅲb组。)
③ 确定污染等级。
④ 确定绝缘类型:功能绝缘、基本绝缘、附加绝缘、加强绝缘。
⑤ 确定电气间隙、爬电距离的要求值:根据测量的工作电压及绝缘等级,通过查表[《信息技术设备安全 第 1 部分:通用要求》(GB 4943.1—2011)中表 2H、表 2J 和表 2K;ICE 60065—2001 中表 8、表 9 和表 10]得到电气间隙。检索所需的电气间隙即可决定距离;作为

电气间隙替代的方法,《信息技术设备安全 第1部分:通用要求》(GB 4943.1—2011)使用附录 G 特换,ICE 60065—2001 使用附录 J 替换。根据工作电压、绝缘等级及材料组别,通过查表[《信息技术设备安全 第1部分:通用要求》(GB 4943.1—2011)中表 2L;ICE 60065—2001 中表 11]得到爬电距离,如工作电压数值在两个电压范围之间时,需要使用内插法计算其爬电距离。《信息技术设备安全 第1部分:通用要求》(GB 4943.1—2011)中只有功能绝缘的电气间隙和爬电距离可以减小,但必须满足标准 5.3.4 规定的高压或短路试验。

本检测项目原始记录表见附表 17-13,检测报告格式见附录 17.2.13 节。

17.11.4 检测标准

《低压成套开关设备和控制设备 第1部分:总则》(GB/T 7251.1—2013)。
《低压系统内设备的绝缘配合 第1部分:原理、要求和试验》(GB/T 16935.1—2008)。

17.12 开关操作机构和机械性检查

17.12.1 定义

对开关设备进行开关操作,检查其灵活性等是否满足正常使用要求。

17.12.2 适用范围

本试验适用于水利工程电气设备常规检测。

17.12.3 检测方法及原理

参照试验项目中的相关要求进行。本检测项目原始记录表见附表 17-14,检测报告格式见附录 17.2.14 节。

17.13 电工仪表校验

17.13.1 定义

对电工仪表进行测试读数,检查其正确性,并给出误差范围。

17.13.2 适用范围

本试验适用于水利工程电气设备常规检测。

17.13.3 检测方法及原理

参照试验项目中的相关要求进行。本检测项目原始记录表见附表 17-14,检测报告格式见附录 17.2.14 节。

17.13.4 检测标准

电力行业标准:《电测量指示仪表检定规程》(DL/T 1473—2016);

《电能计量装置现场检验规程》(DL/T 1664—2016);

《交、直流仪表检验装置检定规程》)DL/T 1112—2009)。

17.14 避雷器电导电流及非线性系数测量

17.14.1 定义

避雷器电导电流:对带均压电阻的有串联间隙的避雷器施加规定的直流电压时,流过避雷器的电流。

非线性系数:

非线性电阻片的伏安特性一般可用式(17-5)表示:

$$U = CI^\alpha \text{ 或 } I = KU^\beta \qquad (17-5)$$

式中　U——非线性电阻片的电压(峰值),单位为千伏(kV);

　　　α——材料的非线性系数;

　　　β——$1/\alpha$;

　　　C——材料常数;

　　　K——$(1/C)^\beta$;

　　　I——通过电阻片的电流(峰值),单位为千安(kA)。

17.14.2 适用范围

本试验适用于水利工程电气设备常规检测。

17.14.3 检测方法及原理

参照试验项目中的相关要求进行。本检测项目原始记录表见附表17-15,检测报告格式见附录17.2.15节。

17.14.4 检测标准

国家标准:《电气装置安装工程电气设备交接试验标准》(GB 50150—2006)。

第五部分　量测类

第18章 量　　测

测量是规定目标物的形状、大小、空间位置、性质和相互关系的科学技术。

应用成熟规范的测量技术方法为获取水利工程质量特性数据用以评价工程质量所从事的工程质量检测工作称为水利工程质量检测测量。检测测量所能获得的工程质量特性数据类型颇多：水工建筑物特征点、线、面的空间位置数据，包括平面坐标和高程；水工建筑物特征点、线、面之间互相关系数据，如轨道的间距、平行度；水工建筑物的几何尺寸，包括长、宽、高、坡度、角度、面积、体积；水工建筑物的形状信息，如堤坝、溢流面、过水洞的纵横断面，大坝建基面地形图；水利工程变形数据，包括水平位移、垂直位移、挠度变形等。

水利水电工程测量对象，主要有挡水建筑物（混凝土坝、土石坝、堤防、闸坝等）、边坡（近坝库岸、渠道、船闸高边坡等）、地下洞室（地下厂房、泄输水洞等）。

测量项目通常有变形、渗流、应力应变、压力、温度、环境量、振动反应，以及地震与泄水建筑物水力学监测。

18.1 高　　程

18.1.1 定义

高程指的是某点沿铅垂线方向到绝对基面的距离，称绝对高程，简称高程。某点沿铅垂线方向到某假定水准基面的距离，称假定高程。为了统一全国的高程系统，我国采用黄海平均海水面作为全国高程系统的基准面，即我国采用的大地水准面。为确定这个基准面，在青岛设立验潮站和国家水准原点。根据青岛验潮站从 1952—1979 年的验潮资料，确定黄海平均海水面为高程零点，并据此测定青岛水准原点的高程为 72.260 4 m，这个高程零点和原点高程称为"1985 国家高程基准"，并根据这个基准，测定全国各地的高程。

18.1.2 适用范围

本方法适用于任何类型的建筑地基、基础、场地及上部敏感部位。

18.1.3 检测方法及原理

高程测量的方法有水准测量、三角高程测量和 GPS 高程测量。

水准测量是精密测定高程的主要方法。水准测量是利用能提供水平视线的仪器（水准仪），测定地面点间的高差，推算高程的一种方法。

水准测量的基本原理是：利用水准仪提供一条水平视线，对竖立在两地面点的水准尺上分别进行瞄准和读数，以测定两点间的高差；再根据已知点的高程，推算待定点的高程。

三角高程测量是通过观测两点间的水平距离和天顶距（或高度角）求定两点间高差的方法。它观测方法简单，受地形条件限制小，是测定大地控制点高程的基本方法。

A,B 为地面上两点,自 A 点观测 B 点的竖直角为 a_{12},S_0 为两点间水平距离,i_1 为 A 点仪器高,i_2 为 B 点觇标高,则 A,B 两点间高差见式(18-1):

$$h_{AB} = S_0 \tan a_{12} + i_1 - i_2 \tag{18-1}$$

式中　h_{AB}——A,B 两点间高差(m);

　　　S_0——A,B 两点间水平距离(m);

　　　a_{12}——自 A 点观测 B 点的竖直角(°);

　　　i_1——A 点仪器高(m);

　　　i_2——B 点觇标高(m)。

式(18-1)是假设地球表面为一平面,观测视线为直线条件推导出来的。在大地测量中,当两点距离大于 300 m 时,应考虑地球曲率和大气折光对高差的影响。三角高程测量,一般应进行往返观测(双向观测),它可消除地球曲率和大气折光的影响。

为了提高三角高程测量的精度,通常采取对向观测竖直角,推求两点间高差,以减弱大气垂直折光的影响。

GPS 高程测量是利用全球定位系统(Global Positioning System,GPS)测量技术直接测定地面点的大地高,或间接确定地面点的正常高的方法。

在用 GPS 测量技术间接确定地面点的正常高时,当直接测得测区内所有 GPS 点的大地高后,再在测区内选择数量和位置均能满足高程拟合需要的若干 GPS 点,用水准测量方法测取其正常高,并计算所有 GPS 点的大地高与正常高之差(高程异常),以此为基础利用平面或曲面拟合的方法进行高程拟合,即可获得测区内其他 GPS 点的正常高。此法精度已达到厘米级,应用越来越广。

本试验记录格式见附表 18-1~附表 18-4,检测报告格式为文字型格式。

18.1.4　检测标准

《国家一、二等水准测量规范》(GB/T 12897—2006)。

《国家三、四等水准测量规范》(GB/T 12898—2009)。

《工程测量规范》(GB 50026—2007)。

《水利水电工程测量规范》(SL 197—2013)。

《精密工程测量规范》(GB/T 15314—1994)。

《国家三角测量规范》(GB/T 17942—2 000)。

《全球定位系统(GPS)测量规范》(GB/T 18314—2009)。

《全球定位系统实时动态测量(RTK)技术规范》(CH/T 2009—2010)。

《建筑变形测量规范》(JGJ 8—2016)。

18.2　平　面　位　置

18.2.1　定义

建筑物平面位置指建筑物在特定测量坐标系(WGS-84 坐标或者地方坐标系)中 X,Y

坐标。

18.2.2　适用范围

本方法适用于水利水电工程以及工业与民用建筑的平面位置检测。

18.2.3　检测方法及原理

平面位置的检测原理主要是通过测试点的平面坐标来确定其平面位置。平面位置的测试方法主要有：极坐标法、角度交会法、距离交会法、GPS 测量等。本参数通过 GPS 测量介绍平面位置的检测方法。

静态相对定位适合精度要求较高的平面位置检测，其操作流程为：

1）外业测量

（1）进行静态测量配置集的设置。

（2）测量前量取 3 个方向的天线高并记录，启动静态测量，记录测站点名、日期段号、天线类型及编号，同时记录开始观测时间。

（3）测量结束后再量取 3 个方向的天线高并记录，同时记录结束时间。

2）测量数据后处理

（1）建立一个工作项目，将原始数据导入该项目，对网点进行编辑，检查天线类型是否与记录一致，同时输入天线高均值，以便在网平差过程中获取正确的大地高；若解算软件为非随机，则需将原始数据转换为 RINEX 标准格式。

（2）基线处理：可采用手动与自动两种处理方式，当同步观测测点较少时，尽量采用手动处理模式；当同步观测测点较多时，尽量采用自动处理模式。

（3）基线分析校核：利用双差相位观测值来发现较小的周跳，周跳一般不超过 0.1 周，当某颗卫星相位观测值短时段内出现周跳，可对该时段予以删除，当卫星相位出现连续周跳，应删除该颗卫星；检查各同步环路及异步环路的基线闭合差，闭合差应满足相关规范要求，对不合格基线应予以重测。

（4）网平差：该过程比较简单，平差结束后，查看 F 检验，若显示为接受，则网点平差成果合格，保存网点 WGS－84 坐标。

（5）坐标转换：主要是将网点 WGS－84 坐标转换为地方坐标成果，转换前需建立一个存储已知坐标的项目，建立一个新投影，输入投影名称、假定东坐标、中央子午线、投影带宽，我国地方坐标投影椭球一般为北京 54 椭球，即克拉索夫斯基椭球；再建立新的坐标系。

（6）将存放已知坐标的项目赋予新的坐标系，导入已知坐标，将网点 WGS－84 成果与已知坐标进行匹配，当两种坐标点名完全一致时，进行自动匹配，否则手工匹配，检查转换参数残差，保存参数集，参数集自动添加到原始数据所在项目中。

（7）打开原始数据所在项目，点击下方图标栏中"点"，再点击窗口上方的 LOCAL 和格网坐标，显示所有网点的地方成果，进行保存。

实时动态定位 RTK（Real-time Kinematic）适合精度要求相对低的细部平面位置检测，其操作流程为：

① 建立 GPS 平面控制网，用静态定位方式获取网点平面坐标。

② 用几何水准测量方法联测 GPS 控制点的高程。

③ 设置参考站的配置集、作业、坐标系。

④ 采集 3 个以上已知当地坐标点的 WGS-84 坐标。

⑤ 求出 WGS-84 坐标系与当地坐标系的转换参数,建立新的坐标系。

⑥ 启动参考站接收机,输入天线高,连续观测。

⑦ 启动流动站接收机,输入天线高,开始观测,当载波相位的整周模糊度显示为固定解,即整周模糊度被确定,记录测点的三维坐标。

本试验记录格式见附表 18-5 和附表 18-6,检测报告格式为文字型格式。

18.2.4 检测标准

《水利水电工程测量规范》(SL 197—2013)。

《水电水利工程施工测量规范》(DL/T 5173—2012)。

《国家三角测量规范》(GB/T 17942—2000)。

《全球定位系统(GPS)测量规范》(GB/T 18314—2009)。

《全球定位系统实时动态测量(RTK)技术规范》(CH/T 2009—2010)。

《工程测量规范》(GB 50026—2007)。

《水利水电工程施工测量规范》(SL 52—2015)。

《混凝土坝安全监测技术规范》(SL 601—2013)。

《堤防工程施工规范》(SL 260—2014)。

《水运工程测量规范》(JTS 131—2012)。

《混凝土结构工程施工质量验收规范》(GB 50204—2015)。

《精密工程测量规范》(GB/T 15314—1994)。

18.3 建筑物纵横轴线

18.3.1 定义

沿建筑物宽度方向设置的轴线称为建筑物横向轴线;沿着建筑物长度方向设置的轴线称为建筑物纵向轴线。建筑物的纵横轴线检测主要是通过测试纵横轴线端点平面坐标来确定实际轴线与设计轴线端点平面坐标的偏差。

18.3.2 适用范围

本方法适用于水利水电工程以及工业与民用建筑的纵横轴线的检测。

18.3.3 检测方法及原理

建筑物的纵横轴线的检测方法主要有极坐标法、角度交会法、距离交会法等。角度交会需在两个已知坐标点上观测已知点至待定点与已知点至已知点两个方向间的夹角,工作量较大;距离交会需在两个坐标已知点上观测已知点至待定间的距离,工作量亦较大;极坐标法相对灵活且便于实施。

本文本以用全站仪进行极坐标法观测说明建筑物的纵横轴线的检测方法。首先在已知控制点上设站,后视已知控制点,输入两个控制点坐标,照准后视点棱镜进行测量,完成定向工作;亦可根据已知两点的平面坐标,计算出平面方位角,照准后视点棱镜后输入全站仪并测量,完成定向工作,然后开始检测工作。如图 18-1 所示,i 为测站控制点,j 为后视控制点,p 为待定的建筑物的纵横轴线的一个端点,由 i 点观测 i 点至 p 点的距离 S_i 及 ij 方向与 ip 方向间夹角 β_i,从而计算出待定点 p 的平面坐标 X_p,Y_p。用同样的方法测定建筑物的纵横轴线的另一个端点,从而确定建筑物的纵横轴线。如图 18-1 所示。

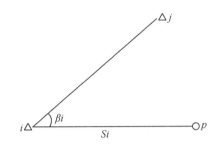

图 18-1　极坐标观测建筑物纵横轴线示意图

具体操作过程:

① 检测工作实施前,应从有效途径获取施工区已有的平面控制网成果资料。

② 检测人员必须根据实际情况,如控制点分布情况、现有仪器的精度、现场条件来选择测站控制点,计算定向坐标平面方位角,实施角度、距离测量。如果设计上有特殊要求,按设计要求执行。计算测角、测距的必要测回数,从而使轴线端点的点位检测精度达到设计要求。

③ 作业时请严格执行《工程测量规范》(GB 50026—2007)、《水电水利工程施工测量规范》(DL/T 5173—2012)、《国家三角测量规范》(GB/T 17942—2000)等规范中的规定。各项限差指标应达到规范要求。

④ 通过其他控制点来测量检核轴线控制点。

本试验记录格式见附表 18-7,检测报告格式为文字型格式。

18.3.4　检测标准

《水利水电工程测量规范》(SL 197—2013)。

《水电水利工程施工测量规范》(DL/T 5173—2012)。

《国家三角测量规范》(GB/T 17942—2000)。

《工程测量规范》(GB 50026—2007)。

《混凝土坝安全监测技术规范》(SL 601—2013)。

《堤防工程施工规范》(SL 260—2014)。

《水运工程测量规范》(JTS 131—2012)。

《混凝土结构工程施工质量验收规范》(GB 50204—2015)。

《公路勘测规范》(JTGC 10—2007)。

《精密工程测量规范》(GB/T 15314—1994)。

18.4 建筑物断面几何尺寸

18.4.1 定义

建筑物断面几何尺寸主要指堤防、水闸等各类挡水建筑物某一断面特征点间的长度、高度、坡度等。

18.4.2 适用范围

本方法适用于堤防、水闸等各类挡水建筑物。

18.4.3 检测方法及原理

建筑物断面几何尺寸的检测主要包括建筑物某一断面特征点间的长度、高度、坡度测量等,它可以通过建筑物断面特征点平面位置和高程的测量来确定。

平面位置的检测方法主要有极坐标法、角度交会法、距离交会法,当平面位置检测精度要求较高时,采用多测回观测的方法予以实施;高程测量主要有几何水准测量和三角高程测量,当高程精度要求较高时,采用几何水准测量方法予以实施。

由于全站仪能同时测量平面坐标和高程,本细则以用全站仪进行极坐标法测量建筑物断面几何尺寸为例说明建筑物断面几何尺寸检测方法:首先在一个已知控制点上设站,后视另外一个已知控制点,输入两个控制点坐标,照准后视点棱镜进行测量,完成定向工作;亦可根据已知两点的平面坐标,计算出平面方位角,照准后视点棱镜后输入全站仪并测量,完成定向工作。然后开始测量工作,输入测站仪器高度、棱镜高度及工作温度等,通过测角、测距,从而得出待定点三维坐标。最后由各点的三维坐标计算出建筑物各部位几何尺寸。作业时请严格执行《工程测量规范》(GB 50026—2007)、《水电水利工程施工测量规范》(DL/T 5173—2012)、《国家三角测量规范》(GB/T 17942—2000)等规范中的规定。各项限差指标应达到规范要求。

本试验记录格式见附表 18 - 8,检测报告格式为文字型格式。

18.4.4 检测标准

《水利水电工程测量规范》(SL 197—2013)。

《国家三角测量规范》(GB/T 17942—2000)。

《工程测量规范》(GB 50026—2007)。

《水利水电工程施工测量规范》(DL/T 5173—2012)。

《混凝土坝安全监测技术规范》(DL/T 5178—2016)。

《堤防工程施工规范》(SL 260—2014)。

《水运工程测量规范》(JTS 131—2012)。

《混凝土结构工程施工质量验收规范》(GB 50204—2015)。

《公路勘测规范》(JTGC 10—2007)。

《城市轨道交通工程测量规范》(GB/T 50308—2017)。

《精密工程测量规范》(GB/T 15314—1994)。

18.5 结构构件几何尺寸

18.5.1 定义

结构构件几何尺寸主要指建筑物的长度、宽度、高度、厚度、深度等。

18.5.2 适用范围

本方法适用于水利水电工程以及工业与民用建筑的结构构件几何尺寸的检测。

18.5.3 检测方法及原理

结构构件的几何尺寸的检测主要包括构件的长度、宽度、高度、厚度、深度测量等,它可以通过建筑物各部位平面位置和高程的测量来确定。小型的结构构件的几何尺寸也可采用直尺或卷尺直接量测得到。

检测方法与建筑物断面几何尺寸相同,参见18.4.3节。

本试验记录格式见附表18-9和附表18-10,检测报告格式为文字型格式。

18.5.4 检测标准

《水利水电工程测量规范》(SL 197—2013)。

《国家三角测量规范》(GB/T 17942—2000)。

《工程测量规范》(GB 50026—2007)。

《水利水电工程施工测量规范》(DL/T 5173—2012)。

《混凝土坝安全监测技术规范》(DL/T 5178—2016)。

《堤防工程施工规范》(SL 260—2014)。

《水运工程测量规范》(JTS 131—2012)。

《混凝土结构工程施工质量验收规范》(GB 50204—2015)。

《公路勘测规范》(JTGC 10—2007)。

《城市轨道交通工程测量规范》(GB/T 50308—2017)。

《精密工程测量规范》(GB/T 15314—1994)。

18.6 弧 度

18.6.1 定义

弧度是角度的度量单位,角度分为水平角和垂直角。水平角是空间两相交直线在水平面的投影所构成的角度。垂直角是指在同一铅垂面内,某方向的视线与水平线的夹角。

18.6.2 适用范围

本方法适用于水利水电工程以及工业与民用建筑的角度检测。

18.6.3 检测方法及原理

6.3.1 水平角观测

水平角观测方法有测回法和方向观测法。

(1) 测回法。

测角原理如图 18-2 所示。

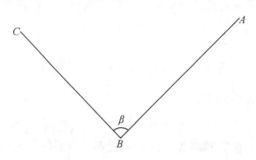

图 18-2 水平角示意图

在测站 B 测定 BC,BA 两方向间的水平角 β,在 B 点安置经纬仪或者全站仪,在 A,C 点设置瞄准标志,按照以下步骤进行测回法水平角观测。

① 在经纬仪(全站仪)盘左位置(竖盘在望远镜左边,又称正镜)瞄准左面目标 C,读得水平度盘读数 $c_左$。

② 瞄准右面目标 A,读得水平度盘读数 $a_左$,则盘左位置测得的半测回水平角值为:

$$\beta_左 = a_左 - c_左$$

③ 倒转望远镜成盘右位置(竖盘在望远镜右边,又称倒镜),瞄准右目标 A,读得水平度盘读数 $a_右$。

④ 瞄准左面目标 C,读得水平度盘读数 $c_右$,则盘左位置测得的半测回水平角值为:

$$\beta_右 = a_右 - c_右$$

⑤ 盘左、盘右角度的平均值作为一测回水平角观测值结果。

$$\beta = \frac{1}{2}(\beta_左 + \beta_右)$$

(2) 方向观测法。

在一个测站上需要观测 2 个或 2 个以上水平角时,可以采用方向观测法观测水平角,任何两个方向值之差即为该方向间的水平角值。

如果需要观测的水平方向的目标超过 3 个,则依次对各个目标观测水平方向值后,还应继续向前转到第一个目标进行第二次观测,称为归零。此时的方向观测法因为旋转了一个圆周,称为全圆方向法。

如图 18-3 所示,设在测站 C 上要观测 A,B,D,E 四个目标的水平方向值,用全圆方向观测法观测的方法和步骤如下:

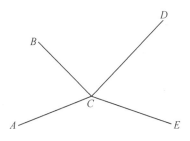

图 18-3 全圆方向法观测水平角

① 经纬仪(全站仪)盘左位置。

a. 大致瞄准起始方向的目标 A,旋转水平度盘位置变换轮,使水平度盘读数置于零度附近,精确瞄准目标 A,水平度盘读数为 a_1。

b. 顺时针旋转照准部,依次瞄准目标 B,D,E,相应的水平度盘读数为 b,d,e。

c. 继续顺时针旋转照准部,再次瞄准起始方向目标 A,水平度盘读数为 a_2;读数 a_1 与 a_2 之差称为半测回归零差,若在规范限差允许范围内,则取其平均值。

② 经纬仪(全站仪)盘右位置。

a. 大致瞄准起始方向的目标 A,水平度盘读数为 a'_1。

b. 逆时针旋转照准部,依次瞄准目标 E,D,B,相应的水平度盘读数为 e',d',b'。

c. 继续逆时针旋转照准部,再次瞄准起始方向目标 A,水平度盘读数为 a'_2;读数 a'_1 与 a'_2 之差称为半测回归零差,若在规范限差允许范围内,则取其平均值。

d. 以上操作完成全圆观测法一测回的观测。

在一个测回中,同一方向水平度盘的盘左读数和盘右读数($\pm 180°$)之差称为 $2C$。其中 $2C$ 值是仪器误差和方向观测误差的共同反映。如果属于仪器的误差(系统误差),则对于各个方向,$2C$ 值应该是一个常数;如果还含有方向观测误差(偶然误差),则各个方向的 $2C$ 值有明显的变化。如果 $2C$ 值的变化在规范允许的范围内,则对于每一个方向,取盘左、盘右水平方向值的平均值。

如果在一个测站上对各个水平方向值需要观测 n 个测回,则各个测回间应该将水平度盘的位置改变 $180°/n$。

为了便于将各测回的方向值进行比较并最后取其平均值,把各测回中的起始方向值都化为 $0°0'0''$,方法是将其余的方向值都减去原起始方向的方向值,称为归零方向值。各测回的归零方向值就可以进行比较,如果同一目标的方向值在各测回中的互差未超过规范规定的允许值,则取各测回中每个归零方向值的平均值。

18.6.3.2 垂直角观测

垂直角观测前,应该看清竖盘注记形式,确定垂直角计算公式。垂直角观测方法和步骤如下:

① 盘左位置瞄准目标,用十字丝的横丝对准目标,转动竖盘水准管微动螺旋,使竖盘水准管气泡居中(全站仪免此操作,经纬仪如有竖盘垂直补偿器也免此操作),读取竖盘读数 L。

② 盘右位置瞄准目标,方法同第一步,读取竖盘读数 R。完成一测回的垂直角观测。

本试验记录格式见附表 18-11 和附表 18-12,检测报告格式为文字型格式。

18.6.4 检测标准

《国家三角测量规范》(GB/T 17942—2000)。

《工程测量规范》(GB 50026—2007)。

《建筑结构检测技术标准》(GB/T 50344—2004)。

《精密工程测量规范》(GB/T 15314—1994)。

18.7 坡 度

18.7.1 定义

坡度是地表单元陡缓的程度,通常把坡面的垂直高度 h 和水平距离 L 的比叫作坡度(或叫作坡比)用字母 i 表示。

18.7.2 适用范围

本方法适用于堤防、水闸等各类挡水建筑物。

18.7.3 检测方法及原理

按《水利水电工程单元工程施工质量验收评定标准—堤防工程》(SL 634—2012)中护坡工程要求,对干砌石护坡单元工程中一般检查项目含砌石坡度的检测。此检测要求可推广至对其他形式的护坡的检测中。标准中要求沿护坡长度方向每 20 m 检测一处,坡度不陡于设计坡度。

坡度是一个比值,坡度的检测可分为对垂直高度 h 和水平距离 L 的检测。

通常采用全站仪进行检测,在现场随机抽取检测部位,分别在同一断面的坡顶和坡脚位置放置棱镜,用全站仪可测读出两处的高程差 h 及水平距离 L,则可算出该处护坡的坡度。

本试验记录格式见附表 18-13,检测报告格式为文字型格式。

18.7.4 检测标准

《水利水电工程单元工程施工质量验收评定标准—堤防工程》(SL 634—2012)。

《水利工程施工质量检验与评定标准》(DG/TJ 08—90—2014)。

18.8 表面平整度

18.8.1 定义

平整度是指物体表面的凹凸量与绝对水平之间的偏差量,偏差量越小表面平整度越好。

18.8.2 适用范围

本方法适用于堤防、房屋、水闸、道路等建筑物及混凝土结构里的预留孔和预埋件。

18.8.3　检测方法及原理

不同的建筑物部位或预埋件对平整度检测的要求都不相同。以《水利水电工程单元工程施工质量验收评定标准—堤防工程》(SL 634—2012)中现浇混凝土护坡的平整度检测为例：每 50～100 m² 检测一点,允许偏差为±10 mm。

平整度的检测通常采用 2 m 的靠尺和钢直尺或游标卡尺,检测时将 2 m 的靠尺紧贴在被测部位的表面,沿靠尺每 20 cm 用钢直尺或游标卡尺测量一次建筑物表面与靠尺尺面的距离,每一个检测点测量 10 次,如最大检测值小于规范要求的允许偏差量则视为该检测点平整度合格。

本试验记录格式见附表 18-14,检测报告格式为文字型格式。

18.8.4　检测标准

《水利水电工程单元工程施工质量验收评定标准—堤防工程》(SL 634—2012)。

《水利工程施工质量检验与评定标准》(DG/TJ 08—90—2014)。

《砌体结构工程施工质量验收规范》(GB 50203—2011)。

18.9　垂直位移

18.9.1　定义

建筑地基、基础及地面在荷载作用下产生的竖向移动,包括下沉和上升。其上升和下沉量统称为沉降量(垂直位移)。

18.9.2　适用范围

适用于任何类型的建筑地基、基础、场地及上部敏感部位。

18.9.3　检测方法及原理

利用水准仪,从基准点出发,引测各垂直位移测点,再返回基准点,形成一条闭合(或附合)路线并形成偶数站,可以得到各测点的高程。每次测得的高程减去初始高程即可得到该测点的垂直位移量。

垂直位移监测中,各监测点的高程值可以通过水准测量方法获取,水准测量原理如图 18-4所示:

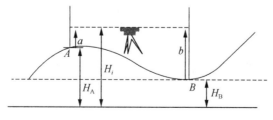

图 18-4　水准测量原理图

如图 18-4 所示,设水准测量由 A 点(后视点)向 B 点(前视点)进行;已知 A 点(后视点)的高程为 H_A,求 B 点的高程 H_B;在 A、B 两点之间安置一架水准仪,并在 A、B 两点上各竖立一根水准尺(尺的零点在底端);根据水准仪望远镜的水平视线,在 A 尺上读数为 a(后视读数),B 尺上读数为 b(前视读数),则在 A 点至 B 点的高差见式(18-2):

$$h_{AB} = a - b \qquad\qquad (18-2)$$

式中 h_{AB}——A 点至 B 点的高差(m);

a——后视读数;

b——前视读数。

则 B 点高程见式(18-3):

$$H_B = H_A + h_{AB} \qquad\qquad (18-3)$$

式中 H_B——B 点的高程;

H_A——A 点的高程。

当然,B 点的高程也可以按照水准仪的视线高程 H_i(简称仪器高程)来计算,见式(18-4)和式(18-5):

$$H_i = H_A + a \qquad\qquad (18-4)$$

式中,H_i 为水准仪的视线高程。

$$H_B = H_i - b \qquad\qquad (18-5)$$

监测点埋设好后,通过水准测量求得各监测点的高程值,各监测点测量两次高程取平均定为初始值,各监测点以后的测值与前次测值之差为本次垂直位移量,与初始值之差为累计垂直位移量。

本试验记录格式见附表 18-1 和附表 18-2,检测报告格式为文字型格式。

18.9.4 检测标准

《混凝土坝安全监测技术规范》(DL/T 5178—2016)。

《土石坝安全监测技术规范》(SL 551—2012)。

《基坑工程技术规范》(DG/TJ 08—61—2010)。

《国家一、二等水准测量规范》(GB 12897—2006)。

《国家三、四等水准测量规范》(GB 12898—2009)。

18.10 水 平 位 移

18.10.1 定义

围岩或边坡位移量或变形值沿水平方向的分量。

18.10.2 适用范围

本方法适用于任何类型的建筑地基、基础、场地及上部敏感部位。

18.10.3 检测方法及原理

水平位移的测试方法主要有：视准线法、小角度法、测边交会法、测角交会法、极坐标法、GPS测量等。监测点安装埋设好后，通过相关方法测得监测点的坐标或偏移量，各监测点测量两次坐标或偏移量取平均定为初始值，各监测点以后的测值与前次测值之差为本次水平位移量，与初始值之差为累计水平位移量。

本文以视准线法为例说明其测试原理及计算方法，其他测试方法应按照规范要求实施。

在施工影响范围以外设置两个基准点(A和B)，水平位移测点(P)应位于A，B两点的连线附近，其距离不应大于 20 m。在A(或B)基准点上架设经纬仪或全站仪，在P测点上安置活动觇标，照准B(或A)基准点，移动活动觇标上的分划尺，使分划线位于A，B两点的连线上，可以得到P测点到A，B两点连线的距离，每次测试值减去初始值即可以得到P测点的水平位移量。

本试验记录格式见附表 18 − 15，检测报告格式为文字型格式。

18.10.4 检测标准

《工程测量规范》(GB 50026—2007)。
《混凝土坝安全监测技术规范》(DL/T 5178—2016)。
《土石坝安全监测技术规范》(SL 551—2012)。
《基坑工程施工监测规程》(DG/TJ 08—2001—2006)。

18.11 振动频率、速度、加速度

18.11.1 定义

振动频率，是建筑物在单位时间内的振动次数，等于振动周期的倒数。振动速度，是振动对象运动的速度，等于振动位移对时间的一阶导数。振动加速度，是振动对象运动的加速度，等于振动速度对时间的一阶导数或振动位移对时间的二阶导数。

振动频率，一般以f表示，单位频率；振动速度，一般以V表示，单位 m/s；振动加速度，一般以a表示，单位 m/s^2。

18.11.2 适用范围

本方法适用于水利工程建筑物的振动测量。

18.11.3 检测方法及原理

振动速度，一般是安装速度型传感器进行测量，也可通过计算振动位移对时间的一阶导数求得。

振动加速度，一般是安装加速度型传感器进行测量，也可通过计算振动速度对时间的一阶导数求得。

振动频率，一般是通过速度或加速度的时域曲线求得。

1）振动测试系统要求

振动测试系统中，传感器和数据处理方法应满足 0.01～100 Hz 频率范围的振动测量，系统中所有仪器仪表的性能技术指标应符合国家现行有关标准的规定。

振动测试系统应根据测试对象的振动类型和振动特性的要求选取，各振动量（位移、速度、加速度）应分别采用专门型式的传感器测量；测试系统应符合国家现行有关标准的规定，应由国家认定的计量部门定期进行校准，每年至少校准一次。振动测试时，测试系统应在校准有效期内。

振动测试系统中，应根据测试对象的振动频率范围选择相应的传感器，当振动信号频率范围不大于 10 Hz 时，宜选用位移型或速度型传感器。有条件时，测试系统中可同时安装位移、速度和加速度三种专门型式的传感器。

2）振动测试点安装要求

振动测试点，应根据建筑物高度，分层设置，至少设置 3 层，分别位于建筑物顶层、中间楼层及基础层。

振动测试点，应设在振动最大点上，传感器与建筑物主体结构应牢固连接，测试过程中不得产生倾斜和附加振动。

振动测试方向应包括竖向和水平向两个主轴方向，水平向的振动测试方向应与测试对象所需测试的振动方向一致。

当需要在建筑物室外测量时，可在建筑物的基础距外墙 0.5 m 范围内的振动敏感处均匀设置振动测试点，至少布设 4 个。

3）振动测量要求

振动测量时，应避免足以影响振动测量值的环境因素，如剧烈的温度变化、强电磁场、强风、地震或其他非预期振动影响源引起的干扰。

测量环境的气候条件应符合国家现行有关标准的规定，每次测量时应记录测试点的温度、湿度和可能影响振动测量结果的因素。

振动测量时，每次测试次数不少于 3 次，单次测试采样时间不少于 30 s。

受特定振动源（如启闭水泵、闸门等）影响的建筑物，应在振动源发生变化前后及过程中，均进行振动测量并记录振动源信息。

4）振动数据分析要求

周期振动、随机振动、瞬态振动等不同类型振动产生的信号，应采用相应的数据分析和评估方法。

根据国家现行有关标准的规定，选择测试的平均值或最大值，作为评判依据。

当布设多个测点时，应取各个测点评价量的平均值作为评价依据。

18.11.4　检测标准

《城市区域环境振动测量方法》（GB 10071—88）。

《城市轨道交通引起建筑物振动与二次辐射噪声限值及其测量方法标准》（JGJ/T 170—2009）。

《电子测量仪器通用规范》（GB/T 6587—2012）。

《水利机械振动和脉动现场测试规程》（GB/T 17189—2007）。

《建筑工程容许振动标准》(GB 50868—2013)。

18.12 接缝和裂缝开度

18.12.1 定义

接缝是设计时为防止混凝土体积过大而造成裂缝所设置的分隔混凝土的分缝,接缝的变化昭示着混凝土结构的变形趋势。混凝土结构由于内外因素的作用而产生的物理结构变化后产生裂缝,而裂缝是混凝土结构物承载能力、耐久性及防水性降低的主要原因。

18.12.2 适用范围

本方法适用于水闸、泵站、堤防等挡水建筑物及房屋等建筑物。

18.12.3 检测方法及原理

《水工混凝土试验规程》(SL 352—2006)中对裂缝深度检测有明确的规定和要求,《工程测量规范》(GB 50026—2007)中对裂缝的宽度和长度检测有明确要求。

接缝和裂缝的宽度检测可采用直接测量法,在接缝处跨缝用水笔做好标记,每次测量时用钢直尺或游标卡尺在标记处对缝宽进行测读,读数的变化代表缝宽的变化。裂缝的长度检测可采用直接测量法,在裂缝的开始端和末端分别用记号笔做好标记,如裂缝超出所做记号,则表明裂缝长度有所增长。

裂缝的深度检测可按《水工混凝土试验规程》(SL 352—2006)中 7.4 节要求进行,检测仪器有:非金属超声检测仪、换能器及耦合介质。具体步骤为(以平测法垂直裂缝为例):

① 将发、收换能器平置于裂缝附近有代表性的、质量均匀的混凝土表面上,两换能器内边缘距离为 d'。在不同的 d' 值的情况下,分别测读出相应的传播时间 t_0。以距离 d' 为纵坐标,时间 t_0 为横坐标,将数据点绘在坐标纸上。若被测处的混凝土质量均匀、无缺陷,则各点大致在一条不通过原点的直线上。直线的斜率即为超声波在该处混凝土中的传播速度 v。按 $d = t_0 \cdot v$,计算出发、收换能器在不同 t_0 值下相应的超声波传播距离 d。

② 将发、收换能器平置于混凝土表面上裂缝的各一侧,并以裂缝为轴对称,两换能器中心的连线应垂直于裂缝的走向。沿着同一直线,改变换能器边缘距离 d',在不同的 d' 值分别读出相应的绕裂缝传播时间 t_1。

则垂直裂缝深度按式(18-6)计算:

$$h = \frac{d \sqrt{(t_1/t_0)^2 - 1}}{2} \tag{18-6}$$

式中　h——垂直裂缝深度(cm);

t_1——绕缝的传播时间(μs);

t_0——相应的无缝评测传播时间(μs);

d——相应的换能器之间声波的传播距离(cm)。

根据换能器在不同距离下测得的 t_1,t_0 和 d 值,可算得一系列的 h 值,把凡是 $d < h$ 和

$d>2h$ 的数据舍弃,取其余(不少于两个)h 值的算术平均值作为裂缝深度的测试结果。

本试验记录格式见附表 18-16,检测报告格式为文字型格式。

18.12.4 检测标准

《水工混凝土试验规程》(SL 352—2006)。

《超声法检测混凝土缺陷技术规程》(CECS 21—2000)。

18.13 倾 斜

18.13.1 定义

倾斜是指建筑物的基础、墙体、柱由于发生了不均匀沉降或受其他外界因素的影响而发生了位移,造成主体顶部相对于底部存在一定的偏移量,从而对建筑物的结构稳定和安全造成一定的影响。

18.13.2 参数适用范围

本方法适用于水闸、泵站、堤防及房屋、风机塔筒等建筑物。

18.13.3 检测方法及原理

《工程测量规范》《泵站安全鉴定规程》中均有对建筑物墙体或柱进行倾斜检测的要求,并对不同的检测方法给出了计算公式。

常用的倾斜检测方法主要有:投点法和差异沉降法。

(1)投点法所用仪器包括:经纬仪或全站仪、直尺(最小读数 1 mm)。

具体检测步骤为:先用全站仪测出仪器与建筑物的水平距离 L,再分别照准建筑顶部和底部读出与水平的夹角 α 和 β,则建筑物的高度 $H=L \cdot (\tan \alpha - \tan \beta)$。然后用经纬仪或全站仪照准顶部后投影至底部,读出直尺上的读数 ΔD。则建筑物墙体或柱体的倾斜值按式(18-7)计算:

$$i = \frac{\Delta D}{H} \tag{18-7}$$

式中　i——建筑物的倾斜率;

　　ΔD——顶部对于底部的偏移值(m);

　　H——建筑物的高度(m)。

(2)差异沉降法所用仪器:水准仪、卷尺。

具体检测步骤为:在建筑物基础两端各设置一个固定观测点,两点的水平距离 L 可用卷尺量出。采用水准仪每次观测这两点的高程,高程的变化即为沉降量,两点沉降量的差异即为沉降差。则基础的倾斜值按式(18-8)计算:

$$i = \frac{\Delta S}{L} \tag{18-8}$$

式中 i——基础的倾斜率；

　　ΔS——两端点的沉降差(m)；

　　L——两端点的水平距离(m)。

本试验记录格式见附表 18－17,检测报告格式为文字型格式。

18.13.4　检测标准

《泵站安全鉴定规程》(SL 316—2015)。

《工程测量规范》(GB 50026—2007)。

18.14　渗　流　量

18.14.1　定义

渗流量：由于材料和构造做法等原因,大坝等挡水建筑都会渗漏水,通过挡水建筑水从上游流到下游的量叫渗流量。渗流量的观测是挡水建筑渗流观测中的一个重要指标。

18.14.2　适用范围

本方法适用于大坝、堤防以及水闸等各类挡水建筑物。

18.14.3　检测方法及原理

水利部标准采用的渗流量试验方法包括：压力表量测测压管水头,渗压计量测监测孔水位以及量水堰法。

渗流量监测内容包括渗漏水的流量及其水质分析。

1) 监测布置应符合以下规定

(1) 对坝体、坝基、绕渗及导渗(含减压井和减压沟)的渗流量,应分区、分段进行监测(有条件的工程宜建截水墙或监测廊道)。如条件允许,可利用分布式光纤温度测量反映大坝渗流状况。所有集水和量水设施,均宜避免客水干扰。

(2) 当下游有渗漏水出逸时,应在下游坝趾附近设导渗沟(可分区、分段设置),在导渗沟出口或排水沟内设量水堰测其出逸(明流)流量。

(3) 当透水层深厚、渗流水位低于地面时,可在坝下游河床中设渗流压力监测设施,通过监测渗流压力计算出渗透坡降和渗流量。渗流压力测点沿顺水流方向宜布设 2 个,间距 10～20 m。在垂直水流方向,应根据控制过水断面及其渗透性布设。

(4) 对设有检查廊道的面板堆石坝等,可在廊道内分区、分段设置量水设施。对减压井的渗流,宜进行单井流量、井组流量和总汇流量的监测。

(5) 渗漏水分析水样的采集,应在相对固定的渗流出口。

2) 监测仪器设施及其安装埋设应符合以下规定

(1) 应根据渗流量的大小和汇集条件,选用如下几种方法和设施：

① 当流量小于 1 L/s 时宜采用容积法。

② 当流量在 1～300 L/s 之间时宜采用量水堰法。

③ 当流量大于 300 L/s 或受落差限制不能设量水堰时,应将渗漏水引入排水沟中,采用流速法。

(2) 量水堰的设置和安装应符合以下要求:

① 量水堰应设在排水沟直线段的堰槽段。该段应采用矩形断面,两侧墙应平行和铅直。槽底和侧墙应加砌护,不允许渗水。

② 堰板应与堰槽两侧墙和来水流向垂直。堰板应平整、水平,高度应大于 5 倍的堰上水头。

③ 堰口水流形态应为自由式。

④ 测读堰上水头的水尺、测针或量水堰计,应设在堰口上游 3~5 倍堰上水头处。其零点高程与堰口高程之差不应大于 1 mm。必要时,可在测读装置上游设栏栅,以防杂物影响流态。

⑤ 量水堰及堰上测读装置安装完毕后,应及时填写考证表。

(3) 流速法监测渗流量的测速沟槽应符合以下要求:

① 长度不小于 15 m 的直线段。

② 断面一致,并保持一定纵坡。

3) 监测方法与要求应符合以下规定

(1) 用容积法时,充水时间不应少于 10 s。平行 2 次测量的流量差不应大于均值的 5%。

(2) 用量水堰监测渗流量时,水尺的水位读数应精确至 1 mm,测针的水位读数应精确至 0.1 mm,堰上水头两次监测值之差不应大于 1 mm。量水堰堰口高程及水尺、测针零点应定期校测,每年至少 1 次。

(3) 流速法的流速测量,可采用流速仪法或浮标法。2 次流量测值之差不应大于均值的 10%。

(4) 在监测渗流量的同时,应测记相应渗漏水的温度、透明度和气温。温度应精确到 0.5℃。透明度监测的 2 次测值之差不应大于 1 cm。当为浑水时,应测出相应的含砂量。

(5) 渗流水的水质分析,可根据需要进行全分析或简分析。水质分析项目及取样要求,可参照有关专业规定进行。当对坝体或坝基渗流水进行水质分析时,宜同时取库水水样做相同项目的分析,以便对比。

本试验记录格式见附表 18-18 和附表 18-19,检测报告格式为文字型格式。

18.14.4 检测标准

《土石坝安全监测技术规范》(SL 551—2012)。

《混凝土坝安全监测技术规范》(DL/T 5178—2016)。

《土石坝安全监测资料编制规程》(DL/T 5256—2010)。

18.15 扬 压 力

18.15.1 定义

扬压力:建筑物挡水后,由于上下游水位差的作用,水从地基的孔隙向下渗透,由渗透引起的水压力称渗透压力,由下游水深而引起的水压力称浮托力,渗透压力和浮托力之和称为扬压力。

18.15.2 适用范围

本方法适用于大坝、堤防以及水闸等各类挡水建筑物。

18.15.3 检测方法及原理

闸基扬压力观测,一般埋设测压管或渗压计进行观测。测点的数量及位置,应根据水闸的结构形式、地下轮廓线形状和基础地质情况等因素确定,并应以能测出基础扬压力的分布和变化为原则,一般布置在地下轮廓线有代表性的转折处。

测压断面应不少于两组,每组断面上测点不应少于三个。对于侧向绕渗,观测点可根据具体条件进行布置。

本试验记录格式见附表 18-20~附表 18-22,检测报告格式为文字型格式。

18.15.4 检测标准

《土石坝安全监测技术规范》(SL 551—2012)。

《混凝土坝安全监测技术规范》(DL/T 5178—2016)。

《土石坝安全监测资料编制规程》(DL/T 5256—2010)。

18.16 渗 透 压 力

18.16.1 定义

渗透压力:是指在渗流方向上水对单位体积土的压力。渗透压力的观测是挡水建筑渗流观测中的一个重要指标。

18.16.2 适用范围

本方法适用于大坝、堤防以及水闸等各类挡水建筑物。

18.16.3 检测方法及原理

坝体渗流压力监测内容包括坝体监测断面渗流压力分布和浸润线位置的确定。

1)监测布置应符合以下规定

(1)坝体监测横断面宜选在最大坝高处、合龙段、地形地质条件复杂坝段、坝体与穿坝建筑物接触部位、已建大坝渗流异常部位等,不宜少于 3 个监测断面。

(2)监测横断面上的测线布置,应根据坝型结构、断面大小和渗流场特征布设,不宜少于 3 条监测线。

① 均质坝的上游坝体、下游排水体前缘各 1 条,其间部位至少 1 条。

② 斜墙(或面板)坝的斜墙下游侧底部、排水体前缘和其间部位各 1 条。

③ 宽塑性心墙坝,心墙体内可设 1~2 条,心墙下游侧和排水体前缘各 1 条。窄塑性、刚

性心墙坝或防渗墙,心墙体外上下游侧各 1 条,排水体前缘 1 条,必要时可在心墙体轴线处设 1 条。

（3）监测线上的测点布置,应根据坝高、填筑材料、防渗结构、渗流场特征,并考虑能通过流网分析确定浸润线位置,沿不同高程布点。

① 在浸润线缓变区,如均质坝横断面中部,心、斜墙坝的强透水料区,每条线上可只设 1 个监测点,高程应在预计最低浸润线之下。

② 在渗流进、出口段,渗流各向异性明显的土层中,以及浸润线变幅较大处,应根据预计浸润线的最大变幅沿不同高程布设测点,每条线上的测点数不宜少于 2 个。

（4）需监测上游坝坡内渗压分布时,应在上游坡的正常高水位与死水位之间适当设监测点。

2）监测仪器设施及其安装埋设应符合以下规定

（1）渗流压力监测仪器,应根据不同的监测目的、土体透水性、渗流场特征以及埋设条件等,选用测压管或孔隙水压力计。

① 作用水头大于 20 m 的坝、渗透系数小于 10^{-4} cm/s 的土体、监测不稳定渗流过程以及不适宜埋设测压管的部位（如铺盖或斜墙底部、接触面等）,宜采用孔隙水压力计,其量程应与测点实际可能承受的压力相适应。

② 作用水头小于 20 m 的坝、渗透系数不小于 10^{-4} cm/s 的土体、渗压力变幅小的部位、监视防渗体裂缝等,宜采用测压管或孔隙水压力计。

（2）测压管及其安装埋设应符合以下规定:

① 测压管宜采用镀辞钢管或硬塑料管,内径宜采用 50 mm。

② 测压管的透水段应根据监测目的（部位）确定,当用于点压力监测时宜长 1～2 m,外部包扎土工织物。透水段与孔壁之间用反滤料填满。

③ 测压管的导管段应顺直,内壁平整无阻,接头应采用外箍接头。管口应高于地面,并加保护装置,防止外水进入和人为破坏。

④ 测压管的埋设,可随坝体填筑埋设,也可在土石坝竣工后、蓄水前用钻孔埋设。

安装埋设后,应及时填写考证表。随坝体填筑施工埋设时,应确保管壁与周围土体结合良好,不因施工遭受破坏。

3）监测方法与要求应符合以下规定

（1）测压管水位的监测,宜采用电测水位计。有条件的可采用自记水位计或水压力计等。

① 测压管水位,每次应平行测读 2 次,其读数差不应大于 1 cm。

② 电测水位计的长度标记,应每隔 3～6 个月用钢尺校正。

③ 测压管的管口高程,在施工期和初蓄期应每隔 3～6 个月校测 1 次;在运行期每两年至少校测 1 次,疑有变化时随时校测。

（2）孔隙水压力计的监测,应测记稳定读数,其 2 次读数差值不应大于 2 个读数单位。测值物理量宜用渗流压力水位表示。在隧洞监测时,也可直接用渗压表示。

（3）当在开敞式渗流监测设施（如测压管等）中安装水压力计监测水位时,有条件时宜同时监测记录现场气压,以便进行气压修正。

本试验记录格式见附表 18-20～附表 18-22,检测报告格式为文字型格式。

18.16.4 检测标准

《土石坝安全监测技术规范》(SL551—2012)。

《混凝土坝安全监测技术规范》(DL/T5178—2016)。

《土石坝安全监测资料编制规程》(DL/T 5256—2010)。

18.17 孔隙水压力

18.17.1 定义

孔隙水压力：孔隙水压力是指土壤或岩石中地下水的压力,该压力作用于微粒或孔隙之间。可分为静孔隙水压力和超静孔隙水压力。

18.17.2 适用范围

本方法适用于大坝、堤防以及水闸等各类挡水建筑物。

18.17.3 检测方法及原理

1) 孔隙水压力监测

仅适用于饱和土及饱和度大于95%的非饱和黏性土。均质土坝、土石坝土质防渗体、松软坝基等土体内应进行孔隙水压力的监测。

2) 监测布置应符合以下规定

(1) 孔隙水压力监测宜布置 2～5 个监测横断面,应优先设于最大坝高、合龙段、坝基地质地形条件复杂处。

(2) 在同一横断面上,孔隙水压力测点的布置宜能绘制孔隙水压力等值线,可设 3～4 个监测高程,同一高程设 3～5 个测点。

(3) 孔隙水压力监测断面宜与渗流监测相结合,孔隙水压力测点可作为渗流压力测点使用。

3) 监测仪器设施及其安装埋设应符合以下规定

(1) 孔隙水压力采用孔隙水压力计监测,当黏性土的饱和度低于 95% 时,宜选用带有细孔陶瓷滤水石的高进气压力孔隙水压力计。

(2) 孔隙水压力计在施工期埋设时,宜采用坑式法;在运行期埋设时,宜采用钻孔法。

(3) 孔隙水压力计埋设时,宜取得坝体的渗透系数、干密度、级配等物理力学指标。必要时,可取样进行有关土的力学性质试验。

4) 监测方法与要求应符合以下规定

(1) 孔隙水压力计应在仪器埋设前(饱水 24 h)至少测读 3 次,读取其零压力状态下的稳定测值作为基准值。

(2) 孔隙水压力的监测频次,除了正常规定的测次外,尚应满足下列要求:

① 在施工期,每当填筑升高 1～2 m 应监测 1 次,同时记录监测断面填筑高度。

② 对于已运行的坝,如新建监测系统,在第一个高水位周期,应按初蓄期的规定进行

监测。

本试验记录格式见附表 18 - 21 和附表 18 - 22,检测报告格式为文字型格式。

18.17.4 检测标准

《混凝土坝安全监测技术规范》(DL/T5178—2016)。

《土石坝安全监测技术规范》(SL551—2012)。

《土石坝安全监测资料编制规程》(DL/T 5256—2010)。

18.18 土 压 力

18.18.1 定义

土压力:指土体作用在建筑物或构筑物上的力,促使建筑物或构筑物移动的土体推力称主动土压力;阻止建筑物或构筑物移动的土体对抗力称被动土压力。

18.18.2 适用范围

本方法适用于大坝、堤防以及水闸等各类挡水建筑物。

18.18.3 检测方法及原理

1)土压力监测内容包括土体压力及接触土压力

(1)土体压力监测,直接测定的为土体或堆石体内部的总应力(即总土压力)。根据需要可进行垂直土压力、水平土压力及大、小主应力等的监测。

(2)接触土压力监测,包括土和堆石等与混凝土、岩面或圬工建筑物接触面上的土压力监测。

2)土体压力及接触土压力监测宜布置在土压力最大、工程地质条件复杂或结构薄弱部位,具体布置应符合以下规定

(1)土体压力监测应符合以下规定:

① 可设 1～3 个土体压力监测横断面,每个横断面宜布设 2～4 个高程,每个监测高程宜布设 2～4 个测点。

② 每一土体压力测点处宜布置 1 个孔隙水压力计,与土压力计间距不宜超过 1 m,以确定土体的有效应力。

(2)接触土压力监测,应沿刚性界面布置,每一接触面上宜布设 2～3 个监测断面,每一监测断面可布设 2～3 个测点。

3)监测仪器设施及其安装埋设应符合以下规定

(1)土体压力监测应符合以下规定:

① 每一测点处的土压力计根据需要可单支埋设,也可成组埋设。单支土压力计的埋设,应使土压力计的感应膜与需测定土压力的方向垂直。需测定平面内各方向土应力时,至少应在水平、垂直及 45°方向各埋设 1 支土压力计。需测定三维土应力时,至少应在三个坐标轴方向及三个坐标平面内的 45°方向各埋设 1 支土压力计。

② 土压力计埋设时,应特别注意减小埋设效应对土体应力状态的影响。应做好仪器基床面的制备、感应膜的保护。

③ 土压力计埋设点附近及上覆土体,应收集各土层的容重、含水量等资料,必要时可取样进行有关土力学性质试验。

(2) 接触土压力监测应符合以下规定:

① 接触式土压力计埋设点应预留或开挖孔穴,基面要平整,埋设后的土压力计感应膜应与结构物表面或岩面齐平。

② 接触式土压力计埋设后的土体取样及试验要求,应与土体压力监测相同。

4) 监测方法与要求应符合以下规定

(1) 土压力应在仪器埋设后、土体回填前应至少测读 3 次,取其稳定值作为基准值。

(2) 土压力的监测频次,依坝的类型和监测阶段而定,在施工期,每当填筑高度升高 1～2 m 监测 1 次,同时应记录监测断面的填筑高程。

本试验记录格式见附表 18 - 21 和附表 18 - 22,检测报告格式为文字型格式。

18.18.4　检测标准

《土石坝安全监测技术规范》(SL 551—2012)。

《混凝土坝安全监测技术规范》(DL/T 5178—2016)。

《土石坝安全监测资料编制规程》(DL/T 5256—2010)。

18.19　应 力 应 变

18.19.1　定义

应力应变:当材料在外力作用下不能产生位移时,它的几何形状和尺寸将发生变化,这种形变称为应变。材料发生形变时内部产生了大小相等但方向相反的反作用力抵抗外力,定义单位面积上的这种反作用力为应力。或物体由于外因(受力、湿度变化等)而变形时,在物体内各部分之间产生相互作用的内力,以抵抗这种外因的作用,并力图使物体从变形后的位置回复到变形前的位置。在所考察的截面某一点单位面积上的内力称为应力。按照应力和应变的方向关系,可以将应力分为正应力 σ 和切应力 τ,正应力的方向与应变方向平行,而切应力的方向与应变垂直。按照载荷作用的形式不同,应力又可以分为拉伸应力、压缩应力、弯曲应力和扭转应力。

18.19.2　适用范围

本方法适用于大坝、堤防以及水闸等各类挡水建筑物。

18.19.3　检测方法及原理

1) 应力应变监测内容

(1) 面板混凝土应力应变、钢筋应力和温度。

(2) 沥青混凝土心墙或斜墙应力应变和温度。

（3）防渗墙混凝土应力应变。

（4）岸坡锚固力及支护结构的应力应变、钢筋应力。

（5）地下洞室衬砌结构混凝土应力应变、钢筋应力，围岩压力和锚固力以及压力铜管的铜板应力等。

2）监测布置

（1）混凝土面板应符合以下规定：

① 面板混凝土应力应变监测断面宜按面板条块布置，监测断面宜设 3～5 个，可布设于两端受拉区，中部最大坝高处（受压区）。

② 每一断面的测点数宜设 3～5 个，在面板受压区的测点可布设两向应变计组，分别测定水平向及顺坡向应变。在受拉区的测点宜布设三向应变计组，应力条件复杂或特别重要处宜布设四向应变计组。每一组应变计测点处均应布设 1 个无应力计。

③ 钢筋应力监测断面宜布设于受拉区，在拉应力较大的顺坡向或水平向布设钢筋应力测点。面板中部受压区的挤压应力较大时，也可设钢筋应力测点。

④ 温度监测应布置在最长面板中，测点可在面板混凝土内距表面 5～10 cm 处沿高程布置，间距宜为 1/15～1/10 坝高，蓄水后可作为坝前库水温度监测。

（2）沥青混凝土心墙或斜墙的应力应变、温度监测宜布设 2～3 个监测横断面，每一断面设 3～4 个监测高程，每一高程设 1～3 个测点。所有监测仪器及电缆均应满足耐沥青高温要求。

（3）防渗墙应符合以下规定：

① 防渗墙混凝土应变宜设 2～3 个监测横断面，每一断面根据墙高设 3～5 个监测高程。

② 在同一高程的距上下游约 10 cm 处沿铅直方向各布置 1 支应变计，在防渗墙的中心线处布置 1 支无应力计。

（4）岸坡应符合以下规定：

① 岸坡压力（应力）监测应布置在岸坡稳定性较差、支护结构受力最大、最复杂的部位，根据潜在不稳定体规模可设 1～3 个监测断面。

② 沿抗滑结构（桩、墙）正面不同高程宜布置压应力计、混凝土应变计和钢筋计，按抗滑结构高度可分别布设 3～5 个监测高程。

③ 在岸坡采用锚杆、预应力锚索等加固时，需进行锚杆、锚索受力状态监测。锚杆（索）计布置数量宜为施工总量的 5%。

（5）地下洞室应符合以下规定：

① 对于地下厂房、一级隧洞或不良地质条件洞段，应设置洞室压力（应力）监测，监测内容主要为围岩压力、围岩锚固力及支护结构的应力应变。

② 监测断面布设主要根据地质条件及支护结构选择。施工期监测断面数量应由施工安全需要确定；永久监测至少应布设一个监测断面，宜和施工监测断面相结合。每个监测断面至少应布设三个部位。

③ 支护结构内混凝土应变计和钢筋计应沿切向及轴向布置。当大体积混凝土需要测定大小主应力时，可布设多向应变计组及相应的无应力计。

④ 当洞室围岩采用锚杆支护时，锚杆应力计可根据实际需要进行系统布置或随机布置，每根锚杆可布置 1 支或多支传感器。

⑤ 围岩(土)与支护的接触面压应力监测,宜在洞室的顶拱、拱座或腰部布设压应力计。

3）监测仪器设施及其安装埋设

（1）应变计在面板内埋设时,可采用支座、支杆固定;在防渗墙内埋设时,宜采用专门的沉重块及钢丝绳固定。

（2）无应力计埋设时,应使无应力计筒大口朝上,其应变计周围筒内的混凝土,应与相应应变计组外的混凝土相同。在面板内埋设元应力计时,应将元应力计筒大部分埋设于面板之下的垫层中,且使筒顶低于面板钢筋 100 mm 以上;在隧洞衬砌中埋设元应力计时,宜选择在隧洞超挖较多部位。

（3）混凝土内应力应变仪器埋设时,宜取得混凝土的配合比、不同龄期的弹性模量、热膨胀系数等相关资料。必要时,可取样进行混凝土徐变试验。

（4）钢筋计、铜板计及锚杆应力计的埋设,宜采用焊接法。焊接时,应边焊接边浇水降温,仪器内的温度不应超过60℃。

（5）压应力计埋设时,应使仪器承压面朝向岩体并固定在钢筋或结构物上,浇筑的混凝土应与承压面完全接触。

（6）锚索测力计应选择在无粘结锚索中安装,混凝土墩钢垫板与钻孔轴向应垂直,其倾斜度不宜大于 2°,测力计与锚孔同轴,偏心不大于 5 mm。测力计垫板厚度不宜小于 2 cm,垫板与锚板平整光滑,表面光洁度宜为 △3。安装后,首先按要求进行单束锚索预紧,并使各束锚索受力均匀。然后分 4～5 级进行整体张拉,最大张力宜为设计总荷载的 115%。

4）监测方法与要求

（1）应变计、无应力计、钢筋(锚杆)应力计、钢板应力计、压应力计以及锚索测力计等仪器的测读方法,依所选用的仪器类型而定,可根据有关说明书进行操作。

（2）混凝土应力应变监测,仪器埋设后应每隔 4 h 监测 1 次,12 h 后改为每隔 8 h 监测 1 次,24 h 后改为每天监测 1 次,一直到水化热趋于稳定时实施正常监测。

（3）当进行压力(应力)监测时,应同时记录库(上下游)水位、气温等环境量。

本试验记录格式见附表 18-22 和附表 18-23,检测报告格式为文字型格式。

18.19.4 检测标准

《土石坝安全监测技术规范》(SL551—2012)。

《混凝土坝安全监测技术规范》(DL/T5178—2016)。

《土石坝安全监测资料编制规程》(DL/T 5256—2010)。

18.20 地 下 水 位

18.20.1 定义

地下水位:指地下含水层中水面的高程。

18.20.2 适用范围

本方法适用于水利行业地下水水位的监测。

18.20.3　检测方法及原理

地下水位监测宜采用钻孔内设置水位管的方法测试,测压量的灵敏度检查按《水利水电工程注水试验规程》(SL 345—2007)执行。

潜水水位管应在基坑降水之前设置,钻孔孔径不应小于 110 mm,水位管直径宜为 50～70 mm。水位管滤管段以上应用膨润土球封至孔口,水位管管口应加盖保护。

承压水位管直径宜为 50～70 mm,滤管段长度应满足监测要求,与钻孔孔壁间应灌砂填实,被测含水层与其他含水层间应采用有效隔水措施,含水层以上部位应用膨润土球或注浆封孔,水位管管口应加盖保护。

水位管埋设后,应采用水位计逐日连续观测水位,取至少 3 d 稳定值的平均值作为初始值。地下水位变化量为本次监测值与初始值之差,监测值精度为 ±1 cm。

本试验记录格式见附表 18-24,检测报告格式为文字型格式。

18.20.4　检测标准

《地下水监测规范》(SL183—2005)。

《地下水监测工程技术规范》(GB/T 51040—2014)。

《建筑基坑工程监测技术规范》(GB 50497—2009)。

《水利水电工程注水试验规程》(SL 345—2007)。

附　　录

附录1.1 土工指标检测原始记录表

附表1-1 含水率试验记录表(烘干法)

工程名称			编号	
设备名称			设备编号	
取土地点			天气情况	
土样描述			检测日期	
检测依据				

试 样 编 号								
盒　　　　号								
盒＋烘干前试件重	g	(1)						
盒＋烘干后试件重	g	(2)						
盒　　重	g	(3)						
水　　重	g	(4)＝(1)－(2)						
干岩石重	g	(5)＝(2)－(3)						
含　水　率	%							
平　均　值	%							
试 样 说 明 及 备 注								

复核：　　　　　　　　　　　　　　　　　　　　　　　　　　　　　　检验(测)：

附表1-2 含水率试验记录表(比重法)

工程名称			编号	
设备名称			设备编号	
取土地点			天气情况	
土样描述			检测日期	

检测依据								
试 样 编 号								
瓶　　　　号								
湿土质量	g	(1)						
瓶、水、土、玻璃片总质量	g	(2)						
瓶、水、玻璃片总质量	g	(3)						
土粒比重	g	(4)						
含　水　率	%	$(5)=\frac{(1)[(4)-1]}{(4)[(2)-(3)]}-1$						
平　均　值	%	(6)						
试 样 说 明 及 备 注								

复核：　　　　　　　　　　　　　　　　　　　　　　　　　　　　　　检验(测)：

附表 1-3　比重试验记录表(比重瓶法)

工程名称					编号				土样描述			
设备名称					设备编号				取样部位			
检测依据					天气情况				检测日期			

试样编号	试验序号	比重瓶号	温度(℃)	液体比重	比重瓶质量(g)	瓶、干土总质量(g)	干土质量(g)	瓶、液总质量(g)	瓶、液、土总质量(g)	与干土同体积的液体质量(g)	比重	平均值	报告编号
			(1)	(2)	(3)	(4)	(5)	(6)	(7)	(8)	(9)		
				查表			(4)$-$(3)			(5)$+$(6)$-$(7)	$\frac{(5)}{(8)}\times$(2)		
	1												
	2												
	1												
	2												
	1												
	2												
	1												
	2												
	1												
	2												

复核：　　　　　　　　　　　　　　　　　　　　　　　　　　检验(测)：

附表 1-4　比重试验记录表(浮称法)

工程名称				编号			土样描述		
设备名称				设备编号			取样部位		
检测依据				天气情况			检测日期		

试样编号	试验序号	温度(℃)	水的比重	烘干土质量(g)	铁丝筐加试样在水中质量(g)	铁丝筐在水中质量(g)	试样在水中质量(g)	比重	平均值	报告编号
		(1)	(2)	(3)	(4)	(5)	(6)	(7)		
			查表				(4)$-$(5)	$\frac{(3)\times(2)}{(3)-(6)}$		
	1									
	2									
	1									
	2									
	1									
	2									
	1									
	2									
	1									
	2									

复核：　　　　　　　　　　　　　　　　　　　　　　　　　　检验(测)：

工程名称				编号				土样描述				
设备名称				设备编号				取样部位				
检测依据				天气情况				检测日期				

试样编号	试验序号	温度(℃)	水的比重	烘干土质量(g)	风干土质量(g)	量筒质量(g)	量筒加排开水质量(g)	排开水质量(g)	吸着水质量(g)	比重	平均值	报告编号
		(1)	(2)	(3)	(4)	(5)	(6)	(7)	(8)	(9)		
			查表					(6)−(5)	(4)−(3)	$\frac{(3)\times(2)}{(7)-(8)}$		
	1											
	2											
	1											
	2											
	1											
	2											
	1											
	2											
	1											
	2											

复核:　　　　　　　　　　　　　　　　　　　　　　　　　　　检验(测):

附表 1 - 6　密度试验记录表(环刀法)

工程名称			编号		土样描述	
设备名称			设备编号		取样部位	
检测依据			天气情况		检测日期	

	环刀编号														
	取土位置及深度														
	试样数		1	2	1	2	1	2	1	2	1	2	1	2	
含水量 W	盒加湿土质量	g													
	盒加干土质量	g													
	盒质量	g													
	水的质量	g													
	干土质量	g													
	含水量	%													
	平均含水量	%													
密度 ρ	环刀加湿土质量	g													
	环刀质量	g													
	湿土质量	g													
	环刀体积	cm³													
	密度	g/cm³													
干密度	$\rho_d = \rho(1+0.01W)$	g/cm³													
	平均干密度	g/cm³													

复核:　　　　　　　　　　　　　　　　　　　　　　　　　　　检验(测):

附表 1－7　密度试验记录表(蜡封法)

工程名称				编号				土样描述				
设备名称				设备编号				取样部位				
检测依据				天气情况				检测日期				
环刀编号												
取土位置及深度												
试样数			1	2	1	2	1	2	1	2	1	2
含水量 W	盒加湿土质量	g										
	盒加干土质量	g										
	盒质量	g										
	水的质量	g										
	干土质量	g										
	含水量	%										
	平均含水量	%										
密度 ρ	试样质量	g										
	试样加蜡质量	g										
	试样加蜡浮质量	g										
	温度	℃										
	水的密度	g/cm³										
	试样加蜡体积	cm³										
	蜡体积	cm³										
	试样体积	cm³										
	密度	g/cm³										
干密度	$\rho_{d} = \rho(1 + 0.01 W)$	g/cm³										
	平均干密度	g/cm³										

复核：　　　　　　　　　　　　　　　　　　　　　　检验(测)：

附表 1－8 颗粒大小分析试验记录表（筛析法）

砂样编号		试样质量	
检测仪器		仪器编号	
引用标准		检测日期	
风干土质量(g)		小于 0.075 mm 土占总土质量百分比(%)	
2 mm 筛上土质量(g)		小于 2 mm 土占总土质量百分比(%)	
2 mm 筛下土质量(g)		细筛分析时所取试样质量(g)	

序号	孔径(mm)	留筛土质量(g)	小于该孔径的土质量(g)	小于该粒径的土质量百分数(%)
1				
2				
3				
4				
5				
6				
7				
8				
9				
10				
11				
12				
13				

试验后土总重		与试验前相差(%)	
含砂量(%)	>0.075 mm		
含泥量(%)	<0.005 mm		
	(密度计法检测)		

备注：

复核：   检验(测)：

附表 1-9 颗粒大小分析试验记录表（密度计法）

样品编号：_____　　　　　检测日期：_____

总干土重：_____ ＞0.075 土重 _____　　　　百 分 比：_____％

小于 0.075 毫米颗粒土重百分数：_____％　　　密度计号码：_____

干 土 重：_____g　　　　　　　　　　　　土 粒 比 重：_____

弯液面修正：_____　　　　　　　　　　　比重校正值：_____

温度校正值：_____　　　　　　　　　　　量筒内径(mm)：_____

沉降时间	温度	密度计读数	纯水读数	土粒落距	粒径计算系数	粒径	小于 D 百分数	小于 D 总百分数
t(min)	℃	R_s	R_w	L	K	D(mm)	X(％)	X'(％)
(1)	(2)	(3)	(4)	(5)	(6)	(7)	(8)	(9)

复核：　　　　　　　　　　　　　　　　　　　　检验(测)：

附表 1-10 颗粒大小分析试验记录表（移液管法）

土样编号			试样干质量(g)		
检测仪器			仪器编号		
引用标准			检测日期		
移液管体积(mL)		小于 0.075 mm 土占总土质量百分比(％)			
土粒比重 G_s		小于 2 mm 土占总土质量百分比(％)			
粒径(mm)	烧杯加土质量(g)	烧杯质量(g)	吸管内悬液质量(g)	1 000 mL 量筒内土质量(g)	小于某粒径土质量百分数(％)	小于该粒径的土质量百分数(％)
(1)	(2)	(3)	(5)＝(2)－(3)			
＜0.05						
＜0.01						
＜0.005						
＜0.001						
备注：						

复核：　　　　　　　　　　　　　　　　　　　　检验(测)：

附表 1-11 砂样相对密度试验记录表

砂样编号			环境条件			
检测仪器			仪器编号			
引用标准			检测日期			
试验项目			最大孔隙比		最小孔隙比	备注
试验方法			漏斗法		振打法	
试样加容器质量(g)	(1)					
容器质量(g)	(2)					
试样质量(g)	(3)	(1)-(2)				
试样体积(cm³)	(4)					
干密度(g/cm³)	(5)	(3)/(4)				
平均干密度(g/cm³)	(6)					
比重 G_s	(7)					
孔隙比 e	(8)					
天然干密度(g/cm³)	(9)					
天然孔隙比 e_0	(10)					
相对密度 D_r	(11)					

复核：   检验(测)：

附表 1-12 最大干密度及最佳含水率检测原始记录

样品名称			样品规格			样品编号		
检测标准			击实方法			检测日期		

	试筒体积(cm³)							
湿密度测定	试验次数	1	2	3	4	5	6	
	试筒＋湿土质量(g)							
	试筒质量(g)							
	湿土质量(g)							
	湿密度(g/cm³)							
含水率测定	铝盒号码							
	盒＋湿土质量(g)							
	盒＋干土质量(g)							
	铝盒质量(g)							
	水分质量(g)							
	干土质量(g)							
	含水率(%)							
	平均含水率(%)							
	土干密度(g/cm³)							

干密度g/cm³

含水率%

检测结果	最大干密度	(g/cm³)	最佳含水率	(%)
检测用设备				
样品情况				

复核：   检验(测)：

附表 1－13　三轴压缩试验记录表

工程名称		样品编号		取土地点	
设备名称		设备编号		土样描述	
试样直径		试样高度		试验方法	
剪切速率		检测日期		检测依据	

围压 σ_3 (kPa)	轴向变形 Δh_i 0.01 (mm)	轴向应变 $\varepsilon_1 = \dfrac{\Delta h_i}{h_c}$ (%)	试样校正后面积 $A_a = \dfrac{A_c}{1-\varepsilon_1}$ (m³)	测力表读数 R (0.1 mm)	主应力差 $(\sigma_1-\sigma_3) = \dfrac{RC}{A_a}(\times 10 \text{ kPa})$	大主应力 $\sigma_1 = (\sigma_1-\sigma_3)+\sigma_3$ (kPa)	孔隙压力		试样体积变化				有效大主应力 σ'_1 (kPa)	有效小主应力 σ'_3 (kPa)	有效应力比 $\dfrac{\sigma'_1}{\sigma'_3}$	$\dfrac{\sigma_1-\sigma_3}{2}$ (kPa)	$\dfrac{\sigma_1+\sigma_3}{2}$ (kPa)	$\dfrac{\sigma'_1+\sigma'_3}{2}$ (kPa)
							读数	压力值 (kPa)	排水管		体积变化							
									读数	排出水量 (cm³)	读数	体变量 (cm³)						

复核：　　　　　　　　　　　　　　　　　　　　　　　　　　　　　　检验(测)：

附表 1－14　常水头渗透试验记录

检测项目：　　　　　　　　　　　　　　　　　　　　　　　　　　检测依据：

土样编号：		土样说明：		试样面积 A：　　cm²	试样高度：　　cm
检测仪器：		仪器编号：		试样孔隙比：	试验日期：

检验序号	开始时间 t_1(s)	终了时间 t_2(s)	经过时间 t(s)	测压管读数 (cm)	水头差 Δh (cm)	测压管间距 L (cm)	渗流坡降 $i = \Delta h/L$	测流管开始水位 (cm³)	测流管终了水位 (cm³)	渗水量 W (cm³)	渗流量 $Q = W/t$ (cm³/s)	渗透系数 $k_h = Q/(A \times i)$ (cm/s)	水温 T (℃)	修正系数	20℃渗透系数 k_{20} (cm/s)	渗透系数平均值 (cm/s)
1																
2																
3																
4																
5																
6																

复核：　　　　　　　　　　　　　　　　　　　　　　　　　　　　　　检验(测)：

附表 1-15 变水头渗透试验记录表

检测项目：　　　　　　　　　　　　　　　　　　　　　　　　　　检测依据：

土样编号：		土样说明：		试样面积：　　　cm²		试样高度：　　　cm					
检测仪器：		仪器编号：		试样孔隙比：		试验日期：					
开始时刻 t_1	终了时刻 t_2	经过时间 $t(s)$	开始水头 h_1 (cm)	终了水头 h_2 (cm)	$2.3\dfrac{a}{A}\dfrac{L}{t}$	$\lg\dfrac{h_1}{h_2}$	水温 $T℃$ 时的渗透系数 k_T (cm/s)	水温 (℃)	校正系数 $\dfrac{\eta_T}{\eta_{20}}$	渗透系数 k_{20} (cm/s)	平均渗透系数 (cm/s)
(1)	(2)	(3)	(4)	(5)	(6)	(7)	(8)	(9)	(10)	(11)	(12)
		(2)－(1)			$2.3\dfrac{a}{A}\dfrac{L}{(3)}$	$\lg\dfrac{(4)}{(5)}$	(6)×(7)			(8)×(10)	$\dfrac{\sum(11)}{n}$

复核：　　　　　　　　　　　　　　　　　　　　　　　　　　　　检验(测)：

附表 1-16　固结试验记录表

仪器名称：		仪器编号：						
土样名称：		土样说明：						
检测依据：		试验日期：						
土样编号：								

经过时间	压力(kPa)							
	50		100		200		400	
(min)	日期	量表读数 (0.01 mm)	日期	量表读数 (0.01 mm)	日期	量表读数 (0.01 mm)	日期	量表读数 (0.01 mm)
0								
0.25								
1								
2.25								
4								
6.25								
9								
12.25								
16								
20.25								
25								
30.25								
36								
42.25								
60								
23 h								
24 h								
总变形量(mm)								
仪器变形量(mm)								
试样总变形量(mm)								

复核：　　　　　　　　　　　　　　　　　　　　　　　　　检验(测)：

附表 1-17 无黏性土休止角试验记录表

仪器名称：					仪器编号：			
土样名称：					土样说明：			
土样粒径：					圆盘直径：			
检测依据：					试验日期：			
土样编号	充分风干状态休止角				水下状态休止角			备注
	读数		平均值		读数		平均值	
	h(cm)	$\tan a_c = \dfrac{2h}{d}$	α_c(°)	α_c(°)	h(cm)	$\tan a_c = \dfrac{2h}{d}$	α_m(°)	α_m(°)	

复核：   检验(测)：

附表 1-18 有机质含量试验记录表

工程名称					编号			
设备名称					设备编号			
取土地点					土样描述			
检测依据					检测日期			
土样编号	烘干土质量 m_d(g)	重铬酸钾标准溶液			硫酸亚铁标准溶液			有机质含量(g/kg)	
		浓度 c_k(mol/L)	用量 V_k(mL)	空白用量 V(mL)	浓度 C_F(mol/L)	用量 V_2(mL)	空白用量 V_1(mL)	计算值	平均值

复核：   检验(测)：

附录1.2 土工指标检测报告格式

1.2.1 土工检测报告

×××× 检测单位

土工检测报告

委托编号：

检验类别：　　　　　　　　　第 1 页 共 1 页　　　　　　　　报告编号：

委托单位								委托日期	
工程名称								检测日期	
工程地址								报告日期	
施工单位								土样类别	
设计要求						土样描述			
样品编号	取样点桩号	取样点标高（mm）	取样点部位	取样日期	土工参数1	土工参数2	土工参数3	……	检测结论

取样单位		取样人/证书号	
见证单位		见证人/证书号	
检测方法		评定依据	
说明	1. 未经本检测机构批准，复制本检测报告无效。 2. 非本试验室抽取的样品检测，本试验室仅对来样的检测数据负责。		
检测机构信息	1. 检测机构地址： 2. 联系电话：　　　　　　　　3. 邮编：		
备注			

检测机构专用章：　　　　　批准人/职务：　　　　　审核：　　　　　检测：

1.2.2 颗粒分析检测报告

××××检测单位
颗粒分析检测报告

委托单位：
工程名称：
工程部位：
样品名称：
代表数量：　　　　　　　　　　　　　　委托编号：
样品说明：　　　　　　　　　　　　　　报告编号：

检测项目	设计值	检测值	检测标准
含砂量(粒径>0.075 mm)％			
含泥量(粒径<0.005 mm)％			

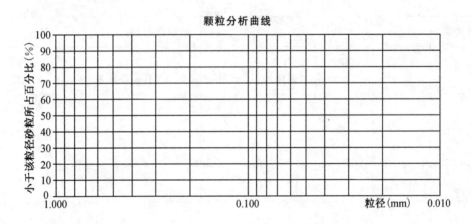

注：检测结果由本检测机构负责,来样由送样人及见证人负责。
结论：该样性能指标是(否)符合设计要求。

见证单位：　　　　　　　　　见证人：　　　　　证书编号：

取样单位：　　　　　　　　　取样人：　　　　　证书编号：

送样日期：　　　　　　　　　送样人：

编制：　　　　　　　审核：　　　　　　　　批准：
　　　　　　　　　　　　　　　　　　　　　　报告日期：

1.2.3 击实试验检测报告

××××检测单位

击实试验检测报告

委托编号：

检验类别：　　　　　　　　　　第 1 页 共 1 页　　　　　　报告编号：

委托单位			委托日期	
工程名称			检测日期	
施工单位			报告日期	
工程部位				
样品编号		样品种类	工程地址	

试验次数	1	2	3	4	5
湿密度(g/cm³)					
平均含水量(%)					
干密度(g/cm³)					

试验结论：	最大干密度(g/cm³)：		最佳含水率(%)：	

取样单位		取样人/证书号	
见证单位		见证人/证书号	
检测方法		评定依据	
说　明	1. 未经本检测机构批准,复制本检测报告无效。 2. 非本试验室抽取的样品检测,本试验室仅对来样的检测数据负责。		
检测机构信息	1. 检测机构地址： 2. 联系电话：　　　　　　3. 邮编：		
备　注			

检测机构专用章：　　　　　批准人/职务：　　　　　审核：　　　　　检测：

附录 2.1 岩石(体)指标原始记录表

附表 2-1 岩石颗粒密度原始记录表(比重瓶法)

工程名称			报告编号		
设备名称			设备编号		
岩石名称			样品描述		
检测依据			检测日期		
试件编号	(1)				
比重瓶编号	(2)				
岩粉质量(g)	(3)				
悬液温度 $t(℃)$	(4)				
试液密度(g/cm³)	(5)				
瓶+试液质量(g)	(6)				
瓶+试液+岩粉质量(g)	(7)				
与岩粉同体积的试液质量(g)	(8)=(3)+(6)-(7)				
岩石颗粒密度(g/cm³)	$(10)=\dfrac{(3)}{(8)}\times(5)$				
平均值(g/cm³)					

复核: 检验(测):

附表 2-2 岩石颗粒密度原始记录表(水中称量法)

工程名称			报告编号		
设备名称			设备编号		
岩石名称			样品描述		
检测依据			检测日期		
试件编号	(1)				
试液温度 $t(℃)$	(2)				
试液密度(g/cm³)	(3)				
烘干岩粉质(g)	(4)				
饱和岩粉质量(g)	(5)				
岩石颗粒密度(g/cm³)	$(6)=\dfrac{(4)}{(4)-(5)}(3)$				
平均值(g/cm³)					

复核: 检验(测):

工程名称								
设备名称			报告编号					
岩石名称			设备编号					
检测依据			样品描述					
			检测日期					
试件编号	(1)							
干燥前试件加盒质量 m_1(g)	(2)							
干燥后试件加盒质量 m_2(g)	(3)							
称量盒质量 m_3(g)	(4)							
试件烘干前质量 m(g)	(5)＝(2)－(4)							
试件烘干后质量 m_g(g)	(6)＝(3)－(4)							
岩石含水率(%)	$(7)=\dfrac{(5)-(6)}{(6)}\times100$							
平均值(%)								

复核：　　　　　　　　　　　　　　　　　　　　　检验(测)：

工程名称								
设备名称			报告编号					
岩石名称			设备编号					
取样位置			样品描述					
检测依据			破坏形态					
			检测日期					
试件编号		(1)						
压力与层理关系(⊥或∥)		(2)						
试样尺寸(mm)（圆柱体或方柱体）	φ	(3)						
	A	(4)						
	B	(5)						
承压面积(mm²)		$(6)=(4)(5)$ 或 $(6)=\dfrac{\pi(3)^2}{4}$						
破坏荷载(kN)	饱和状态	(7)						
	天然状态	(8)						
	干燥状态	(9)						
单位面积抗压强度(MPa)	饱和状态	$(10)=\dfrac{(7)}{(6)}$						
	天然状态	$(11)=\dfrac{(8)}{(6)}$						
	干燥状态	$(12)=\dfrac{(9)}{(6)}$						
平均值(MPa)	饱和状态	(13)						
	天然状态	(14)						
	干燥状态	(15)						
软化系数		$(16)=\dfrac{(13)}{(15)}$						

复核：　　　　　　　　　　　　　　　　　　　　　检验(测)：

工程名称		报告编号	
设备名称		设备编号	
取样地点		岩石名称	
样品描述		侧向应力(MPa)	
试件编号		破坏形态	
检测依据		检测日期	
试件直径(mm)	(1)		
试样截面积(mm²)	$(2) = \dfrac{\pi (1)^2}{4}$		
试件高度(mm)	(3)		
轴向荷载(kN)	(4)					
轴向变形(mm)	(5)					
横向变形(mm)	(6)					
破坏时荷载(kN)	(7)		
破坏时轴向变形(mm)	(8)		
破坏时横向变形(mm)	(9)		
三轴压缩强度(MPa)	$(10) = \dfrac{(7)}{(2)}$		
轴向应变	$(11) = \dfrac{(8)}{(3)}$		
横向应变	$(12) = \dfrac{(9)}{(1)}$		

复核：   检验(测)：

工程名称		报告编号	
设备名称		设备编号	
取样地点		岩石名称	
样品描述		试件编号	
检测依据		检测日期	
剪切面积(mm²)	(1)		
法向荷载(kN)	(2)		
法向应力(MPa)	$(3) = \dfrac{(2)}{(1)}$		
剪切荷载(kN)	(4)					
法向位移(mm)	(5)					
剪切位移(mm)	(6)					
剪切破坏荷载(kN)	(7)		
剪应力(MPa)	$(8) = \dfrac{(7)}{(1)}$		

复核：   检验(测)：

附表 2－7 岩石弹性模量原始记录表（电阻应变片法）

工程名称		取样地点		报告编号		
岩石名称		样品描述		设备名称		
设备编号		试件编号		试件直径(mm)		
试件高度(mm)		检测依据		检测日期		
纵向荷载(kN)						
纵向应力(MPa)						
纵向应变						
横向应变						

纵向应力(MPa)

纵向应变(MPa)

检测结果	弹性模量　　　　　　　　　（MPa）

复核：　　　　　　　　　　　　　　　　　　　　　　　检验(测)：

附表 2-8 岩石弹性模量原始记录表(千分表法)

工程名称		取样地点		报告编号				
岩石名称		样品描述		设备名称				
设备编号		试件编号		试件直径(mm)				
试件高度(mm)		检测依据		检测日期				
纵向荷载(kN)								
纵向应力(MPa)								
纵向测表初始读数(mm)								
纵向测表读数(mm)								
横向测表初始读数(mm)								
横向测表初始读数(mm)								
纵向应变								
横向应变								

纵向应变(MPa) / 纵向应力(MPa)

检测结果	弹性模量	(MPa)

复核: 　　　　　　　　　　　　　　　　　　　　　　　　　　检验(测):

附表 2-9 岩石抗拉强度原始记录表(劈裂法)

工程名称			编号				
设备名称			设备编号				
岩石名称			样品描述				
检测依据			检测日期				
试件编号		(1)					
含水状态		(2)					
试样尺寸 (mm)	D(直径)	(3)					
	H(高度)	(4)					
最大破坏荷载(kN)		(5)					
岩石抗拉强度(MPa)		$(6)=2\times(5)/$ $[\pi(3)\times(4)]$					
平均值(MPa)		(7)					

复核: 　　　　　　　　　　　　　　　　　　　　　　　　　　检验(测):

附表 2－10 岩石声波速度原始数据记录表

工程名称			编号		
设备名称			设备编号		
换能器频率(Hz)			耦合剂		
零延时(s)			测试方法		
岩石名称			样品描述		
检测依据			检测日期		
试件编号	(1)				
发射与接收换能器中心点间的距离(m)	(2)				
纵波传播时间(s)	(3)				
横波传播时间(s)	(4)				
发射换能器至第一个接收换能器的距离(m)	(5)				
发射换能器至第二个接收换能器的距离(m)	(6)				
发射换能器至第一个接收换能器纵波的传播时间(s)	(7)				
发射换能器至第一个接收换能器横波的传播时间(s)	(8)				
发射换能器至第二个接收换能器纵波的传播时间(s)	(9)				
发射换能器至第二个接收换能器横波的传播时间(s)	(10)				
纵波速度 (m/s)	$(11) = \dfrac{(2)}{(3) - t_0}$ 或 $(11) = \dfrac{(6) - (5)}{(9) - (7)}$				
横波速度 (m/s)	$(12) = \dfrac{(2)}{(4) - t_0}$ 或 $(12) = \dfrac{(6) - (5)}{(10) - (8)}$				
平均值(m/s)	纵波速度	(13)			
	横波速度	(14)			

复核：   检验(测)：

附表 2-11 岩体声波速度原始数据记录表

工程名称				编号						
设备名称				设备编号						
换能器频率(Hz)				耦合剂						
零延时(s)				测试方法						
岩石名称				测点位置						
测点布置				测点间距						
检测依据				检测日期						
测点编号	(1)									
发射与接收换能器中心点间的距离(m)	(2)									
纵波传播时间(s)	(3)									
横波传播时间(s)	(4)									
发射换能器至第一个接收换能器的距离(m)	(5)									
发射换能器至第二个接收换能器的距离(m)	(6)									
发射换能器至第一个接收换能器纵波的传播时间(s)	(7)									
发射换能器至第一个接收换能器横波的传播时间(s)	(8)									
发射换能器至第二个接收换能器纵波的传播时间(s)	(9)									
发射换能器至第二个接收换能器横波的传播时间(s)	(10)									

纵波速度 (m/s)	$(11) = \dfrac{(2)}{(3) - t_0}$ 或									
	$(11) = \dfrac{(6) - (5)}{(9) - (7)}$									
横波速度 (m/s)	$(12) = \dfrac{(2)}{(4) - t_0}$ 或									
	$(12) = \dfrac{(6) - (5)}{(10) - (8)}$									
平均值(m/s)	纵波速度	(13)								
	横波速度	(14)								

复核：　　　　　　　　　　　　　　　　　　　　　　　　　　检验(测)：

附表 2－12　岩体变形模量原始记录表(刚性承压板法)

工程名称			编号		
设备名称			设备编号		
岩石名称			试点编号		
试点位置			试点描述		
测表布置			岩体泊松比		
检测依据			检测日期		
千斤顶读数(N)	(1)				
单位面积压力(MPa)	(2)				
岩体表面变形(cm)	(3)				
承压板直径(cm)	(4)				
岩体变形模量(MPa)	(5)				

复核：　　　　　　　　　　　　　　　　　　　　　　　　检验(测)：

附表 2－13　岩体变形模量原始记录表(柔性承压板法)

工程名称			编号		
设备名称			设备编号		
岩石名称			试点编号		
试点位置			试点描述		
测表布置			岩体泊松比		
检测依据			检测日期		
千斤顶读数(N)	(1)				
单位面积压力(MPa)	(2)				
岩体表面变形(cm)	(3)				
环形承压面内半径(cm)	(4)				
环形承压面外半径(cm)	(5)				
承压面外缘至缝隙中心线的距离(cm)	(6)				
承压面内缘至双枕缝隙中心线的距离(cm)	(7)				
承压面内缘至双枕缝隙中心线的距离(cm)	(8)				
岩体变形模量	(9)				

复核：　　　　　　　　　　　　　　　　　　　　　　　　检验(测)：

附录2.2 岩石(体)指标检测报告格式

2.2.1 岩石(体)指标检测报告

××××检测单位

岩石(体)指标检测报告

委托编号：

检验类别：　　　　　　　　　第 1 页 共 1 页　　　　　　　报告编号：

委托单位								委托日期	
工程名称								检测日期	
工程地址								报告日期	
施工单位								岩石名称	
设计要求						岩石描述			
样品编号	取样点桩号	取样点标高（mm）	取样点部位	取样日期	岩石参数1	岩石参数2	岩石参数3	……	检测结论

取样单位		取样人/证书号	
见证单位		见证人/证书号	
检测方法		评定依据	
说明	1. 未经本检测机构批准,复制本检测报告无效。 2. 非本试验室抽取的样品检测,本试验室仅对来样的检测数据负责。		
检测机构信息	1. 检测机构地址： 2. 联系电话：　　　　　　　　　3. 邮编：		
备注			

检测机构专用章：　　　　　批准人/职务：　　　　　审核：　　　　　检测：

附录 3.1　地基承载力试验原始记录表

附表 3-1　密度试验记录表(环刀法)

工程名称							编号				
设备名称				设备编号			取样部位				
检测依据				天气情况			检测日期				
环刀编号											
取土位置及深度											
试样数			1	2	1	2	1	2	1	2	1	2
含水量 W	盒加湿土质量	g										
	盒加干土质量	g										
	盒质量	g										
	水的质量	g										
	干土质量	g										
	含水量	%										
	平均含水量	%										
密度 ρ	环刀加湿土质量	g										
	环刀质量	g										
	湿土质量	g										
	环刀体积	cm³										
	密度	g/cm³										
干密度	$\rho_d = \rho(1+0.01W)$	g/cm³										
	平均干密度	g/cm³										

复核:　　　　　　　　　　　　　　　　　　　　　检验(测):

附表 3-2　原位密度试验记录表(灌砂法,用套环)

工程名称					编号		
设备名称					设备编号		
取样地点					天气情况		
检测依据					检测日期		
土样编号						检测序号	
						1	2
量砂容器质量加原有量砂质量	g	(1)	—				
量砂容器质量加第1次剩余量砂质量	g	(2)	—				
套环内耗砂质量	g	(3)	(1)-(2)				
量砂密度 ρ'_n	g/cm³	(4)	—				
套环体积	cm³	(5)	(3)/(4)				
从套环内取出量砂质量	g	(6)	—				
套环内残留量砂质量	g	(7)	(3)-(6)				
量砂容器质量加第2次剩余量砂质量	g	(8)	—				
试坑及套环内耗砂质量	g	(9)	(2)+(6)-(8)				
量砂密度 ρ_n	g/cm³	(10)	—				
试坑及套环总体积	cm³	(11)	(9)/(10)				
试坑体积	cm³	(12)	(11)-(5)				
试样容器质量加试样质量 (内包括残留之量砂)	g	(13)					
试样容器质量	g	(14)	—				
试样质量	g	(15)	(13)-(14)-(7)				
试样密度	g/cm³	(16)	(15)/(12)				
试样含水率	%	(17)	—				
干密度	g/cm³	(18)	(16)/[1+0.01 * (17)]				
平均干密度	g/cm³	(19)	—				

复核:　　　　　　　　　　　　　　　　　　　　　　　检验(测):

附表 3 - 3 原位密度试验记录表(灌砂法,不用套环)

工程名称			编号		
设备名称			设备编号		
取样地点			天气情况		
检测依据			检测日期		
土样编号				检测序号	
				1	2
量砂容器质量加原有量砂质量	g	(1)	—		
量砂容器质量加量砂质量	g	(2)	—		
试坑耗砂质量	g	(3)	(1)-(2)		
量砂密度 ρ_n	g/cm³	(4)			
试坑体积	cm³	(5)	(3)/(4)		
试样质量加试样容器质量	g	(6)			
试样容器质量	g	(7)	—		
试样质量	g	(8)	(6)-(7)		
试样密度	g/cm³	(9)	(8)/(5)		
试样含水率	%	(10)	—		
干密度	g/cm³	(11)	(9)/[1+0.01*(10)]		
平均干密度	g/cm³	(12)	—		

复核: 检验(测):

附表 3 - 4 原位密度试验记录表(灌水法)

工程名称			编号		
设备名称			设备编号		
取样地点			天气情况		
检测依据			检测日期		

试验编号	套环体积 V_0 (cm³)	储水筒水位(cm) 初始 H_1	储水筒水位(cm) 终了 H_2	储水筒面积 A_w (cm²)	试坑体积 (cm³)	试样质量 m (g)	试样含水率 ω (%)	试样湿密度 ρ (g/cm³)	试样干密度 ρ_d (g/cm³)

复核: 检验(测):

工程名称							编号	
设备名称							设备编号	
试验孔号							天气情况	
检测规范							检测日期	
贯入深度（m）	击数	贯入深度（m）	击数	贯入深度（m）	击数	贯入深度（m）	击数	

复核：　　　　　　　　　　　　　　　　　　　　　　　　　检验(测)：

附表 3-6　静力触探试验记录表

工程名称							编号	
设备名称							设备编号	
试验孔号							天气情况	
检测依据							检测日期	
压入深度（m）	比贯入阻力 P_s 值（MPa）	压入深度（m）	比贯入阻力 P_s 值（MPa）	压入深度（m）	比贯入阻力 P_s 值（MPa）	压入深度（m）	比贯入阻力 P_s 值（MPa）	

复核：　　　　　　　　　　　　　　　　　　　　　　　　检验（测）：

附表 3 - 7 芯样钻探记录表(钻芯法)

工程名称					钻探日期			编号		
工程部位					钻探孔号		孔口高程				

钻头		钻深(m)		进尺(m)	钻进用时		岩芯试样						钻探情况及岩芯描述记录
种类	规格(mm)	起点	终点		时	分	长度(m)	累计(m)	块数	编号	取样率%	主要芯样	

复核: 记录:

附表 3-8 抗拉拔性能检测记录表

编号：

工程名称									
设备名称		设备编号		混凝土强度等级					
设计荷载值(kN)		设计位移值(mm)		检测依据		支点间距(mm)		天气情况	
粘结剂名称		固化时间				埋入深度(mm)		检测日期	

检测部位	持续式加荷试验	初始荷载值(kN)	1		2		3		4		5		加荷时间	现场破坏情况	折算系数	判别位移(mm)	判别荷载(kN)
			表1	表2	表1	表2	表1	表2	表1	表2	表1	表2					
	荷载值(kN)																
	位移(mm)																
	荷载值(kN)																
	位移(mm)																
	荷载值(kN)																
	位移(mm)																

备注	

检验（测）：

复核：

• 323 •

附表 3-9 压水试验记录表

工程名称		编号	
设备名称		设备编号	
工程部位		试验孔号	
天气情况		检测日期	
检测依据			

| 起终点深度(m)： | | 段长(m)： | | 地下水深(m)： | |

压力阶段	时间（min）			压力 P（MPa）				流量 Q（L/min）		压力阶段	时间（min）			压力 P（MPa）				流量 Q（L/min）	
	时	分	间隔	压力表	水柱	损失	总压力	读数	流量		时	分	间隔	压力表	水柱	损失	总压力	读数	流量
备注																			

复核：　　　　　　　　　　　　　　　　　　　　　　　　检验（测）：

工程名称			编号	
设备名称			设备编号	
试验孔号			天气情况	
检测依据			检测日期	
试验段长度(cm)		套管内径(mm)		
初始水头(cm)		稳定水深(cm)		
测读时间(min)	管口到水面距离 Z(cm)	测读时间(min)	管口到水面距离 Z(cm)	
0.0		20.0		
0.5		25.0		
1.0		30.0		
1.5		40.0		
2.0		50.0		
2.5		60.0		
3.0		90.0		
3.5		120.0		
4.0				
4.5				
5.0				
6.0				
7.0				
8.0				
9.0				
10.0				
15.0				
备注				

复核：   检验(测)：

附录3.2 文字性检测报告格式

3.2.1 文字性检测报告

×××× 工程名称

(检测项目)质量检测报告

1. 工程概况

   包含该工程的基本情况、各参建单位、委托单位、检测时间等信息。

2. 检测项目、数量及依据

2.1 检测项目及数量

2.2 检测依据

3. 检测仪器及设备

   包含检测所用仪器设备名称、型号、检定有效期、检定证书号等信息。

4. 检测方法

5. 检测结果

6. 结论

附件或附图

附录4.1 土工合成材料指标检测原始记录表

附表4-1 土工合成材料检验(测)原始记录表

检测项目：质量/厚度 检测依据：

检测仪器			仪器编号			试样面积		
温度(℃)			湿度(%)			检测日期		

样品编号	样品名称	试样测前	检 测 值(单位：)										平均值(单位：)	试样测后	报告编号
			1	2	3	4	5	6	7	8	9	10			

复核： 检验(测)：

附表4-2 土工合成材料检验(测)原始记录表

检测项目：拉伸强度 检测依据：

检测仪器		仪器编号		拉伸速率(mm/min)		检测日期	
温度(℃)		湿度(%)					

样品编号	样品名称	试样尺寸		试样测前	纵 向			横 向			试样测后	报告编号
		长度(mm)	宽度(mm)		拉力(N)	强度(kN/m)	延伸率(%)	拉力(N)	强度(kN/m)	延伸率(%)		
				平均值								
				平均值								

复核： 检验(测)：

检测项目：梯形撕裂　　　　　　　　　　　　　　　　　　　　　　　检测依据：

| 检测仪器 | | | 仪器编号 | | | 拉伸速率
（mm/min） | | 检测日期 | |
| 温度（℃） | | | 湿度（%） | | | | | | |

样品 编号	样品 名称	试样尺寸		试样 测前	纵　向		横　向		试样 测后	报告 编号
		长度 （mm）	宽度 （mm）		拉力 （N）		拉力 （N）			
				平均值						
				平均值						

复核：　　　　　　　　　　　　　　　　　　　　　　　　　　　　检验（测）：

检测项目：CBR顶破　　　　　　　　　　　　　　　　　　　　　检测依据：

检测仪器		仪器编号		顶进速率(mm/min)		夹具内径(mm)	
温度(℃)		湿度(%)		顶杆尺寸(mm)		检测日期	

样品编号	样品名称	试样尺寸Φ(mm)	试样测前	检测值(单位：　)					平均值(单位：　)		试样测后	报告编号

复核：　　　　　　　　　　　　　　　　　　　　　　　　　　　　检验(测)：

附表 4－5　土工合成材料检验(测)原始记录表

检测项目：动态穿孔直径(落锥法)　　　　　　　　　　　　　　　检测依据：

检测设备		仪器编号		试样面积	
温度(℃)		湿度(%)		检测日期	

样品编号	样品名称	试样测前	检测值(单位：　)					平均值(单位：　)	试样测后
			1	2	3	4	5		

复核：　　　　　　　　　　　　　　　　　　　　　　　　　　　　检验(测)：

附表 4 - 6　土工合成材料检验(测)原始记录表

检测项目：等效孔径　　　　　　　　　　　　　　　　　　　检测依据：

检测仪器		仪器编号		样品名称		样品编号		报告编号	
试样尺寸 Φ(mm)		粒料		投放量 (g)		检测日期			
温度(℃)		湿度(%)		试样测前状态		试样测后状态			
检验序号	使用粒径 (mm)	计算粒径 (mm)	过筛量(g)		平均过筛量(g)		平均过筛百分比 (%)		O_{90} (O_{95}) (mm)
1									
2									
3									
4									
5									
6									
7									
8									
9									
10									
11									
12									
13									
14									
15									
16									
17									
18									
19									
20									

复核：　　　　　　　　　　　　　　　　　　　　　　　　　检验(测)：

附表 4-7 土工合成材料检验(测)原始记录表

检测项目：垂直渗透系数　　　　　　　　　　　　　　　　　　　检测依据：

检测仪器		仪器编号		样品编号		样品名称		检测日期		报告编号	
过水面积 $A(cm^2)$		试样厚度 $L(cm)$		试验水温 (℃)		温度修正系数 R_T		样品测前状态		样品测后状态	

计算公式：渗透系数 $k_{20} = W \cdot L \cdot R_T / (A \cdot t \cdot \Delta h)$；透水率 $\theta_{20} = W \cdot R_T / (A \cdot t \cdot \Delta h)$；水力梯度 $i = \Delta h / L$；测压管水头差 $\Delta h = h_1 - h_2$

试样序号	水力梯度 1			水力梯度 2			水力梯度 3			θ_{20} 平均值 (1/s)	k_{20} 平均值 (cm/s)
	测压管读数 (cm)	渗水量 $W(cm^3)$	历时 $t(s)$	测压管读数 (cm)	渗水量 $W(cm^3)$	历时 $t(s)$	测压管读数 (cm)	渗水量 $W(cm^3)$	历时 $t(s)$		
试样 1	$h_1 =$			$h_1 =$			$h_1 =$				
	$h_2 =$			$h_2 =$			$h_2 =$				
试样 2	$h_1 =$			$h_1 =$			$h_1 =$				
	$h_2 =$			$h_2 =$			$h_2 =$				
试样 3	$h_1 =$			$h_1 =$			$h_1 =$				
	$h_2 =$			$h_2 =$			$h_2 =$				
试样 4	$h_1 =$			$h_1 =$			$h_1 =$				
	$h_2 =$			$h_2 =$			$h_2 =$				
试样 5	$h_1 =$			$h_1 =$			$h_1 =$				
	$h_2 =$			$h_2 =$			$h_2 =$				

复核：　　　　　　　　　　　　　　　　　　　　　　　　　　检验(测)：

附录 4.2 土工合成材料检测报告格式

4.2.1 土工合成材料检测报告

×××××××××××

土工合成材料检测报告

委托编号：第××号
报告编号：××××

委托单位：×××××××××××

工程名称：×××××××××××

产品名称：×××

生产厂家：×××××××××××

批准：_____   _____年____月____日

注：

1. 报告未盖本机构试验报告专用章无效。

2. 报告无编制、审核、批准人签字无效。

3. 报告发生任何改动或剪贴后无效。

4. 如对本报告有疑义，请于收到报告之日起十五日内向本机构提出。

5. 未经本机构确认的复印件无效。

6. 本报告解释权归××××××××所有。

检测站地址：××××××××××××   邮政编码：×××××××

电　　话：×××××××××   传　　真：×××××××××

检 测 结 果

工程部位：　　　　　　　　　　　　　　　　　　规　　格：
批　　号：　　　　　　　　　　　　　　　　　　报告编号：

检测项目	单位	设计值	检测值	变异系数	检测依据	单项判定

注：检测结果由本机构负责；来样由送样人及见证人负责。
结论：
见证单位：　　　　　　　　　　见证人：　　　　　　　　证书编号：
取样单位：　　　　　　　　　　取样人：　　　　　　　　证书编号：
送样日期：　　　　　　　　　　送样人：

编制：　　　　　　　　　　　　　　　　　　　审核：

附录 5.1 水泥指标检测原始记录表

附表 5-1 水泥检测原始记录

样品编号			送样日期		检测日期	
检测项目			水泥品种		强度等级	
评定依据			检测方法			
检测设备						

成型室环境条件	月	日	月	日	月	日
	温度(℃)	湿度(%)	温度(℃)	湿度(%)	温度(℃)	湿度(%)

项目	抗 折 强 度		抗 压 强 度			
破型龄期	3 d	28 d	破型龄期	3 d		28 d
破型日期	月　日	月　日	破型日期	月　日		月　日
破坏强度(MPa)			破坏荷重(kN)			
			抗压强度(MPa)			
结果(MPa)			结果(MPa)			

安定性	代用法	结果				
	标准法	煮前距离 A(mm)	煮后距离 C(mm)	增加距离 C−A(mm)	平均值(mm)	
	样品 1					
	样品 2					
	结果					

注水量(mL)	标准稠度用水量				凝结时间	
	注水时间	O试锥下沉深度 O试杆距底板距离(mm)	标准稠度(%)	初　凝		终　凝
				到达时间	结果(min)	到达时间　结果(min)

细度(80 μm 筛析法)					
序号	称样 W(g)	筛余量 Rt(g)	修正系数	筛余百分数 F(%)	平均值(%)
1					
2					

密　度					
序号	称样(g)	初始读数(mL)	加试样后读数(mL)	密度值(g/cm³)	平均值(g/cm³)
1					
2					

比表面积(m²/kg)	标准粉 T_s	标准粉 ρ_s	标准粉 ε_s	标准粉 S_s	水泥 T	水泥 ρ	水泥 ε	水泥 S	结果
	1								
	2								

备注	

复核：　　　　　　　　　　　　　　　　　　　　　　　　　检验(测)：

样品编号		送样日期		检测日期	
检测项目		水泥品种		强度等级	
评定依据		检测方法			
检测设备		环境条件			

		流 动 度 用 水 量		
检测次数	用水量（mL）	互相垂直直径 d（mm）		
		d_1（mm）	d_2（mm）	平均值（mm）
1				
2				
3				
4				
5				
6				

			水 泥 烧 失 量				
序号	称量器皿质量（g）	试样＋称量器皿质量（g）	试样质量（g）	瓷坩埚质量（g）	灼烧后试样＋瓷坩埚质量（g）	灼烧后试样的质量（g）	烧失量质量百分数（％）	烧失量平均值（％）
1								
2								
3								
备注								

复核：　　　　　　　　　　　　　　　　　　　　　　　　　　检　测：

附录 5.2 检测报告格式

5.2.1 水泥检测报告

×××××
水泥检验报告

检验类别：　　　　　　　　　第 页 共 页

委托编号：
报告编号：

委托单位						
工程名称						
工程地址				委托日期		
施工单位				报告日期		
样品编号		样品名称		产品代号		
生产单位				备案证号		
出厂编号		代表数量		强度等级		
工程部位						
检测方法						
检测日期			评定依据			
检测参数	标准值		检测值		单项结果	
细度(筛析法)%						
比表面积(m²/kg)						
烧失量(%)						
胶砂流动度(mm)						
初凝时间(min)						
终凝时间(min)						
安定性						
标准稠度用水量(%)	—					

检测龄期	抗折强度(MPa)				抗压强度(MPa)			
	标准值	检测值	平均值	单项结果	标准值	检测值	平均值	单项结果
3d								
28d								

检测结论				
取样单位			取样人/证书号	
见证单位			见证人/证书号	
说明	1. 未经本检测机构批准,复制本检测报告无效。 2. 非本试验室抽取的样品检测,本试验室仅对来样的检测数据负责。			
检测机构信息	1. 检测机构地址： 2. 联系电话：　　　　　　　　　3. 邮编：			
备注				

检测机构专用章：　　　　　批准人：　　　　　审核：　　　　　检测：

附录6.1 粉煤灰指标检测原始记录表

附表6-1 粉煤灰活性指数检测原始记录

样品编号		检测地点	
委托日期		成型日期	
环境条件		粉煤灰厂家及型号	
检测仪器及编号		水泥品种及强度等级	
检测依据及方法			

	试验胶砂				对比胶砂强度			
破型检测日期 年 月 日	抗折强度（MPa）	抗压强度		破型检测日期 年 月 日	抗折强度（MPa）	抗压强度	
		（kN）	（MPa）			（kN）	（MPa）
平均值				平均值			
28 d抗压强度比（%）							
备注							

复核：   检　测：

样品编号		委托日期		检测日期	
品种		等级		检测项目	□细度　□含水率　□烧失量 □需水量比□三氧化硫□体积安定性
检测方法			评定依据		
检验设备			试　验　室 环境条件	温度（℃）	
				湿度（%）	

细　度（0.045 mm 方孔筛筛余）			
称量器皿 质量（g）		称样＋称量 器皿质量（g）	0.045 mm 筛余量＋ 称量器皿质量（g）
称样（g）		0.045 mm 筛余量（g）	校正 系数	筛余百分数（%）

细度表格重构：

细　度（0.045 mm 方孔筛筛余）				
称量器皿质量（g）		称样＋称量器皿质量(g)		0.045 mm 筛余量＋称量器皿质量(g)
称样（g）	0.045 mm 筛余量(g)	校正系数		筛余百分数（%）

含　水　量				
称量器皿质量(g)		称样＋称量器皿质量(g)		称样（g）
烘干后试样＋ 称量器皿质量(g)		烘干后试样质量(g)		含水率 （%）

烧　失　量（基　准　法）							
序号	称量器皿 质量(g)	试样＋ 称量器皿 质量(g)	试样质量 (g)	瓷坩埚 质量(g)	灼烧后 试样瓷坩埚 质量(g)	灼烧后 试样的 质量(g)	烧失量 质量百分数 （%）	烧失量 平均值 （%）
1							
2							
3							

需水量比					
名称	流动度（mm）			用水量（mL）	需水量比（%）
	底面最大 扩散直径	与其垂直 直径	平均值		
试验样品					
对比样品					

三氧化硫（基准法）							
序号	称量器皿 质量(g)	试样＋称量 器皿质量 (g)	试样质量 (g)	瓷坩埚 质量(g)	灼烧后 沉淀瓷坩埚 质量(g)	灼烧后 沉淀的 质量(g)	SO_3 质量 百分数（%）	SO_3 平均值（%）
1							
2							
3							

体　积　安　定　性					
雷氏法		煮前距离 A（mm）	煮后距离 C（mm）	增加距离 $C-A$（mm）	平均值（mm）
样 品	1				
	2				
备注					

复核：　　　　　　　　　　　　　　　　　　　　　　　　　　检　测：

附表 6－3　粉煤灰均匀性检测原始记录

样品编号		委托日期	
环境条件		检测日期	
生产厂家及等级		检测地点	
检测依据及方法		样品描述	
检测仪器及编号		试验筛修正系数	

序号	样品编号	样品质量（g）	筛余物质量（g）	细度（%）				单项评定
				单值	平均值	绝对偏差	最大偏差	
1								
2								
3								
4								
5								
6								
7								
8								
9								
10								
11					/		/	
备注								

复核：　　　　　　　　　　　　　　　　　　　　　　　　　检　测：

附录6.2 检测报告格式

6.2.1 粉煤灰指标检测报告

×××××××
粉煤灰检验报告

委托编号：

检测类别：　　　　　　　　　　第 页 共 页　　　　　　　报告编号：

委托单位				
工程名称				
工程地址		委托日期		
施工单位		报告日期		

样品编号		类别		等级		代表数量	
生产单位			备案证号				
批　　号			检测日期				
工程部位							
检测方法			评定依据				

项　　目	技术要求	检测结果	单项评判	结论
细度(45 μm 方孔筛筛余)(%)				
含水量(%)				
烧失量(%)				
需水量比(%)				
强度比(%)				

取样单位		取样人/证书号	
见证单位		见证人/证书号	
说　明	1. 未经本检测机构批准，复制本检测报告无效。 2. 非本试验室抽取的样品检测，本试验室仅对来样的检测数据负责。		
检测机构信息	1. 检测机构地址： 2. 联系电话：　　　　　　　　3. 邮编：		
备　注			

检测机构专用章：　　　　　　批准人/职务：　　　　　　审核：　　　　检测：

附录7.1 粗骨料试验原始记录表

附表7-1 石子检测原始记录

样品编号				环境条件		
石子种类	□碎石		□卵石	规 格		
检测日期				检测依据		
检测项目	□筛分析 □针片状颗粒含量 □含泥量 □泥块含量					

（一）筛分析

检测设备								

筛孔公称直(mm)	筛余质量(g)		分计筛余百分率(%)		累计筛余百分率(%)			样品质量(g)	
	1	2	1	2	1	2	平均		
								1	
								2	
								最大粒径(mm)	

（二）针片状颗粒含量

检测设备								

粒径(mm)	样品质量(g)			针片状颗粒质量(g)			针片状颗粒含量(%)	
		1	2	1	2	1	2	总含量

（三）含泥量

检测设备				

序号	试验前烘干试样质量(g)	试验后烘干试样质量(g)	含泥量(%)	平均含泥量(%)
1				
2				

（四）泥块含量

检测设备				

序号	试验前试样质量(g)	试验后试样质量(g)	泥块含量(%)	平均泥块含量(%)
1				
2				
检测结论				

复核： 检验：

样品编号			环境条件	
石子种类	□碎石　　□卵石		规　格	
检测日期			检测依据	
检测项目	□表观密度　　□堆积密度　　□紧密密度　　□含水率　　□超逊径含量 □压碎值指标			

（五） 表观密度	检测设备				
	水温		温度系数		平均值 （kg/m³）
	序	样质量(g)	（瓶＋水） 质量(g)	（样＋瓶＋水） 质量(g)	表观密度 （kg/m³）	
	1					
	2					

（六） 堆积密度	检测设备				平均值 （kg/m³）
	序	筒质量(g)	（筒＋样）质量(g)	筒体积(m³)	堆积密度 （kg/m³）	
	1					
	2					

（七） 紧密密度	检测设备				平均值 （kg/m³）
	序	筒质量(g)	（筒＋样）质量(g)	筒体积(m³)	紧密密度 （kg/m³）	
	1					
	2					

（八） 含水率	检测设备				平均值 （％）
	序次	湿样质量(g)	干样质量(g)	含水率(％)	
	1				
	2				

（九）压碎 值指标	检测设备				
	次序	第一次	第二次	第三次	平均值(％)
	样品质量(g)				
	压碎试验后筛余质量(g)				
	压碎指标值(％)				

（十）超逊径 含量	检测设备				
	骨料总质量(g)	超径质量(g)	超径含量(％)	逊径质量(g)	逊径含量(％)

复核：　　　　　　　　　　　　　　　　　　　　　　　　　检验：

委托日期				检测日期			
检测地点				环境条件			
检测仪器及编号				检测依据及方法			

样品编号	粒　径（mm）	加压荷载（kN）	颗粒数目	加压前		加压后		软弱颗粒含量（%）
				各粒级颗粒质量（g）	试样总质量（g）	各粒级完好颗粒质量(g)	完好颗粒总质量（g）	
	5～10	0.15						
	10～20	0.25						
	20～40	0.34						
	5～10	0.15						
	10～20	0.25						
	20～40	0.34						
	5～10	0.15						
	10～20	0.25						
	20～40	0.34						
	5～10	0.15						
	10～20	0.25						
	20～40	0.34						

复核：　　　　　　　　　　　　　　　　　　　　　　　　　　　　　　检验：

附表 7－4　骨料碱活性检测原始记录

委托日期			检测日期		
检测地点			成型日期		
样品编号			环境条件		
试样规格（mm）	尺寸：　　　测头长度：		检测仪器及编号		
检测依据及方法	□砂浆棒快速法　□砂浆长度法　□混凝土棱柱体法				

检测日期	龄期（d）	试样编号	标准棒长度 A（mm）	标准棒读数 B（mm）	试样读数 C（mm）	初始试样长度 $L_t = A-B+C$(mm)	龄期后试样长度 $L'_t = A-B+C$(mm)	试样长度变化值 $\Delta L = L_t - L'_t$（mm）	试样有效长度 $Lo = L'_t - 2\Delta$（mm）	试样膨胀率（%）$\varepsilon = \dfrac{\Delta L}{Lo} \times 100$	
										单值	平均值
备注											

复核：　　　　　　　　　　　　　　　　　　　　　　　　　　　　　　检验：

附表 7-5　骨料硫化物及硫酸盐含量检测原始记录

委托日期			检测日期	
检测地点			生产厂家	
环境条件			检测仪器及编号	
检测依据及方法				
样品名称	样品编号	坩埚编号	试样质量(g)	坩埚质量(g)	灼烧后沉淀物与坩埚质量(g)	灼烧后沉淀物的质量(g)	硫化物及硫酸盐含量(以 SO₃ 重量计)(%)	
							测值	平均值

复核：　　　　　　　　　　　　　　　　　　检验：

附表 7－6　砂检测原始记录

样品编号			环境条件		
砂 种 类	□天然砂　□人工砂　□混合砂		规　格	□粗砂　□中砂　□细沙　□特细砂	
检测日期			检测依据		

检测项目	□表观密度　　□堆积密度　　□紧密密度　　□含水率 □压碎值指标　　□氯离子含量　□云母含量　□其他				

（五） 表观密度	检测设备				平均值 （kg/m³）
	水　温		温度系数		
	序	样质量(g)	(瓶＋水) 质量(g)	(样＋瓶＋水) 质量(g)	表观密度 （kg/m³）
	1				
	2				

（六） 堆积密度	检测设备				平均值 （kg/m³）
	序	筒质量(g)	(筒＋样)质量(g)	筒体积(m³)	堆积密度(kg/m³)
	1				
	2				

（七） 紧密密度	检测设备				平均值 （kg/m³）
	序	筒质量(g)	(筒＋样)质量(g)	筒体积(m³)	紧密密度(kg/m³)
	1				
	2				

（八）含水率	检测设备				平均值 （%）
	序次	湿样质量(g)	干样质量(g)	含水率(%)	
	1				
	2				

（九）压碎 值指标	检测设备										平均值(%)
	序次 粒级	第一次			第二次			第三次			
		m_0	m_1	δ	m_0	m_1	δ	m_0	m_1	δ	
	5.00～2.50 mm										
	2.50～1.25 mm										
	1.25～630 μm										
	630 μm～315 μm										
	总压碎值指标(%)										

（十一） 氯离子含量	检测设备	

（十二） 云母含量	检测设备			
	序号	砂样质量(g)	云母质量(g)	云母含量(%)	平均值(%)
	1				
	2				

备注	

复核：　　　　　　　　　　　　　　　　　　　　　　　　　检　测：

附录 7.2 检测报告格式

7.2.1 粗骨料检测报告

×××××××
普通混凝土用石检测报告

检验类别：　　　　　　　　　　第 页 共 页　　委托编号：
报告编号：

委托单位	
工程名称	

工程地址		委托日期	
施工单位		报告日期	

样品编号		样品名称		样品规格	
骨料岩性		混凝土强度等级		抗冻要求	
生产单位				备案证号	
工程部位				代表数量	
检测日期		检测方法		评定依据	

	公称粒径 (mm)	标准颗粒级配区					累计筛余(%)		检测项目	技术指标	检测结果
		5～16 (mm)	5～20 (mm)	5～25 (mm)	5～31.5 (mm)	5～40 (mm)		2	表观密度(kg/m³)		
级配检测	2.50	95～100	95～100	95～100	95～100	—		3	堆积密度(kg/m³)		
	5.00	85～100	90～100	90～100	90～100	95～100		4	吸水率(%)		
	10.0	30～60	40～80	—	70～90	70～90		5	超径质量(%)		
	16.0	0～10	—	30～70	—	—		6	逊径质量(%)		
	20.0	0	0～10	—	15～45	30～65		7	含泥量(%)		
	25.0	—	0	0～5	—	—		8	泥块含量(%)		
	31.5	—	—	0	0～5	—		9	针片状颗粒含量(%)		
	40.0	—	—	—	0	0～5		10	有机质含量(%)		
	50.0	—	—	—	—	0		11	坚固性(%)		
	实测级配范围(mm)							12	压碎指标值(%)		
								13	软弱颗粒含量(%)		
								14	硫化物及硫酸盐含量(%)		
	检测结论										

取样单位		取样人/证书号	
见证单位		见证人/证书号	
说明	1. 未经本检测机构批准,复制本检测报告无效。2. 非本试验室抽取的样品检测,本试验室仅对来样的检测数据负责。		
检测机构 信息	1. 检测机构地址：2. 联系电话：　　　　　　3. 邮编：		
备注			

检测机构专章：　　　批准人：　　　审核：　　　检测：

7.2.2 细骨料检测报告

××××××××

普通混凝土用砂检测报告

委托编号：

检验类别：　　　　　　　　　第　页　共　页　　　　　　报告编号：

委托单位			
工程名称			
工程地址		委托日期	
施工单位		报告日期	

样品编号		样品名称	天然砂	抗冻要求		混凝土强度等级	
生产单位				备案证号			
工程部位				代表数量			
检测日期		检测方法		评定依据			

级配检测	筛孔尺寸（mm）	累计筛余（%）		检测项目	技术指标	检测结果
	10.0	—	2	表观密度（kg/m³）		
	5.00		3	堆积密度（kg/m³）		
	2.50		4	表面含水率（%）		
	1.25		5	含泥量（%）		
	0.630		6	泥块含量（%）		
	0.315		7	坚固性（%）		
	0.160		8	云母含量（%）		
			9	有机质含量（%）		
10 mm 以上颗粒含量（%）			10	轻物质含量（%）		
检测结论			11	细度模数		
			12	硫化物及硫酸盐含量（%）		

取样单位		取样人/证书号	
见证单位		见证人/证书号	
说明	1. 未经本检测机构批准，复制本检测报告无效。 2. 非本试验室抽取的样品检测，本试验室仅对来样的检测数据负责。		
检测机构信息	1. 检测机构地址： 2. 联系电话：　　　　　　　3. 邮编：		
备注			

检测机构专用章：　　　　批准人/职务：　　　　审核：　　　　检测：

附录 8.1 混凝土指标检测原始记录表

附表 8-1 混凝土表观密度和坍落度检测原始记录

样品编号		检测日期	
检测地点		环境条件	
水泥品种及等级		混合材品种及掺量(%)	
骨料级配		单方胶凝材料总量(kg)	
配合比(重量比)		外加剂品种及掺量(%)	
检测仪器及编号			
检测依据及方法			

试验时间 (h:min)	空桶质量 G_1(kg)	容量筒 +混凝土质量 G_2(kg)	容量筒 体积 V(L)	混凝土 拌合时间 (min)	混凝土表观密度(kg/m³) $\dfrac{G_2-G_1}{V}\times 1\,000$

工程部位	出机时间 (h:min)	检验时间 (h:min)	环境温度 (℃)	拌合物 温度 (℃)	混凝土坍落度(mm)

备注	

复核: 检验:

样品名称			样品编号	
环境温度			检测方法	
外加剂掺量			检测地点	
仪器名称与编号			检测日期	

试验编号		
混凝土配合比		
每盘混凝土投料量(kg)		
加水时间(h：min)		
筒质量(g)		
(筒＋试样)质量(g)		
时间(h：min)/泌水量(mL)		
混凝土泌水量(mL)		
试样质量(g)		
一次拌合混凝土用水量(g)		
一次拌合混凝土总质量(g)		
泌水率(%)		
泌水率平均值(%)		
样品状态	检验前	
	检验后	
备　注		

复核：　　　　　　　　　　　　　　　　　　　　　　　　　　检验：

委托日期			检测日期	
检测地点			环境条件	
水泥品种及等级			混合材料品种及掺量(%)	
骨料级配(%)			单方胶凝材料总量(kg)	
配合比(重量比)			外加剂品种及掺量(%)	
样品编号				
检测仪器及编号				
检测依据及方法				

试验日期	空桶质量 (kg)	容量筒 ＋砂浆 (kg)	容量筒体积 (L)	混凝土拌合时间 (min)	砂浆表观密度(kg/m³) 单值	砂浆表观密度(kg/m³) 平均值	砂浆表观密度差值 Δρ	砂浆表观密度差率 (%)
备注								

复核：　　　　　　　　　　　　　　　　　　　检验：

附表 8－4 混凝土拌合物含气量测定原始记录

样品编号			强度等级		
检测方法			检测日期		
环境条件			检测地点		
仪器名称与编号					

配 合 比						
材料	水	水泥	砂	碎石	粉煤灰	外加剂
品种规格						
配合比（kg/m³）						

骨料含气量 A_g		
次序	压力表读数（MPa）	骨料含气量单值（%）	骨料含气量平均值（%）
1			
2			
3			

混凝土含气量测定 A_0		
次序	压力表读数（MPa）	混凝土含气量单值（%）	混凝土含气量平均值（%）
1			
2			
3			

混凝土拌合物含气量（%） $A = A_0 - A_g$	
备　注	

复核：　　　　　　　　　　　　　　　　　　　　　　　　　　　检验：

附表 8－5 混凝土凝结时间测定原始记录

样品名称		检测日期	
样品编号		检测环境条件	
检测依据		仪器名称与编号	

试验编号	搅拌加水时间（h：min）	时间（h：min）	贯入压力（N）	试针面积（mm²）	贯入阻力（MPa）	时间（h：min）	贯入压力（N）	试针面积（mm²）	贯入阻力（MPa）	初凝时间（h：min）	终凝时间（h：min）

初凝时间平均值（min）	
终凝时间平均值（min）	

样品状态	检验前		备　注	
	检验后			

复核：　　　　　　　　　　　　　　　　　　　　　　　　　　　检验：

附表 8-6　混凝土拌合物水胶比分析(水洗法)检测原始记录

委托日期		检测日期	
检测地点		环境条件	
水泥品种及等级		混合材品种及掺量(%)	
骨料级配		单方胶凝材料总量(kg)	
配合比(重量比)		外加剂品种及掺量(%)	
样品编号			
检测仪器及编号			
检测依据及方法			

砂浆试样空气中的质量 W_m(g)	砂浆试样水中的质量 W_{mw}(g)	粒径大于 0.16 mm 砂料的水中质量 W_{sw}(g)	砂浆试样中砂的质量 W_s(g)	砂浆试样中胶凝材料质量 W_{cm}(g)	砂浆试样中拌合水的质量 W_w(g)	砂的表观密度 ρ_s(g/cm³)	1 kg 胶凝材料水中质量 g_w(g)

实测胶凝材料表观密度 ρ_{cm}(g/cm³)		粉砂修正系数 $f = \dfrac{g_o - g_s}{g_s}$				实测水胶比	
单值	平均	砂样质量 g_o(g)	筛洗后筛余砂样烘干质量 g_s(g)	粉砂修正单值 f	平均	单值	平均

备注	$W_s = \dfrac{W_{sw}(1+f)\rho_s}{(\rho_s - 1)}$　　　　$W_{cm} = \dfrac{[W_{mw} - W_{sw}(1+f)]\rho_{cm}}{(\rho_{cm} - 1)}$ $W_w = W_m - (W_s + W_{cm})$ 实测水胶比为：$\dfrac{W_w}{W_{cm}}$

复核：　　　　　　　　　　　　　　　　　　　　　　　　　　　　检验：

附表 8-7 混凝土试块抗压强度检测原始记录

检测地点							环境条件					
检测仪器及编号							检测依据及方法					
样品编号	设计强度等级	日期		龄期（d）	样品测前	试件尺寸（mm）	试压		强度代表值（MPa）	折合标准试块强度（MPa）	达到设计强度（%）	样品测后
		成型	破型				破坏荷载(kN)	抗压强度(MPa)				
备注												

复核：　　　　　　　　　　　　　　　　　　　　　　　　　　　　　　　　检验：

附表 8-8 混凝土劈裂抗拉强度检测原始记录

委托日期				检测地点		
环境条件				检测依据及方法		
检测仪器及编号						
试件编号	成型日期	检测日期	试龄（d）	试件尺寸（mm）	破坏荷载（kN）	劈裂抗拉强度(MPa)
						单值 | 平均值
备注						

复核：　　　　　　　　　　　　　　　　　　　　　　　　　　　　　　　　检验：

附表 8-9 混凝土试块抗折强度检测原始记录

检测地点							环境条件				
检测仪器及编号							检测依据及方法				

样品编号	设计强度等级	日期 成型	日期 破型	龄期(d)	样品测前	试件尺寸(mm)	试压 破坏荷载(kN)	试压 抗压强度(MPa)	强度代表值(MPa)	折合标准试块强度(MPa)	达到设计强度(%)	样品测后
备注												

复核：   检验：

附表 8-10 混凝土抗渗检测原始记录

样品编号				设计抗渗标号				成型日期			
检测设备				设计强度等级				检验日期			

样品序号	加压时间月日	水压力(MPa)	渗水情况	值班人	加压时间月日	水压力(MPa)	渗水情况	值班人	加压时间月日	水压力(MPa)	渗水情况	值班人	备注
1													
2													
3													
4													
5													
6													
1													
2													
3													
4													
5													
6													
1													
2													
3													
4													
5													
6													
检验结论	$P=10H-1$ 抗渗标号为：							检验依据					

复核：   检验：

附表 8 – 11 混凝土保护层厚度记录表

工程名称							编号:	
设备名称					设备编号			
天气情况					检测日期			
检测依据								
检测对象名称	具体部位	检测值（mm）					平均值（mm）	
		1	2	3	4	5		
备注:								

复核: 检验（测）:

附表 8 – 12 碳化深度记录表

工程名称								编号：	
设备名称						设备编号			
天气情况						检测日期			
检测依据									
检测部位	序号	检测值（mm）					平均值（mm）	备注	
		1	2	3	4	5			
	1								
	2								
	3								
	1								
	2								
	3								
	1								
	2								
	3								
	1								
	2								
	3								
	1								
	2								
	3								
	1								
	2								
	3								

复核：   检验（测）：

附表 8-13　弹性模量试验记录表

工程名称				检测规范				试样名称		
设备及编号				温、湿度				日期		
试样编号	试样长度(mm)		试样长度平均值(mm)	试样直径(mm)		试样直径平均值(mm)	试样横截面积(mm²)			
预加载次数	千分表读数(10⁻³mm)		读数编号	试验荷载(kN)	抗压强度换算值(MPa)	千分表读数(10⁻³mm)		极限荷载(kN)	抗压强度换算值(MPa)	备注
	表1	表2				表1	表2			
1			1							
2			2					40%极限荷载(kN)	抗压强度换算值(MPa)	
3			3							
4			4							
5			5					应力应变关系模拟曲线公式		
6			6							
7			7					$E_c = (f_{40\%} - 0.5) \cdot \dfrac{L}{\Delta L}$		
8			8							

复核：　　　　　　　　　　　　　　　　　　　　　　　　　　　　　检验(测)：

附表 8-14　混凝土回弹记录表

工程名称								检测部位							编号：			
设备名称								设备编号										
检测标准								天气情况										
钢砧率定值								检测日期										
测试方向					测试面						是否泵送混凝土							
测区	R_i																平均值	角度修正值	浇筑面修正值	修正后回弹值
	01	02	03	04	05	06	07	08	09	10	11	12	13	14	15	16	R_m			
1																				
2																				
3																				
4																				
5																				
6																				
7																				
8																				
9																				
10																				

复核：　　　　　　　　　　　　　　　　　　　　　　　　　　　　　检验(测)：

附录8.2 检测报告格式

8.2.1 混凝土拌合物性能检测报告

×××××××

混凝土拌合物性能检测报告

委托编号：

检验类别：　　　　　　　　　　第　页　共　页　　　　　　报告编号：

委托单位				委托日期	
工程名称				检测日期	
工程地址				报告日期	
施工单位				样品编号	
工程部位		强度等级		样品规格	

检验项目	检验结果
初凝时间(min)	—
终凝时间(min)	—
泌水率(%)	
含气量(%)	
水胶比	
表观密度(kg/m³)	—
坍落度(mm)	—
—	—
—	—
—	—

取样单位		取样人/证书号	
见证单位		见证人/证书号	
检测方法		评定依据	
说明	1. 未经本检测机构批准，复制本检测报告无效。 2. 非本试验室抽取的样品检测，本试验室仅对来样的检测数据负责。		
检测机构 信息	1. 检测机构地址： 2. 联系电话：　　　　　　3. 邮编：		
备注			

检测机构专用章：　　　　批准人/职务：　　　　审核：　　　　检测：

8.2.2 混凝土抗压强度检测报告

混凝土抗压强度检测报告

委托编号：

检验类别：　　　　　　　　第 页 共 页　　　　　　报告编号：

委托单位	
工程名称	

工程地址		委托日期	
施工单位		报告日期	

样品编号		强度等级		样品规格	
生产单位				备案证号	
工程部位				代表数量/m³	
成型日期		检测日期		龄期/d	
养护条件	破坏荷载/kN	抗压强度/MPa	强度代表值/MPa	折合标准试块强度/MPa	达到设计强度/%

样品编号		强度等级		样品规格	
生产单位				备案证号	
工程部位				代表数量/m³	
成型日期		检测日期		龄期/d	
养护条件	破坏荷载/kN	抗压强度/MPa	强度代表值/MPa	折合标准试块强度/MPa	达到设计强度/%

取样单位		取样人/证书号	
见证单位		见证人/证书号	
检测方法		评定依据	
说明	1. 未经本检测机构批准,复制本检测报告无效。 2. 非本试验室抽取的样品检测,本试验室仅对来样的检测数据负责。		
检测机构信息	1. 检测机构地址： 2. 联系电话：　　　　　　　　3. 邮编：		
备注			

检测机构专用章：　　　　批准人：　　　　审核：　　　　检测：

8.2.3 混凝土抗折强度检测报告

混凝土抗折强度检测报告

委托单位				
工程名称				
工程地址			委托日期	
施工单位			报告日期	

样品编号		设计抗折强度		样品规格	
生产单位				备案证号	
工程部位				养护条件	
成型日期		检测日期		龄期/d	
支座间距离/mm	破坏荷载/kN	抗压强度/MPa	平均强度/MPa	折合标准试块强度/MPa	达到设计强度/%

样品编号		设计抗折强度		样品规格	
生产单位				备案证号	
工程部位				养护条件	
成型日期		检测日期		龄期/d	
支座间距离/mm	破坏荷载/kN	抗压强度/MPa	平均强度/MPa	折合标准试块强度/MPa	达到设计强度/%

取样单位		取样人/证书号	
见证单位		见证人/证书号	
检测方法		评定依据	
说明	1. 未经本检测机构批准，复制本检测报告无效。 2. 非本试验室抽取的样品检测，本试验室仅对来样的检测数据负责。		
检测机构信息	1. 检测机构地址： 2. 联系电话： 3. 邮编：		
备注			

检测机构专用章： 批准人： 审核： 检测：

8.2.4 混凝土抗渗性能检测报告

混凝土抗渗性能检测报告

委托编号：

检验类别：　　　　　　　　　　　第 页 共 页　　　　　　　报告编号：

委托单位			
工程名称			
工程地址		委托日期	
施工单位		报告日期	

样品编号		强度等级				样品规格		
生产单位						备案证号		
工程部位						代表数量/m³		
成型日期		检测日期	～			龄期/d		
养护条件	序号	结束水压/MPa	结束水压下持续时间	样品渗透情况	序号	结束水压/MPa	结束水压下持续时间	样品渗透情况	检测结果
标准养护	1				4				
	2				5				
	3				6				

样品编号		强度等级				样品规格		
生产单位						备案证号		
工程部位						代表数量/m³		
成型日期		检测日期	～			龄期/d		
养护条件	序号	结束水压/MPa	结束水压下持续时间	样品渗透情况	序号	结束水压/MPa	结束水压下持续时间	样品渗透情况	检测结果
标准养护	1				4				
	2				5				
	3				6				

取样单位		取样人/证书号	
见证单位		见证人/证书号	
检测方法		评定依据	
说明	1. 未经本检测机构批准，复制本检测报告无效。 2. 非本试验室抽取的样品检测，本试验室仅对来样的检测数据负责。		
检测机构信息	1. 检测机构地址： 2. 联系电话：　　　　　　　　　3. 邮编：		
备注			

检测机构专用章：　　　　　批准人：　　　　　　审核：　　　　检测：

8.2.5　文字型检测报告格式

××××工程名称

（检测项目）质量检测报告

1. 工程概况

　　包含该工程的基本情况、各参建单位、委托单位、检测时间等信息。

2. 检测项目、数量及依据

　　2.1　检测项目及数量

　　2.2　检测依据

3. 检测仪器及设备

　　包含检测所用仪器设备名称、型号、检定有效期、检定证书号等信息。

4. 检测方法

5. 检测结果

6. 结论

附件或附图

附录 9.1 钢筋指标检测原始记录表

附表 9-1 钢筋原材检测原始记录

样品编号		样品名称	
样品规格		样品牌号	
检测日期		检测设备	
检测方法		评定依据	
检测参数	重量偏差□　下屈服强度□ 抗拉强度□　伸长率□ 弯曲性能□	环境条件	

（一）重量偏差											
检测序次	长度/m						单位长度重量/ (g·m^{-1})	理论重量/g	总重量/g	重量偏差/%	检测结果
	1	2	3	4	5	总长					
首次											
复验											

（二）下屈服强度、抗拉强度、伸长率								
检测序次	面积/mm^2	屈服强度		抗拉强度		伸长率			检测结果
		F_{eL}/kN	R_{eL}/MPa	F_m/kN	R_m/MPa	L_0/mm	L_u/mm	A/%	
首次									
复验									

（三）弯曲性能						
首次		复验				检测结果
弯心直径/mm	弯曲角度/(°)	弯心直径/mm	弯曲角度/(°)	弯心直径/mm	弯曲角度/(°)	
备注						

复核：　　　　　　　　　　　　　　　　　　　　　　　　检验：

附表 9－2　钢筋焊接件检验原始记录

委托日期			检验日期							
检验设备			环境温度							
检验方法			评定依据							

序号	样品编号	焊接方法	规格牌号 (mm)	样品测前	抗拉强度			弯曲试验			样品测后
					P_b (kN)	σ_b (MPa)	断裂情况	角度	弯心直径(mm)	断裂情况	
备注											

复核：　　　　　　　　　　　　　　　　　　　　　　　　　　检验：

附表 9－3　金属洛氏硬度检测原始记录

样品编号		检测方法			检测日期					
环境条件		检测设备								

序号	样品名称	型号规格	硬度符号	试验点	硬度值								
					1			2			3		
					实测值	修正值	试验结果	实测值	修正值	试验结果	实测值	修正值	试验结果
备注													

复核：　　　　　　　　　　　　　　　　　　　　　　　　　　检验：

附录9.2 检测报告格式

附表9-4 钢筋原材检测报告

×××××××

钢筋原材检测报告

委托编号：

检验类别：　　　　　　　第 页 共 页　　　　　　报告编号：

委托单位				
工程名称				
工程地址			委托日期	
施工单位			报告日期	

样品编号		样品名称		牌　号	
样品规格		代表数量		表面标识	
生产单位				许可证号	
工程部位				炉批号	
检测方法				评定依据	

重量偏差	标准要求/%	总长度/mm	理论重量/g	总重量/g	重量偏差/%	检测结果

下屈服强度/MPa		抗拉强度/MPa		R_m^0/R_{el}^0		R_{el}^0/R_{el}		伸长率		弯曲性能	
标准值 R_{el}	检测值 R_{el}^0	标准值 R_m	检测值 R_m^0	标准值	计算值	标准值	计算值	标准值 /%	检测值 /%	要求	检测结果

检测日期		检测结论	

样品编号		样品名称		牌　号	
样品规格		代表数量		表面标识	
生产单位				许可证号	
工程部位				炉批号	
检测方法				评定依据	

重量偏差	标准要求/%	总长度/mm	理论重量/g	总重量/g	重量偏差/%	检测结果

下屈服强度/MPa		抗拉强度/MPa		R_m^0/R_{el}^0		R_{el}^0/R_{el}		伸长率		弯曲性能	
标准值 R_{el}	检测值 R_{el}^0	标准值 R_m	检测值 R_m^0	标准值	计算值	标准值	计算值	标准值 /%	检测值 /%	要求	检测结果

检测日期		检测结论	

取样单位		取样人/证书号	
见证单位		见证人/证书号	
说　明	1. 未经本试验室批准，部分复制本检测报告无效。 2. 非本试验室抽样的样品检测，本试验室仅对来样的检测数据负责。		
检测机构 信息	1. 检测机构地址： 2. 联系电话：　　　　　　　　　3. 邮编：		
备　注			

检测机构专用章：　　　　　批准人：　　　　　审核：　　　　　检测：

×××××××

钢材焊接力学性能检测报告

委托编号：

检验类别：　　　　　　　　　　　第　页　共　页　　　　　报告编号：

委托单位			
工程名称			
工程地址		委托日期	
施工单位		报告日期	

样品编号		样品规格		母材牌号	
焊接方式				代表数量	
焊接日期		焊工姓名		焊工证书号	
工程部位				检测日期	
检测方法				评定依据	

抗拉强度 R_m				弯曲性能			
标准值（MPa）	检测值（MPa）	断裂情况	检测结果	弯心直径（mm）	弯曲角度（°）	断裂情况	检测结果
检测结论							

样品编号		样品规格		母材牌号	
焊接方式				代表数量	
焊接日期		焊工姓名		焊工证书号	
工程部位				检测日期	
检测方法				评定依据	

抗拉强度 R_m				弯曲性能			
标准值（MPa）	检测值（MPa）	断裂情况	检测结果	弯心直径（mm）	弯曲角度（°）	断裂情况	检测结果
检测结论							

取样单位		取样人/证书号	
见证单位		见证人/证书号	
说明	1. 未经本试验室批准，部分复制本检测报告无效。 2. 非本试验室抽样的样品检测，本试验室仅对来样的检测数据负责。		
检测机构信息	1. 检测机构地址： 2. 联系电话：　　　　　　　　　3. 邮编：		
备注			

检测机构专用章：　　　　　批准人：　　　　　审核：　　　　　检测：

$$\times\times\times\times\times\times$$

洛 氏 硬 度 检 测 报 告

委托编号：

检验类别：　　　　　　　　　　　第 页 共 页　　　　　　报告编号：

委托单位		送样日期	
工程名称		检验日期	
工程部位		报告日期	
施工单位			

样品编号		样品名称		型号规格	
生产厂家				技术指标	
工程部位				代表数量	
检测方法				评价依据	

<table>
<tr><td colspan="4" align="center">检 测 结 果</td></tr>
<tr><td>序号</td><td>试件硬度值/HRB</td><td>序号</td><td>试件硬度值/HRB</td></tr>
<tr><td></td><td></td><td></td><td></td></tr>
<tr><td></td><td></td><td></td><td></td></tr>
<tr><td></td><td></td><td></td><td></td></tr>
<tr><td></td><td></td><td></td><td></td></tr>
<tr><td></td><td></td><td></td><td></td></tr>
<tr><td></td><td></td><td></td><td></td></tr>
<tr><td></td><td></td><td></td><td></td></tr>
<tr><td></td><td></td><td></td><td></td></tr>
<tr><td></td><td></td><td></td><td></td></tr>
<tr><td></td><td></td><td></td><td></td></tr>
<tr><td></td><td></td><td></td><td></td></tr>
<tr><td></td><td></td><td></td><td></td></tr>
<tr><td>检测结论</td><td colspan="3"></td></tr>
</table>

取样单位		取样人/证书号	
见证单位		见证人/证书号	
说明	1. 未经本检测机构批准,复制本检测报告无效。 2. 非本试验室抽取的样品检测,本试验室仅对来样的检测数据负责。		
检测机构信息	1. 检测机构地址： 2. 联系电话：　　　　　　　　3. 邮编：		
备注			

检测机构专用章：　　　　　批准人：　　　　　审核：　　　　　检测：

附录 10.1 砂浆指标检测原始记录表

附表 10-1 砂浆表观密度和稠度检测原始记录

样品编号		委托日期	
检测地点		检测日期	
水泥品种及等级		环境条件	
配合比(重量比)			
检测仪器及编号			
检测依据及方法			

砂浆表观密度					
试验时间	空桶质量 G_1(kg)	容量筒+砂浆质量 G_2(kg)	容量筒体积 V(L)	砂浆拌合时间(min)	砂浆表观密度(kg/m³) $\dfrac{G_2-G_1}{V} \times 1\,000$

砂浆稠度		分层度	
分次值(mm)	平均值(mm)	分次值(mm)	平均值(mm)

备注	

复核: 检验:

附表 10-2 砂浆泌水率检测原始记录

委托日期		检测日期		
检测地点		环境条件		
检测仪器及编号		检测依据及方法		
样品编号	试样质量(g)	一次拌合的总用水量(g)	一次拌合的砂浆总质量(g)	泌水总质量(g)	泌水率(%)
					单值	平均值
备注						

复核: 检验:

样品编号		检测日期	
检测依据及方法		强度等级	
环境条件		稠度(mm)	
检测仪器及编号			
每 m³ 砂浆材料用量(kg)	水泥(C)	砂(S)	水(W)

砂浆密度试验　$\rho = \dfrac{G_2 - G_1}{V} \times 100$

容量筒体积 V(L)	容量筒重 G_1(g)	砂浆及容量筒总重 G_2(g)	砂浆密度 ρ(kg/m³)	
			测值	平均

砂浆含气量试验　$\rho_t = \dfrac{C + S + W}{\dfrac{C}{\rho_C} + \dfrac{C}{\rho_S} + \dfrac{C}{\rho_W}}$

水泥密度 ρ_C(kg/m³)	砂的饱和面干密度 ρ_S(kg/m³)	水的密度 ρ_W(kg/m³)	不计含气时砂浆理论密度 ρ_t(kg/m³)

砂浆含气量 $A(\%)$：$A = \dfrac{\rho_t - \rho}{\rho_t}$

备注	

复核：　　　　　　　　　　　　　　　　　　　　　　　　　　检验：

附表 10 - 4　砂浆试块抗压强度检测原始记录

检测地点						环境条件				
检测仪器及编号						检测依据及方法				
样品编号	设计强度等级	日　期		龄期(d)	样品测前	实测尺寸(mm)	试　压		平均强度(MPa)	达到设计强度(%)	样品测后
		成型	试压				破坏荷重(kN)	抗压强度(MPa)			
备注											

复核：　　　　　　　　　　　　　　　　　　　　　　　　　　　　检验：

附表 10 - 5　砂浆抗渗检测原始记录

样品编号			设计抗渗标号			成型日期		
检测方法			设计强度等级			检测日期		
检测设备								
样品序号	加压时间 月　日	水压力(MPa)	渗水情况	值班人	加压时间 月　日	水压力(MPa)	渗水情况	值班人	加压时间 月　日	水压力(MPa)	渗水情况	值班人	备　注
1													
2													
3													
1													
2													
3													
1													
2													
3													
1													
2													
3													
计算	抗渗系数为：$I = \sum P_i T_i$												

复核：　　　　　　　　　　　　　　　　　　　　　　　　　　　　检验：

附录 10.2 检测报告格式

附表 10-6 砂浆检测报告

××××××
砂浆拌合物性能检测报告

委托编号：

检验类别：　　　　　　　　　　第 页 共 页　　　　　　报告编号：

委托单位		委托日期	
工程名称		检测日期	
工程地址		报告日期	
施工单位		样品编号	
工程部位	强度等级	样品规格	

检验项目	检验结果
稠度（mm）	—
泌水率（％）	—
表观密度（kg/m³）	—
含气量（％）	—
—	—
—	—
—	—
—	—
—	—
—	—

取样单位		取样人/证书号	
见证单位		见证人/证书号	
检测方法		评定依据	
说明	1. 未经本检测机构批准，复制本检测报告无效。 2. 非本试验室抽取的样品检测，本试验室仅对来样的检测数据负责。		
检测机构信息	1. 检测机构地址： 2. 联系电话：　　　　　　　　3. 邮编：		
备注			

检测机构专用章：　　　　批准人：　　　　审核：　　　　检测：

×××××××

砂浆抗压强度检测报告

委托编号：

检验类别：　　　　　　　　　　第　页　共　页　　　　报告编号：

委托单位	
工程名称	

工程地址		委托日期	
施工单位		报告日期	

样品编号		砂浆品种		强度等级	
生产单位				备案证号	
工程部位					
成型日期		检测日期		龄期/d	
养护条件	受压面积/mm²	破坏荷载/kN	抗压强度/MPa	平均强度/MPa	达到设计强度/％

样品编号		砂浆品种		强度等级	
生产单位				备案证号	
工程部位					
成型日期		检测日期		龄期/d	
养护条件	受压面积/mm²	破坏荷载/kN	抗压强度/MPa	平均强度/MPa	达到设计强度/％

取样单位		取样人/证书号	
见证单位		见证人/证书号	
检测方法		评定依据	
说明	1. 未经本检测机构批准,复制本检测报告无效。 2. 非本试验室抽取的样品检测,本试验室仅对来样的检测数据负责。		
检测机构 信息	1. 检测机构地址： 2. 联系电话：　　　　　　　　　　3. 邮编：		
备注			

检测机构专用章：　　　　　　批准人：　　　　　　审核：　　　　　　检测：

附表 10-8 砂浆抗渗检测报告

×××××××

砂浆抗渗检测报告

委托编号：

检验类别：　　　　　　　　　　第　页　共　页　　　　　　报告编号：

委托单位				
工程名称				
工程地址			委托日期	
施工单位			报告日期	

样品编号		强度等级		设计要求	
生产单位				备案证号	
工程部位				代表数量/m³	
成型日期		检测日期		龄期/d	
养护条件	序号	结束水压/MPa	结束水压下持续时间/h	样品渗透情况	不透水性系数/(MPa·h)

样品编号		强度等级		设计要求	
生产单位				备案证号	
工程部位				代表数量/m³	
成型日期		检测日期		龄期/d	
养护条件	序号	结束水压/MPa	结束水压下持续时间/h	样品渗透情况	不透水性系数/(MPa·h)

取样单位		取样人/证书号	
见证单位		见证人/证书号	
检测方法		评定依据	
说明	1. 未经本检测机构批准，复制本检测报告无效。 2. 非本试验室抽取的样品检测，本试验室仅对来样的检测数据负责。		
检测机构信息	1. 检测机构地址： 2. 联系电话：　　　　　　　　3. 邮编：		
备注			

检测机构专用章：　　　　批准人：　　　　审核：　　　　检测：

附录 11.1 外加剂指标检测原始记录表

附表 11 - 1 外加剂减水率检测原始记录

委托日期		检测日期		检测地点		环境条件	
水泥品种及等级		外加剂品种及掺量		骨料级配		坍落度（mm）	
基准混凝土单方材料总量（kg）				基准混凝土配合比（质量比）			
受检混凝土单方材料总量（kg）				受检混凝土配合比（质量比）			
检测仪器及编号							
检测依据及方法							
样品编号	基准混凝土单方用水量（kg）	坍落度（mm）	受检混凝土单方用水量（kg）	坍落度（mm）	减水率（%）	减水率平均值（%）	
备注							

复核：   检验：

• 374 •

附表 11-2 混凝土外加剂匀质性检验原始记录

样品编号			送样日期	
样品名称			检测日期	
样品状况			检验依据	
检测设备	名称		环境条件	
	编号			

固体含量	序号	烘干的瓶重 m_0(g)	瓶＋样品重 m_1(g)	烘干后瓶＋样品重 m_2(g)	含固量(%)$(m_2 - m_0)/(m_1 - m_0)$	平均含量(%)
	1					
	2					
	3					

pH值	1	2	(3)	平均值

细度	序号	样品质量 m_0(g)	筛余物质量 m_1(g)	筛余(%)
	1			
	2			
	3			

水泥净浆流动度	序号	用水量(g)	水泥净浆流动度(mm)	水泥净浆流动度平均值(mm)	备注
	1				外加剂掺量：水泥,品种,等级及生产厂：
	2				
	3				

水泥胶砂减水剂	序号	基准砂浆		掺外加剂砂浆		砂浆减水率(%)	平均值(%)
		砂浆流动度(mm)	用水量 M_0(g)	砂浆流动度(mm)	用水量 M_1(g)		
	1						
	2						
	3						

密度	第一次试验				第二次试验				第三次试验			
	容量瓶容积 V(mL)	瓶重 m_0(g)	瓶加水重 m_1(g)	瓶加样重 m_2(g)	容量瓶容积 V(mL)	瓶重 m_0(g)	瓶加水重 m_1(g)	瓶加样重 m_2(g)	容量瓶容积 V(mL)	瓶重 m_0(g)	瓶加水重 m_1(g)	瓶加样重 m_2(g)
	计算：				计算：				计算：			

备注	

复核：　　　　　　　　　　　　　　　　　　　　　检验：

样品编号		委托日期	
检测地点		检测日期	
检测仪器及编号		环境条件	
检测依据及方法			
样品描述			

盛样皿编号	烘干前试样质量（g）	烘干后试样质量（g）	外加剂含水率（%）		备注
			测 值	平均值	

复核：   检验：

样品编号		强度等级	
检测方法		检测日期	
环境条件		检测地点	
仪器名称与编号			

配 合 比						
材料	水	水泥	砂	碎石	粉煤灰	外加剂
品种规格						
配合比（kg/m³）						

骨料含气量 A_g			
次序	压力表读数（MPa）	骨料含气量单值（%）	骨料含气量平均值（%）
1			
2			
3			

混凝土含气量测定 A_0			
次序	压力表读数（MPa）	混凝土含气量单值（%）	混凝土含气量平均值（%）
1			
2			
3			
掺外加剂混凝土拌合物含气量（%） $A = A_0 - A_g$			
备　注			

复核：   检验：

附表 11-5　混凝土外加剂氯离子含量原始记录

样品来源				环境条件				
检测项目				检测方法				
滴定管	规格：mL	标准液	名称：		标定日期：			
	颜色：		浓度：		指示剂：			
	编号：	温度：　　℃　湿度：　　%RH　温湿度仪：						
计算方法								
序号								
样品编号								
采样日期								
检验日期								
取样量(mL)								
标准液用量(mL)	始点							
	终点							
	用量							
均值　(mL)								
含量　(mg/L)								
偏差/回收率　(%)								
备注								

复核：　　　　　　　　　　　　　　　　　　　　　　　　　　　　　检验：

附表 11-6　外加剂硫酸钠含量检测原始记录

样品编号		委托日期		
检测地点		检测日期		
环境条件		检测仪器及编号		
检测依据及方法				
外加剂生产厂家、型号、品种	试样编号	试样质量(g)	空坩埚质量(g)	灼烧后滤渣＋坩埚质量(g)	Na₂SO₄ 含量(%)
					单值	平均值

（表格续）

外加剂生产厂家、型号、品种	试样编号	试样质量(g)	空坩埚质量(g)	灼烧后滤渣＋坩埚质量(g)	单值	平均值
备注						

复核：　　　　　　　　　　　　　　　　　　　　　　　　　　　　　检验：

附表 11－7 砂浆干缩(湿涨)试验记录

样品编号					水泥品种及标号					
检测地点					外加剂品种及掺量(%)					
检测方法					环境条件					
测头长度					成型日期					
观测日期	龄期(d)	试件编号	标准棒长度 A (mm)	标准棒读数 B (mm)	试件读数 C (mm)	初始试件长度 $L_t = A - B + C$ (mm)	龄期后试件长度 $L'_t = A - B + C$ (mm)	试件长度变化值 $\Delta L = L_t - L'_t$ (mm)	试件有效长度 $L_o = L_t - 2\Delta$ (mm)	试件干缩(湿涨)率 $\varepsilon = \Delta L / L_o$ (×10⁻⁴)	平均干缩(湿涨)率 (×10⁻⁴)

复核：   检验：

附表 11－8 膨胀剂限制干缩(湿涨)检测原始记录

样品编号					委托日期				
检测地点					检测日期				
试样规格(mm)					成型日期				
膨胀剂厂家及型号					环境条件				
检测依据及方法					检测仪器及编号				
检测日期	龄期(d)	试样编号	标准棒长度 A (mm)	标准棒读数 B (mm)	试样读数 C (mm)	初始试样长度 $L_t = A - B + C$ (mm)	龄期后试样长度 $L'_t = A - B + C$ (mm)	试样长度变化值 $\Delta L = L_t - L'_t$ (mm)	限制器长度 L (mm)	试样限制干缩(湿胀)率(%) $\varepsilon = \dfrac{\Delta L}{L} \times 100\%$	
										单值	平均值
备注											

复核：   检验：

附录 11.2 检测报告格式

附表 11-9 混凝土外加剂匀质性检验报告

检验类别：　　　　　　　　　第 页 共 页　　　　　报告编号：

委托单位			
工程名称			
工程地址		委托日期	
施工单位		报告日期	

样品编号		产品型号		样品名称	
生产厂家				备案证编号	
检测项目				代表数量	
工程部位				批号	
检测方法				评定依据	

序号	检验项目	本产品标准	检验结果	单项评定
1	含固量(%)			
2	密度 ρ(g/mL)			
3	细度(%)			
4	pH 值			
5	表面张力 σ(Mn/M)			
6	水泥净浆流动度(mm)			
7	水泥胶砂减水率(%)			
8	碱含量(%)			
9	氯离子含量(%)			
检测结论				

取样单位		取样人及证书号	
见证单位		见证人及证书号	
说明	1. 未经本检测机构批准，复制本检测报告无效。 2. 非本试验室抽取的样品检测，本试验室仅对来样的检测数据负责。		
检测机构信息	1. 检测机构地址： 2. 联系电话：　　　　　　　　3. 邮编：		
备注			

检测机构专用章：　　　　批准人：　　　　审核：　　　　检测：

附录 12.1 沥青指标检测原始记录表

附表 12-1 沥青相对密度、密度检测原始记录

样品编号				委托日期				
检测地点				检测日期				
检测仪器及编号				环境条件				
检测依据及方法								
样品描述								

比重瓶号	比重瓶重量(g)	比重瓶加水总重量(g)	比重瓶加试样总重量(g)	比重瓶加试样和水总重量(g)	相对密度（g/cm³）		密度（g/cm³）		备注
					测值	平均值	测值	平均值	

复核： 检验：

样品编号		送样日期	
环境条件		检测日期	
检测项目		生产厂家	
检测方法		代表数量	
评定依据		品种规格	
检测设备			

项目名称	检测温度（℃）	检测结果			
		1	2	3	平均
针入度(1/10 mm)					
延伸度(cm)					

	次数	左球	右球	单次平均值	总平均值
软化点(℃)	1				
	2				

备注	

复核：   检验：

样品编号		委托日期	
检测地点		检测日期	
检测仪器及编号		环境条件	
检测依据及方法			
样品描述			

沥青品种	试样质量（g）	起始试验温度（℃）	脆点（℃）		备注
			单值	平均值	

复核：   检验：

附录 12.2 检测报告格式

×××××××××

沥 青 性 能 检 测 报 告

委托编号：

检验类别：　　　　　　　第 页 共 页　　　　报告编号：

委托单位			送样日期	
工程名称			检测日期	
工程部位			报告日期	
生产厂家			质量证明编号	
产品名称		产品品种	代表数量	
检验项目			检验结果	
针入度 (1/10 mm)	15℃			
	25℃			
	30℃			
延伸度(cm)(25℃)(5 cm/min)				
软化点(℃)(环球法)				
密度(g/cm³)				
相对密度(g/cm³)				
脆点(℃)				
检测方法		评定依据		
结论				
取样单位		取样人/证书号		
见证单位		见证人/证书号		
说明	1. 未经本检测机构批准,部分复制本检测报告无效。 2. 非本试验室抽样的样品检测,本试验室仅对来样的检测数据负责。			
检测机构 信　息	1. 检测机构地址： 2. 联系电话：　　　　　　　3. 邮编：			
备注				

检测机构专用章：　　　　　批准人：　　　　　审核：　　　　　检测：

附录 13.1 原始记录表

附表 13－1 铸锻件外部质量记录表(外观检验法)

工程名称		编号	
设备名称		设备编号	
天气情况		检测日期	
检测依据			
检测部位	检测情况		备注

复核：　　　　　　　　　　　　　　　　　　　　　　　　　检验(测)：

工程名称			工件名称	
工件参数			焊缝情况	
磁化设备			磁化方法	
磁化电流			灵敏度试片	
磁粉种类			磁粉施加方法	
磁悬液浓度			表面状态	
检测标准			检测日期	
检测示意图				

工件编号	缺陷磁痕显示			等级分类	备注
	编号	线状、圆状长度	分散状长度总和		

复核：　　　　　　　　　　　　　　　　　　　　　　　　检验(测)：

渗透剂型号		表面状况	
清洗剂型号		环境温度	℃
显像剂型号		对比试块	
渗透时间	min	显像时间	min
检测标准		检测比例	％　　　mm

检测部位及缺陷位置示意图:

<table>
<tr><td colspan="6" align="center">检 测 结 果 评 定 表</td></tr>
<tr><td>区段编号</td><td>缺 陷 位 置</td><td>缺陷痕迹尺寸(mm)</td><td>缺陷性质</td><td>评定</td><td>备注</td></tr>
<tr><td></td><td></td><td></td><td></td><td></td><td></td></tr>
<tr><td></td><td></td><td></td><td></td><td></td><td></td></tr>
<tr><td></td><td></td><td></td><td></td><td></td><td></td></tr>
<tr><td></td><td></td><td></td><td></td><td></td><td></td></tr>
<tr><td></td><td></td><td></td><td></td><td></td><td></td></tr>
<tr><td></td><td></td><td></td><td></td><td></td><td></td></tr>
<tr><td></td><td></td><td></td><td></td><td></td><td></td></tr>
<tr><td></td><td></td><td></td><td></td><td></td><td></td></tr>
</table>

复核:　　　　　　　　　　　　　　　　　　　　　　检验(测):

附表 13-4 铸锻件内部质量记录表(射线探伤法)

工程名称		检测部位及规格尺寸		透照方式	
透照厚度		拍片比例		胶片尺寸	
设备型号 及编号		胶片型号		前后屏厚度	
有效长度		增感屏		焦距	
管电流		管电压		显影温度	
曝光时间		象质计规格		冲洗时间	
显影时间		定影时间		拍片总数	
黑度范围		灵敏度		象质计线径	
黑度		照相质量级别		检测日期	
检测标准					

射 线 评 片 结 果

序号	工件焊缝和 底片编号	厚度 (mm)	缺陷性质							缺陷 位置	评定等级				合格 与否	备注
			①	②	③	④	⑤	⑥	⑦		Ⅰ	Ⅱ	Ⅲ	Ⅳ		

注:①圆形缺陷 ②条形缺陷 ③未焊透 ④未熔合 ⑤内凹 ⑥裂缝 ⑦其他

复核: 检验(测):

附表 13－5　铸锻件内部质量记录表（超声波探伤法）

工程名称		建设单位		施工单位	
监理单位		产品名称		检测时机	
检测项目		厚度		规格	
表面状态		仪器型号		探头型号	
试块种类		耦合剂		检测面	
探头类型		扫描线调节		灵敏度试块	
表面补偿		扫查方式		检测日期	
检测标准		检测比例		合格级别	
检测概况					
检测结论					
备注					

复核：　　　　　　　　　　　　　　　　　　　　　　　　　　　检验（测）：

附表 13－6　焊缝外观质量记录表（外观检验法）

工程名称		编号	
设备名称		设备编号	
检测部位		天气情况	
焊缝类别		检测日期	
检测依据			
序号	项目		检测情况
1	裂纹		
2	表面夹渣、焊瘤		
3	咬边、电弧擦伤		
4	表面气孔、飞溅		
5	焊缝边缘直线度、端部转角		
6	焊缝余高	手工焊	
		埋弧焊	
7	对接接头焊缝 宽度		
8	角焊缝厚度不足（按设计焊缝厚度计）		
9	角焊缝焊角 K	手工焊	
		埋弧焊	

复核：　　　　　　　　　　　　　　　　　　　　　　　　　　　检验（测）：

附表 13-7 焊缝外观质量试验记录表（磁粉探伤法）

工程名称		工件名称	
工件参数		焊缝情况	
磁化设备		磁化方法	
磁化电流		灵敏度试片	
磁粉种类		磁粉施加方法	
磁悬液浓度		表面状态	
检测标准		检测日期	

检测示意图	

工件编号	缺陷磁痕显示			等级分类	备注
	编号	线状、圆状长度	分散状长度总和		

复核：　　　　　　　　　　　　　　　　　　　　　　　　　　检验（测）：

渗透剂型号		表面状况	
清洗剂型号		环境温度	℃
显像剂型号		对比试块	
渗透时间	min	显像时间	min
检测标准		检测比例	％　　　mm

检测部位及缺陷位置示意图:

检 测 结 果 评 定 表

区段编号	缺 陷 位 置	缺陷痕迹尺寸(mm)	缺陷性质	评 定	备 注

复核:　　　　　　　　　　　　　　　　　　　　　　　　　　检验(测):

附表 13－9　焊缝内部质量记录表(射线探伤法)

工程名称		检测部位及规格尺寸		透照方式	
透照厚度		拍片比例		胶片尺寸	
设备型号及编号		胶片型号		前后屏厚度	
有效长度		增感屏		焦距	
管电流		管电压		显影温度	
曝光时间		象质计规格		冲洗时间	
显影时间		定影时间		拍片总数	
黑度范围		灵敏度		象质计线径	
黑度		照相质量级别		检测日期	
检测标准					

序号	底片编号	缺陷				综合评级	备注
		编号	缺陷性质	缺陷长度	评定等级		

复核：　　　　　　　　　　　　　　　　　　　　　　　　　检验(测)：

附表 13－10 焊缝内部质量试验记录表(超声波探伤法)

工程名称							编号		
设备名称							设备编号		
检测部位							天气情况		
检测依据							检测日期		
焊缝类型			表面状态和补偿						
检测灵敏度				检测时机			标准试块		

序号	探头规格	母材厚度 (mm)	当量尺寸	指示长度 L(mm)	缺陷位置(mm)			评定等级	备注
					X 方向	Y 方向	H 深度		

复核：   检验(测)：

工程名称		编号	
设备名称		设备编号	
天气情况		检测日期	
检测依据			
序号	部位	检测情况	

复核：　　　　　　　　　　　　　　　　　　　　　　　　　检验(测)：

附表 13－12　涂料涂层质量记录表(干膜厚度测定)

工程名称										编号：	
设备名称								设备编号			
检测构件								天气情况			
检测依据								检测日期			
检测部位	检测值(μm)									平均值(μm)	备注
	1	2	3	4	5	6	7	8	9	10	

复核：　　　　　　　　　　　　　　　　　　　　　　　　　检验(测)：

附表 13-13 涂料涂层质量记录表(划格法与拉开法)

工程名称			编号：	
设备名称		设备编号		
检测构件		天气情况		
检测依据		检测日期		

检测部位	检测数量	检测结果	备注

检测部位	检测值(MPa)										平均值(MPa)	备注
	1	2	3	4	5	6	7	8	9	10		

复核：   检验(测)：

附表 13-14 金属涂层质量记录表(涂层厚度)

工程名称											编号:	
设备名称									设备编号			
检测构件									天气情况			
检测依据									检测日期			
检测部位	检测值(μm)										平均值(μm)	备注
	1	2	3	4	5	6	7	8	9	10		

复核:

检验(测):

附表 13－15　金属涂层质量记录表(切格法与拉开法)

工程名称												编号：	
设备名称									设备编号				
检测构件									天气情况				
检测依据									检测日期				
检测部位	检测数量			检测结果								备注		

检测部位	检测值(MPa)										平均值(MPa)	备注
	1	2	3	4	5	6	7	8	9	10		

复核：　　　　　　　　　　　　　　　　　　　　　　　检验(测)：

附录 13.2 检测报告格式

13.2.1 报告格式 1

×××× 检测单位

检测报告

报告编号：　　　　　　　　　　　　　　　　　　　　　　　　委托编号：

工程名称		检测项目 名　　称	
委托单位		生产厂家	
建设单位		送样、抽样日期	
设计单位		抽样比例	
施工单位		抽样地点	
见证单位		样品状态、 特性描述	
见证人员及编号		检测数量	
检测地点（实 验室内、外）		检测日期	
检测及评定依据			
外观情况描述			
检测结论			
检测人员		编制人员	
审核人及 审核日期		批准人及 签发日期	
备　　注			

13.2.2 报告格式2

×××× 检测单位
检测报告

报告编号：　　　　　　　　　　　　　　　　　委托编号：

工程名称		检测项目 名　称	
委托单位		施工单位	
建设单位		抽样比例	
主体材质		数量	
检测部位		磁化方法	
磁粉施加 方法		磁化电流	
磁粉类型		检测时机	
执行标准 和级别		标准试片	
见证单位		检测日期	
检测概况			
检测结论			
检测人员		编制人员	
审核人及 审核日期		批准人及 签发日期	
备　　注			

13.2.3 报告格式 3

××××检测单位
检测报告

报告编号：   委托编号：

工程名称		检测项目 名　称	
委托单位		施工单位	
建设单位		抽样比例	
主体材质		数量	
渗透剂型号		表面状况	
清洗剂型号		环境温度	
显像剂型号		对比试块	
渗透时间		显像时间	
检测标准		检测日期	

检测结果评定表

区段编号	缺陷位置	缺陷痕迹尺寸(mm)	缺陷性质	评定

检测人员		编制人员	
审核人及 审核日期		批准人及 签发日期	
备　注			

13.2.4 报告格式1

××××检测单位

检测报告

检 测 结 果						
射线源名称/型号			检测类型	首次检测○ 一次返修检测○ 二次返修检测○		
透照工艺	射线能量		主体材质		焊接方式	
	射线强度		胶片规格		透照厚度（mm）	
	曝光时间		像质计类型		检测时机	
	透照方式		像质指数		有效评定长度	
检测依据 ||	拍片	总数		不合格数量	
执行标准和级别 ||		比例		扩检数量	
检测部位示意图 ||					
检测结论 ||					
检测人员 ||		编制人员			
审核人及审核日期 ||		批准人及签发日期			
备 注 ||					

13.2.5 报告格式2

××××检测单位

检测报告

工程名称		建设单位		施工单位	
监理单位		产品名称		检测时机	
检测项目		厚度		规格	
表面状态		仪器型号		探头型号	
试块种类		耦合剂		检测面	
探头类型		扫描线调节		灵敏度试块	
表面补偿		扫查方式		检测日期	
检测标准		检测比例		合格级别	

缺陷序号	X (mm)	Y (mm)	H (mm)	L (mm)	SF/BF (%)	A_{max} 4±dB	评定级别	备注

示意图：

检测结论			
检测人员		编制人员	
审核人及审核日期		批准人及签发日期	
备　　注			

复核：　　　　　　　　　　　　　　　　　　　　　　　　　检验(测)：

13.2.6 报告格式2

××××检测单位
检测报告

报告编号： 　　　　　　　　　　　　　　　　　委托编号：

工程名称		检测项目 名　　称	
委托单位		施工单位	
建设单位		抽样比例	
主体材质		数量	
检测部位		磁化方法	
磁粉施加 方法		磁化电流	
磁粉类型		检测时机	
执行标准 和级别		标准试片	
见证单位		检测日期	
检测概况			
检测结论			
检测人员		编制人员	
审核人及 审核日期		批准人及 签发日期	
备　　注			

13.2.7 报告格式3

××××检测单位
检测报告

报告编号：　　　　　　　　　　　　　　　　　　　委托编号：

工程名称		检测项目名　称	
委托单位		施工单位	
建设单位		抽样比例	
主体材质		数量	
渗透剂型号		表面状况	
清洗剂型号		环境温度	
显像剂型号		对比试块	
渗透时间		显像时间	
检测标准		检测日期	

检测结果评定表

区段编号	缺陷位置	缺陷痕迹尺寸（mm）	缺陷性质	评定

检测人员		编制人员	
审核人及审核日期		批准人及签发日期	
备　注			

13.2.8 报告格式1

××××检测单位

报告编号：　　　　　　　　　　　　　　　　　　　　委托编号：

工程名称		检测项目 名　称	
委托单位		施工单位	
建设单位		抽样比例	
射线源名称/型号		射线能量	
射线强度		曝光时间	
透照方式		胶片规格	
像质计类型		像质指数	
检测时机		有效评定长度	
执行标准 和级别		透照厚度(mm)	
见证单位		检测日期	
检测概况			
检测结论			
检测人员		编制人员	
审核人及 审核日期		批准人及 签发日期	
备　　注			

13.2.9 报告格式 2

××××检测单位

检测报告

报告编号：　　　　　　　　　　　　　　　　　　委托编号：

工程名称		检测项目 名　称	
委托单位		施工单位	
建设单位		监理单位	
焊缝类型		抽样比例	
表面状态 和补偿		厚度	
检测时机		主体 材质	
探头规格		耦合剂	
检测灵敏度		试块	
执行标准 和级别		检测地点	
见证单位		检测日期	
检测概况			
检测结论			
检测人员		编制人员	
审核人及 审核日期		批准人及 签发日期	
备　注			

13.2.10 报告格式 1

××××检测单位
检测报告

报告编号：　　　　　　　　　　　　　　　　　委托编号：

工程名称		检测项目 名　　称	
委托单位		生产厂家	
建设单位		送样、抽样日期	
设计单位		抽样比例	
施工单位		抽样地点	
见证单位		样品状态、 特性描述	
见证人员 及编号		检测数量	
检测地点(实 验室内、外)		检测日期	
检测及评定依据			
检测使用主要 仪器设备及编号			
检测结论			
检测人员		编制人员	
审核人及 审核日期		批准人及 签发日期	
备　　注			

附录 14.1 原始记录表

附表 14 - 1 常规尺寸及位置检测(直接测量法)

工程名称				编号	
设备名称				设备编号	
天气情况				检测日期	
检测依据					
序号	尺寸		检测情况		

复核:　　　　　　　　　　　　　　　　　　　　　　　　　　检验(测):

附表 14 - 2 表面缺陷深度记录表

工程名称				编号	
设备名称				设备编号	
天气情况				检测日期	
检测依据					
序号	部位	尺寸	检测情况		

复核:　　　　　　　　　　　　　　　　　　　　　　　　　　检验(测):

附表 14-3　温度、湿度记录表(仪器测定法)

工程名称				编号	
设备名称				设备编号	
检测部位				天气情况	
检测依据				检测日期	
试件名称	测试值 1	测试值 2	测试值 3	测试值 4	平均值
备注					

复核：　　　　　　　　　　　　　　　　　　　　　　　　　　　检验(测)：

附表 14-4　变形、磨损记录表(仪器测定法)

工程名称				编号	
设备名称				设备编号	
天气情况				检测日期	
检测依据					
序号	检测部位	检测项目	测值 1	测值 2	测值 3	平均值	备注

复核：　　　　　　　　　　　　　　　　　　　　　　　　　　　检验(测)：

工程名称					编号			
天气情况					测试日期			
待检设备信息	设备型号				制造厂			
	出厂编号				测量场所			
检测设备及编号								
检测依据								
测点	1			2			3		
测量方向	X	Y	Z	X	Y	Z	X	Y	Z
流量值(m³/h)	振动速度均方根值(mm/s)								
备注									

复核：　　　　　　　　　　　　　　　　　　　　　　　检验(测)：

附表 14-6 振动振幅、角度记录表

工程名称					编号		
设备名称					设备编号		
天气情况					检测日期		
检测依据							
序号	检测部位	检测项目	测值 1	测值 2	测值 3	平均值	备注

复核：　　　　　　　　　　　　　　　　　　　　　　　　　检验(测)：

附表 14-7 橡胶硬度记录表(仪器测定法)

工程名称			编号	
设备名称			设备编号	
检测部位			天气情况	
检测依据			检测日期	
试验位置	硬度值	完全接触后读数时间(s)	备注	
备注				

复核：　　　　　　　　　　　　　　　　　　　　　　　　　检验(测)：

附表 14-8 水压试验记录表

工程名称		编号	
设备名称		设备编号	
检测部位		天气情况	
检测依据		检测日期	
管材试验参数			
管径（mm）		管材	接口种类
试验段长度（mm）		工作压力（MPa）	试验压力（MPa）
管材试验加压过程（加压至最大试验压力）			
加压次数	加压量（MPa）	维持时间	压力表指针变化情况
1		30 min	
2		30 min	
3		30 min	
4		30 min	
管材试验减压过程（减压至工作压力）			
1	减压量（MPa）	维持时间	压力表指针变化情况
外观			
评语	强度试验	严密性试验	
备注			

复核：
检验（测）：

附录 14.2 检测报告格式

14.2.1 报告格式

××××检测单位

检测报告

报告编号：   委托编号：

工程名称		检测项目名　　称	
委托单位		生产厂家	
建设单位		送样、抽样日期	
设计单位		抽样比例	
施工单位		抽样地点	
见证单位		样品状态、特性描述	
见证人员及编号		检测数量	
检测地点（实验室内、外）		检测日期	
检测及评定依据			
外观情况描述			
检测结论			
检测人员		编制人员	
审核人及审核日期		批准人及签发日期	
备　　注			

附录 15.1 原始记录表

附表 15-1 电气检测(仪器测定法)

工程名称			编号	
天气情况			测试日期	
待检设备信息	设备名称		设备型号	
	额定电压		额定电流	
	接线方式		绝缘等级	
	额定功率		频率	
	生产单位		出厂日期	
检测设备及编号				
检测依据				

试验项目

运行状况	电压(V)			电流(A)		
	U_{ab}	U_{bc}	U_{ca}	I_a	I_b	I_c
提升						
下降						
备注						

复核: 检验(测):

工程名称					编号		
天气情况					测试日期		
检测设备及编号							
检测依据							
工况 检测项目	1			2		3	
	水头（m）			水头（m）		水头（m）	
最大启门力（kN）							
最大闭门力（kN）							
最大持住力（kN）							
启闭力过程线							
备注							

复核：　　　　　　　　　　　　　　　　　　　　　　　　检验（测）：

工程名称			编号	
设备名称			设备编号	
天气情况			检测日期	
检测依据				
制绳单位				
检测构件			安装日期	
钢丝绳捻向 （右旋/左旋）			捻制种类 （交互捻/同向捻）	
质量 （不镀锌/镀锌）			绳芯类型 （钢的/天然或合成织物的/混合的）	
绳长（m）			抗拉强度级别	
公称直径（mm）			实测直径（mm）	
绳端固定形式			实测时承受荷载（kN）	

可见断丝数	外部钢丝 的磨损	锈蚀	绳径减小	测量位置	总体评价	损坏和变形
6d 长度内	损伤程度	损伤程度	%		损伤程度	特征
其他观察结果						
检测结论						
备注：	损伤程度应记述：轻度、中度、重度、极重或报废。					

复核：　　　　　　　　　　　　　　　　　　　　　　　　检验（测）：

附表 15 - 4　里氏硬度检测记录表

工程名称				编号	
设备名称				设备编号	
检测部位				天气情况	
检测依据				检测日期	
试件名称	冲击装置	冲击能量	球头	精度	测量方向
次数	冲击体回弹速度 v_R	冲击体回弹速度 v_A	里氏硬度 HL		
1					
2					
3					
4					
5					
6					
7					
8					
平均值					
备注					

复核：　　　　　　　　　　　　　　　　　　　　　　　　　　　　检验(测)：

附表 15 - 5　上拱度、上翘度、挠度检测记录表

工程名称				编号		
设备名称				设备编号		
基点高程(mm)				天气情况		
检测依据				检测日期		
	第一次		第二次			平均值(mm)
测点	标尺读数	高程(mm)	测点	标尺读数	高程(mm)	
1			1			
2			2			
3			3			
4			4			
5			5			
6			6			
7			7			
8			8			
9			9			
10			10			
测量图示						

复核：　　　　　　　　　　　　　　　　　　　　　　　　　　　　检验(测)：

附表 15-6 油液运动粘度检测记录表

工程名称				编号	
设备名称				设备编号	
检测部位				天气情况	
检测依据				检测日期	
检测项目	数值			平均值	
试验油温					
过滤精度					
污染度					
试验用压表精度					
油液运动粘度					
备注					

复核：   检验(测)：

附表 15 - 7　表面粗糙度记录表

工程名称												编号：	
设备名称								设备编号					
检测构件								天气情况					
检测依据								检测日期					
检测部位	检测值（μm）											平均值（μm）	备注
	1	2	3	4	5	6	7	8	9	10			

复核：　　　　　　　　　　　　　　　　　　　　　　　检验（测）：

附表 15－8　整机运行试验记录表

工程名称			编号	
设备名称			设备编号	
检测构件			天气情况	
检测依据			检测日期	
检 测 结 果				
检测项目	技术要求		检测结果	判定
整机无载荷运行试验（全行程内往返 3 次）	电动机	三相电流不平衡度不超过 10%		
	电气设备	无异常发热现象		
	主令开关	启闭机运行到行程的上下极限位置，主令开关能发出信号并自动切断电源，使启闭机停止运转		
	机械部件	无冲击声及其他异常声音，钢丝绳在任何部位不与其他部件相摩擦		
	运转噪声	—		
	制动闸瓦	松闸时全部打开，闸瓦与制动轮间隙符合 0.5～1.0 mm 的要求		
	轴承和齿轮	润滑良好，轴承温度不超过 65℃		
备　注	1. 电动机三相电流不平衡度根据电气检测部分所测三相电流计算，不平衡度 ＝ ｜$I_{单项}$ － $I_{平均}$｜$_{max}$ ÷ $I_{平均}$×100%； 2. 闸瓦与制动轮间隙采用塞尺测量，每块瓦上、中、下各测 1 个点，共计 6 个测点； 3. 轴承温度采用红外测温仪进行测量，全行程内运行往返一次测量一次，共计 3 次。			

复核：

检验（测）：

工程名称			编号	
设备名称			设备编号	
检测构件			天气情况	
检测依据			检测日期	
检 测 结 果				
检测项目		技术要求	检测结果	判定
载荷试验（带闸门运行）	电动机	三相电流不平衡度不超过 10%		
	电气设备	无异常发热现象,所有保护装置和信号准确可靠		
	机械部件	无冲击声,开式齿轮啮和状态良好		
	运转噪声	机构应动作灵活,所有机械零部件在运转时不应有冲击和其他异常声音		
	制动器	制动时无打滑、焦味和冒烟现象		
	机构各部分	无破裂、永久变形、连接松动或破坏		
备　注		电动机三相电流不平衡度根据电气检测部分所测三相电流计算,不平衡度 $= \mid I_{单项} - I_{平均} \mid _{max} \div I_{平均} \times 100\%$。		

复核：

检验(测)：

附录 15.2 检测报告格式

15.2.1 报告格式

×××× 检测单位
检测报告

报告编号： 委托编号：

工程名称		检测项目名称	
委托单位		生产厂家	
建设单位		送样、抽样日期	
设计单位		抽样比例	
施工单位		抽样地点	
见证单位		样品状态、特性描述	
见证人员及编号		检测数量	
检测地点（实验室内、外）		检测日期	
检测及评定依据			
外观情况描述			
检测结论			
检测人员		编制人员	
审核人及审核日期		批准人及签发日期	
备　　注			

附录 16.1 水力机械原始记录表

附表 16-1 流量试验记录表(流速仪法)

工程名称			编号	
设备名称			设备编号	
检测部位			天气情况	
检测依据			检测日期	
采样时间	流速	截面积	流量	备注
流速仪布置图				

复核: 检验(测):

附表 16－2　水头(液位)试验记录表

工程名称			编号	
设备名称			设备编号	
检测部位			天气情况	
检测依据			检测日期	
序号	上水位	下水位	水头	备注

复核：　　　　　　　　　　　　　　　　　　　　　　　　检验(测)：

附表 16-3　温度试验记录表

工程名称				编号	
设备名称				设备编号	
检测部位				天气情况	
检测依据				检测日期	
测点名称	测试值 1(℃)	测试值 2(℃)	测试值 3(℃)	测试值 4(℃)	平均值(℃)
备注					

复核：　　　　　　　　　　　　　　　　　　　　　　　　　检验(测)：

附表 16-4　压力脉动试验记录表

工程名称				编号		
设备名称				设备编号		
检测部位				天气情况		
检测依据				检测日期		
序号	测试部位	测试值 1	测试值 2	测试值 3	测试值 4	测试值 5	备注
压力脉动情况记录						

复核：　　　　　　　　　　　　　　　　　　　　　　　　　检验(测)：

工程名称			编号	
设备名称			设备编号	
检测部位			天气情况	
检测依据			检测日期	
序号	测试 1	测试 2	测试值	备注
气蚀情况记录				

复核：　　　　　　　　　　　　　　　　　　　　　　　　　　　检验（测）：

附表 16－6　磨损试验记录表

工程名称			编号	
设备名称			设备编号	
检测部位			天气情况	
检测依据			检测日期	
序号	测试 1	测试 2	测试值	备注
磨损情况记录				

复核：　　　　　　　　　　　　　　　　　　　　　　　　　　　检验（测）：

附表 16－7　含砂量试验记录表

工程名称			编号	
设备名称			设备编号	
检测部位			天气情况	
检测依据			检测日期	
序号	样品容积(m³)	砂质量(g)	含砂量(kg/m³或 g/m³)	备注

复核：　　　　　　　　　　　　　　　　　　　　　　　　检验(测)：

附表 16－8　轴功率记录表(应变片法)

工程名称		编号	
设备名称		设备编号	
检测部位		天气情况	
检测依据		检测日期	
编号	测试仪表读数	备注	
备注			

复核：　　　　　　　　　　　　　　　　　　　　　　　　检验(测)：

附表 16 – 9　轴功率记录表(扭矩测功法)

工程名称		编号	
设备名称		设备编号	
检测部位		天气情况	
检测依据		检测日期	
编号	转速	扭矩仪读数	备注
备注			

复核：　　　　　　　　　　　　　　　　　　　　　　　　　　检验(测)：

附表 16 – 10　效率记录表(间接法)

工程名称				编号	
设备名称				设备编号	
检测部位				天气情况	
检测依据				检测日期	
编号	比能	流量	扬程	机械功率	备注
备注					

复核：　　　　　　　　　　　　　　　　　　　　　　　　　　检验(测)：

附表 16 - 11　转速记录表(间接法)

工程名称		编号	
设备名称		设备编号	
检测部位		天气情况	
检测依据		检测日期	
编号	频率表读数	备注	
备注			

复核:　　　　　　　　　　　　　　　　　　　　　　检验(测):

附表 16 - 12　转速记录表(直接法)

工程名称		编号	
设备名称		设备编号	
检测部位		天气情况	
检测依据		检测日期	
编号	转速		备注
备注			

复核:　　　　　　　　　　　　　　　　　　　　　　检验(测):

附表 16－13　泵的噪声测试记录表(声功率级)

工程名称		编号	
设备名称		设备编号	
检测部位		天气情况	
检测依据		检测日期	

测点编号	泵的噪声			标准声源	
	背景噪声	读数值	测定值	读数值	测定值
1					
2					
3					
4					
5					
6					
7					
8					
9					
10					
14					
15					
16					
17					
18					
19					
工况					

复核：　　　　　　　　　　　　　　　　　　　　　　检验(测)：

附表 16-14 几何尺寸、形位公差试验记录表

工程名称							编号		
设备名称							设备编号		
检测部位							天气情况		
检测依据							检测日期		
序号	检测部位	几何测试值1	几何测试值2	几何测试值3	几何测试值4	几何测试值5	平均值	设计值	公差
几何尺寸及形位公差情况记录									

复核：   检验(测)：

附表 16－15　粗糙度试验记录表

工程名称						编号	
设备名称						设备编号	
检测部位						天气情况	
检测依据						检测日期	
序号	测试值 1	测试值 2	测试值 3	测试值 4	测试值 5	平均值	备注
粗糙度情况记录							

复核：

检验（测）：

工程名称				编号		
设备名称				设备编号		
检测部位				天气情况		
检测依据				检测日期		
序号	测试值 1	测试值 2	测试值 3	测试值 4	测试值 5	平均值	备注
硬度情况记录							

复核：

检验(测)：

附表 16－17 振动测试原始记录表

工程名称							编号				
设备名称							设备编号				
测点位置							检测日期				
检测依据											
工况	加速度（文件保存位置）			速度（文件保存位置）			位移（文件保存位置）				
	X	Y	Z	X	Y	Z	X	Y	Z		
测点位置示意图											
备注：											

复核：   检验（测）：

附录 16.2 检测报告格式

16.2.1 （文字型检测报告内容）

××××工程名称

（检测项目）质量检测报告

1. 工程概况

　　包含该工程的基本情况、各参建单位、委托单位、检测时间等信息。

2. 检测项目、数量及依据

2.1 检测项目及数量

2.2 检测依据

3. 检测仪器及设备

　　包含检测所用仪器设备名称、型号、检定有效期、检定证书号等信息。

4. 检测方法

5. 检测结果

6. 结论

附件或附图

附录 17.1 电气设备原始记录表

附表 17－1 电压测量试验记录表(×××法)

工程名称			编号	
设备名称			设备编号	
测量仪器			天气情况	
设备描述			检测日期	
检测依据				
设备编号	检测部位	电压(V)		
设备说明及备注				

复核：   检验(测)：

附表 17－2 电流测量试验记录表(×××法)

工程名称			编号	
设备名称			设备编号	
测量仪器			天气情况	
设备描述			检测日期	
检测依据				
设备编号	检测部位	电流(A)		
设备说明及备注				

复核：   检验(测)：

附表 17 - 3　频率测量试验记录表(×××法)

工程名称			编号	
设备名称			设备编号	
测量仪器			天气情况	
设备描述			检测日期	
检测依据				
设备编号	检测部位		频率(Hz)	
设备说明及备注				

复核：　　　　　　　　　　　　　　　　　　　　　　　　　　　　　检验(测)：

附表 17 - 4　直流电阻测量试验记录表(×××法)

工程名称			编号	
设备名称			设备编号	
测量仪器			天气情况	
设备描述			检测日期	
检测依据				
设备编号	检测部位		电阻(Ω)	
设备说明及备注				

复核：　　　　　　　　　　　　　　　　　　　　　　　　　　　　　检验(测)：

附表 17－5　绝缘测量试验记录表(×××法)

工程名称				编号	
设备名称				设备编号	
测量仪器				天气情况	
设备描述				检测日期	
检测依据					
设备编号	检测部位		绝缘电阻	吸收比	极化指数
设备说明及备注					

复核：　　　　　　　　　　　　　　　　　　　　　　　　检验(测)：

附表 17－6　相位检查记录表

工程名称			编号	
测量仪器			测量仪器编号	
被测设备			设备编号	
设备描述			检测日期	
检测依据				

1. 相序(色)检查

技术要求	与电网一致	检查结果	

2. 相位差检查

相别		相位差(°)	
相别		相位差(°)	
相别		相位差(°)	
相别		相位差(°)	
设备说明及备注			

复核：　　　　　　　　　　　　　　　　　　　　　　　　检验(测)：

工程名称			编号	
设备名称			设备编号	
测量仪器			天气情况	
设备描述			检测日期	
检测依据				
设备编号	检测部位	试验电压	试验频率	被试品状况
设备说明及备注				

复核：　　　　　　　　　　　　　　　　　　　　　　　　　检验(测)：

附表 17－8　局部放电试验记录表

工程名称			编号	
设备名称			设备编号	
测量仪器			天气情况	
设备描述			检测日期	
检测依据				
检测部位	试验电压		局放量	检测结论
设备说明及备注				

复核：　　　　　　　　　　　　　　　　　　　　　　　　　检验(测)：

工程名称							编号		
设备名称							设备编号		
取样部位							天气情况		
样品描述							检测日期		
检测依据									

试　样　编　号					
序号	项目				
1	外状				
2	水溶性酸(pH 值)				
3	酸值 mg KOH/g				
4	闪点(闭口℃)				
5	水分(mg/L)				
6	界面张力(25℃)(mN/m)				
7	介质损耗因数 $\tan\delta$(%)				
8	击穿电压				
9	体积电阻率(90℃)($\Omega\cdot m$)				
10	油气中含气量(%)(体积分数)				
11	油泥与沉淀物(%)(质量分数)				
12	油中溶解气体组分含量色谱分析				
试　样　说　明　及　备　注					

复核：　　　　　　　　　　　　　　　　　　　　　　　　　检验(测)：

工程名称						编号	
设备名称						设备编号	
测量仪器						当地污染等级	
设备描述						检测日期	
检测依据							

端子	分接	试验项目	试验电压 kV	波形	过零系数(%)	波形号
C		LI				
		LIC				
		LI				
B		LI				
		LIC				
		LI				
A		LI				
		LIC				
		LI				
O		LI				
		LIC				
		LI				

复核：　　　　　　　　　　　　　　　　　　　　　　　　检验(测)：

附表 17 - 11　热延伸试验记录表

工程名称						编号	
设备名称						设备编号	
取样地点						环境温度	
样品描述						检测日期	
检测依据							

试　样　编　号					
取　样　部　位					
片　　　号					
试片厚度	mm				
第一次记录的标记间距离	mm				
第二次记录的标记间距离	mm				
伸长距离	mm				
平均伸长距离	mm				
试样说明及备注					

复核：　　　　　　　　　　　　　　　　　　　　　　　　检验(测)：

工程名称			编号	
设备名称			设备编号	
测量仪器			天气情况	
设备描述			检测日期	
检测依据				
设备编号	接线方式	测量部位	tan δ	
1	正接线			
	反接线			
2	正接线			
	反接线			
3	正接线			
	反接线			
4	正接线			
	反接线			
5	正接线			
	反接线			
6	正接线			
	反接线			
设备说明及备注				

复核：　　　　　　　　　　　　　　　　　　　　　　　　　检验（测）：

附表 17－13　电气间隙和爬电距离测量试验记录表

工程名称			编号	
设备名称			设备编号	
测量仪器			当地污染等级	
设备描述			检测日期	
检测依据				
设备编号	检测部位	电气间隙	爬电距离	被试品状况
设备说明及备注				

复核：　　　　　　　　　　　　　　　　　　　　　　　　　检验（测）：

工程名称							编号			
设备名称							设备编号			
测量仪器							天气情况			
设备描述							检测日期			
检测依据										
标准表 指示数	被试表 指示数			绝对误差	基本允许误差	标准表				
	向下	向上	平均			名称	型号	精密等级	测量范围	
设备说明及备注										

复核： 　　　　　　　　　　　　　　　　　　　　　　检验（测）：

附表 17－15 避雷器电导电流及非线性系数测量试验记录表

工程名称					编号	
设备名称					设备编号	
测量仪器					天气情况	
设备描述					检测日期	
检测依据			额定电压			
设备编号	试验电压	试验电压下电导电流大小	0.5 倍试验电压下电导电流大小	α 值	被试品状况	
设备说明及备注						

复核： 　　　　　　　　　　　　　　　　　　　　　　检验（测）：

附录 17.2 检测报告格式

17.2.1 电压测量试验报告

××××检测单位
检测报告

委托编号：

检验类别：　　　　　　　　第 1 页 共 1 页　　　报告编号：

委托单位				委托日期	
设备名称				检测日期	
设备地址				报告日期	
生产厂家				设备型号	
设计要求			检测设备		
设备编号	测量部位	检测日天气	电压(V)		检测结论

检测单位		检测人/证书号	
见证单位		见证人/证书号	
检测方法		评定依据	
说明	1. 未经本检测机构批准,复制本检测报告无效。 2. 非本试验室抽取的样品检测,本试验室仅对来样的检测数据负责。		
检测机构信息	1. 检测机构地址： 2. 联系电话：　　　　　　　　3. 邮编：		
备注			

检测机构专用章：　　　　批准人：　　　　审核：　　　　检测：

17.2.2 电流测量试验报告

××××检测单位

检测报告

委托单位		委托日期	
设备名称		检测日期	
设备地址		报告日期	
生产厂家		设备型号	
设计要求		检测设备	

设备编号	测量部位	检测日天气	电流（A）	检测结论

检测单位		检测人/证书号	
见证单位		见证人/证书号	
检测方法		评定依据	
说明	1. 未经本检测机构批准，复制本检测报告无效。 2. 非本试验室抽取的样品检测，本试验室仅对来样的检测数据负责。		
检测机构信息	1. 检测机构地址： 2. 联系电话：　　　　　　　　3. 邮编：		
备注			

检测机构专用章：　　　　批准人：　　　　审核：　　　　检测：

17.2.3 频率测量试验报告

×××× 检测单位

检测报告

委托编号：

检验类别：　　　　　　　　第 1 页 共 1 页　　　　　报告编号：

委托单位			委托日期	
设备名称			检测日期	
设备地址			报告日期	
生产厂家			设备型号	
设计要求		检测设备		
设备编号	测量部位	检测日天气	频率（Hz）	检测结论

检测单位		检测人/证书号	
见证单位		见证人/证书号	
检测方法		评定依据	
说明	1. 未经本检测机构批准,复制本检测报告无效。 2. 非本试验室抽取的样品检测,本试验室仅对来样的检测数据负责。		
检测机构 信息	1. 检测机构地址： 2. 联系电话：　　　　　　　　3. 邮编：		
备注			

检测机构专用章：　　　　　批准人：　　　　　　审核：　　　　　检测：

17.2.4 直流电阻测量试验报告

×××× 检测单位

检测报告

检验类别：　　　　　　　　　第 1 页 共 1 页　　　　委托编号：

报告编号：

委托单位					委托日期	
设备名称					检测日期	
设备地址					报告日期	
生产厂家					设备型号	
设计要求				检测设备		
设备编号	测量部位	检测日天气		电阻（Ω）		检测结论

检测单位		检测人/证书号	
见证单位		见证人/证书号	
检测方法		评定依据	
说明	1. 未经本检测机构批准，复制本检测报告无效。 2. 非本试验室抽取的样品检测，本试验室仅对来样的检测数据负责。		
检测机构 信息	1. 检测机构地址： 2. 联系电话：　　　　　　　　3. 邮编：		
备注			

检测机构专用章：　　　　　　批准人：　　　　　审核：　　　　检测：

17.2.5 绝缘测量试验报告

××××检测单位

检测报告

委托编号：

检验类别：　　　　　　　　第 1 页 共 1 页　　　　报告编号：

委托单位			委托日期	
设备名称			检测日期	
设备地址			报告日期	
生产厂家			设备型号	
设计要求			检测设备	

设备编号	测量部位	检测日天气	绝缘电阻	吸收比	极化指数	检测结论

检测单位		检测人/证书号	
见证单位		见证人/证书号	
检测方法		评定依据	
说明	1. 未经本检测机构批准，复制本检测报告无效。 2. 非本试验室抽取的样品检测，本试验室仅对来样的检测数据负责。		
检测机构信息	1. 检测机构地址： 2. 联系电话：　　　　　　　3. 邮编：		
备注			

检测机构专用章：　　　　　批准人：　　　　　审核：　　　　　检测：

17.2.6 相位检查报告

×××检测单位

检测报告

检验类别：　　　　　　　　　　第 1 页 共 1 页

委托编号：

报告编号：

委托单位				委托日期	
设备名称				检测日期	
设备地址				报告日期	
生产厂家				设备型号	
设计要求			检测设备		
设备编号	测量部位	检测日天气	检测值		检测结论

检测单位		检测人/证书号	
见证单位		见证人/证书号	
检测方法		评定依据	
说明	1. 未经本检测机构批准，复制本检测报告无效。 2. 非本试验室抽取的样品检测，本试验室仅对来样的检测数据负责。		
检测机构信息	1. 检测机构地址： 2. 联系电话：　　　　　　　　3. 邮编：		
备注			

检测机构专用章：　　　　批准人：　　　　审核：　　　　检测：

17.2.7 交流工频耐压测量试验报告

××××检测单位

委托单位		委托日期	
设备名称		检测日期	
设备地址		报告日期	
生产厂家		设备型号	
设计要求		检测设备	

设备编号	测量部位	检测日天气	试验电压	试验频率	被试品状况	检测结论

检测单位		检测人/证书号	
见证单位		见证人/证书号	
检测方法		评定依据	
说明	1. 未经本检测机构批准，复制本检测报告无效。 2. 非本试验室抽取的样品检测，本试验室仅对来样的检测数据负责。		
检测机构信息	1. 检测机构地址： 2. 联系电话：　　　　　　　　3. 邮编：		
备注			

检测机构专用章：　　　　批准人：　　　　审核：　　　　检测：

17.2.8 局部放电试验报告

××××检测单位

检验类别：　　　　　　　　　　　第 1 页 共 1 页　　　　委托编号：

报告编号：

委托单位				委托日期	
设备名称				检测日期	
设备地址				报告日期	
生产厂家				设备型号	
设计要求			检测设备		

检测部位	试验电压	局放量	检测结论

检测单位		检测人/证书号	
见证单位		见证人/证书号	
检测方法		评定依据	
说明	1. 未经本检测机构批准，复制本检测报告无效。 2. 非本试验室抽取的样品检测，本试验室仅对来样的检测数据负责。		
检测机构 信息	1. 检测机构地址： 2. 联系电话：　　　　　　　3. 邮编：		
备注			

检测机构专用章：　　　　　批准人：　　　　　审核：　　　　检测：

17.2.9 绝缘油性能试验检测报告

××××检测单位
检测报告

检验类别：　　　　　　　　第 1 页 共 1 页　　　　　　报告编号：

委托单位		委托日期	
工程名称		检测日期	
工程地址		报告日期	
施工单位		样品规格	
设计要求	绝缘油种类	使用时长	
样品编号			

序号	项目			
1	外状			
2	水溶性酸(pH 值)			
3	酸值 mgKOH/g			
4	闪点(闭口℃)			
5	水分(mg/L)			
6	界面张力(25℃)(mN/m)			
7	介质损耗因数 $\tan\delta$(%)			
8	击穿电压			
9	体积电阻率(90℃)(Ω·m)			
10	油气中含气量(%)(体积分数)			
11	油泥与沉淀物(%)(质量分数)			
12	油中溶解气体组分含量色谱分析			
	检测结论			

取样单位		取样人/证书号	
见证单位		见证人/证书号	
检测方法		评定依据	
说明	1. 未经本检测机构批准,复制本检测报告无效。 2. 非本试验室抽取的样品检测,本试验室仅对来样的检测数据负责。		
检测机构 信息	1. 检测机构地址： 2. 联系电话：　　　　　　　3. 邮编：		
备注			

检测机构专用章：　　　　批准人：　　　　　审核：　　　　检测：

17.2.10 变压器额定电压冲击合闸试验报告

××××检测单位
检测报告

委托编号：

检验类别：   报告编号：

委托单位		委托日期	
设备名称		检测日期	
设备地址		报告日期	
生产厂家		设备型号	
设计要求		检测设备	

端子	分接	试验项目	试验电压 kV	波形	过零系数	波形号

检测单位		检测人/证书号	
见证单位		见证人/证书号	
检测方法		评定依据	
说明	1. 未经本检测机构批准，复制本检测报告无效。 2. 非本试验室抽取的样品检测，本试验室仅对来样的检测数据负责。		
检测机构信息	1. 检测机构地址： 2. 联系电话： 3. 邮编：		
备注			

检测机构专用章：   批准人：   审核：   检测：

17.2.11 热延伸试验报告

××××检测单位

检测报告

委托单位				委托日期	
工程名称				检测日期	
工程地址				报告日期	
施工单位				样品规格	
设计要求			材料种类	夯实方法	
样品编号	取样部位	试片厚度	检测日期	伸长距离	检测结论

取样单位		取样人/证书号	
见证单位		见证人/证书号	
检测方法		评定依据	
说明	1. 未经本检测机构批准，复制本检测报告无效。 2. 非本试验室抽取的样品检测，本试验室仅对来样的检测数据负责。		
检测机构信息	1. 检测机构地址： 2. 联系电话：　　　　　　　　　　3. 邮编：		
备注			

检测机构专用章：　　　　批准人：　　　　审核：　　　　检测：

17.2.12 介质损耗因数 $\tan\delta$ 试验报告

××××检测单位

检验类别：　　　　　　　　　　　第 1 页 共 1 页　　　　　报告编号：

委托单位					委托日期	
设备名称					检测日期	
设备地址					报告日期	
生产厂家					设备型号	
设计要求				检测设备		

设备编号	测量部位	检测日天气	接线方式	检测日期	$\tan\delta$	检测结论

检测单位		检测人/证书号	
见证单位		见证人/证书号	
检测方法		评定依据	
说明	1. 未经本检测机构批准，复制本检测报告无效。 2. 非本试验室抽取的样品检测，本试验室仅对来样的检测数据负责。		
检测机构信息	1. 检测机构地址： 2. 联系电话：　　　　　　　　3. 邮编：		
备注			

检测机构专用章：　　　　批准人：　　　　审核：　　　　检测：

17.2.13 电气间隙和爬电距离测量试验报告

××××检测单位

检测报告

委托编号：

检验类别：　　　　　　　　第 1 页 共 1 页　　　　　报告编号：

委托单位					委托日期	
设备名称					检测日期	
设备地址					报告日期	
生产厂家					设备型号	
设计要求				检测设备		
设备编号	测量部位	电气间隙	爬电距离	被试品状况		检测结论

检测单位		检测人/证书号	
见证单位		见证人/证书号	
检测方法		评定依据	
说明	1. 未经本检测机构批准,复制本检测报告无效。 2. 非本试验室抽取的样品检测,本试验室仅对来样的检测数据负责。		
检测机构信息	1. 检测机构地址： 2. 联系电话：　　　　　　　　3. 邮编：		
备注			

检测机构专用章：　　　　　批准人：　　　　　审核：　　　　　检测：

17.2.14 电工仪表校验报告

××××检测单位

检测报告

委托编号：

检验类别： 报告编号：

委托单位				委托日期	
设备名称				检测日期	
设备地址				报告日期	
生产厂家				设备型号	
设计要求			检测设备		

设备编号	标准表指示数	被试表指示数	绝对误差	基本允许误差	检测结论

检测单位		检测人/证书号	
见证单位		见证人/证书号	
检测方法		评定依据	
说明	1. 未经本检测机构批准,复制本检测报告无效。 2. 非本试验室抽取的样品检测,本试验室仅对来样的检测数据负责。		
检测机构信息	1. 检测机构地址： 2. 联系电话：　　　　　　　　3. 邮编：		
备注			

检测机构专用章：　　　　　批准人：　　　　　审核：　　　　　检测：

17.2.15 避雷器电导电流及非线性系数测量试验报告

××××检测单位
检测报告

检验类别：　　　　　　　　　　　第 1 页 共 1 页　　　

委托单位		委托日期	
设备名称		检测日期	
设备地址		报告日期	
生产厂家		设备型号	
设计要求		检测设备	

设备编号	检测日天气	试验电压	电导电流大小	α 值	被试品状况	检测结论

检测单位		检测人/证书号	
见证单位		见证人/证书号	
检测方法		评定依据	
说明	1. 未经本检测机构批准,复制本检测报告无效。 2. 非本试验室抽取的样品检测,本试验室仅对来样的检测数据负责。		
检测机构信息	1. 检测机构地址： 2. 联系电话：　　　　　　3. 邮编：		
备注			

检测机构专用章：　　　　批准人：　　　　审核：　　　检测：

附录 18　量测类原始记录表

附表 18－1　一、二等水准测量记录表

工程名称						编号			
设备名称						设备编号			
测自～至						天气情况			
检测依据						测试日期			

测站编号	后尺 上丝 / 下丝 后距 视距差 d	前尺 上丝 / 下丝 前距 Σd	方及尺向号	标尺读数 主尺	标尺读数 辅尺	K＋主减辅	高差中数	高程	备注
			后						
			前						
			后—前						
			后						
			前						
			后—前						
			后						
			前						
			后—前						
			后						
			前						
			后—前						
			后						
			前						
			后—前						
			后						
			前						
			后—前						
			后						
			前						
			后—前						
			后						
			前						
			后—前						
			后						
			前						
			后—前						
			后						
			前						
			后—前						

观测：　　　　　　　记录：　　　　　　　计算：　　　　　　　复核：

附表 18－2　三、四等水准测量记录表

工程名称								编号		
设备名称								设备编号		
测自～至								天气情况		
检测依据								测试日期		

测站编号	后尺 上丝 下丝	前尺 上丝 下丝	方及尺向号	标 尺 读 数		K＋主减红	高差中数	高程	备注
	后 距	前 距		主 尺	辅 尺				
	视距差 d	Σd							
			后						
			前						
			后－前						
			后						
			前						
			后－前						
			后						
			前						
			后－前						
			后						
			前						
			后－前						
			后						
			前						
			后－前						
			后						
			前						
			后－前						
			后						
			前						
			后－前						
			后						
			前						
			后－前						
			后						
			前						
			后－前						
			后						
			前						
			后－前						

观测：　　　　　　记录：　　　　　　计算：　　　　　　复核：

附表 18-3 全站仪高程测量记录表

工程名称					编号	
设备名称					设备编号	
测站高程(m)					天气情况	
检测依据					测试日期	
测点	后视读数	前视读数	高差(m)	高程(m)	间距(m)	累计距(m)	备注(覆盖情况)

测试：　　　　　　　　　　记录：　　　　　　　　　　校核：

附表 18－4 RTK GPS 测量记录表

工程名称			编号	
设备名称			设备编号	
天气情况			测试日期	
检测依据				
测点编号	北坐标 X（m）	东坐标 Y（m）	高程 Z（m）	备注
检测部位略图				

测试：　　　　　　　　　　　　记录：　　　　　　　　　　　　校核：

附表 18-5 C、D、E 级 GPS 测量记录表

工程名称			编号	
设备名称			设备编号	
测试部位			天气情况	
检测依据			测试日期	
点号		点名		图幅编号	
接收机名称及编号		天线类型及其编号		存储介质编号数据文件名	
近似纬度		近似经度		近似高程	
采用间隔		开始记录时间		结束记录时间	

天线高测定	点位略图
测前： 测后： 测定值＿＿＿＿ ＿＿＿＿ 修正值＿＿＿＿ ＿＿＿＿ 天线高＿＿＿＿ ＿＿＿＿ 平均值＿＿＿＿ ＿＿＿＿	

时间（UTC）	跟踪卫星号（PRN）及信噪比	纬度	经度	大地高	备注
记事					

测试：   记录：   校核：

附表 18－6 RTK GPS 测量记录表

工程名称			编号	
设备名称			设备编号	
天气情况			测试日期	
检测依据				
测点编号	北坐标 X（m）	东坐标 Y（m）	高程 Z（m）	备注
检测部位略图				

测试：　　　　　　　　　　记录：　　　　　　　　　　校核：

附表 18－7　纵横轴线测试记录表

工程名称				编号	
设备名称				设备编号	
测试部位				天气情况	
检测依据				测试日期	
测点编号	测回	盘左 X(北坐标)	盘左 Y(东坐标)	盘左 Z(高程)	备注
		盘右 X(北坐标)	盘右 Y(东坐标)	盘右 Z(高程)	
测试部位略图					

测试：　　　　　　　　　记录：　　　　　　　　　校核：

工程名称				编号	
设备名称				设备编号	
测试部位				天气情况	
检测依据				测试日期	
测点编号	测回	盘左 X(北坐标)	盘左 Y(东坐标)	盘左 Z(高程)	备注
		盘右 X(北坐标)	盘右 Y(东坐标)	盘右 Z(高程)	
测试部位略图					

测试：　　　　　　　　　　　记录：　　　　　　　　　　校核：

附表 18-9 结构构件几何尺寸测试记录表

工程名称					编号	
设备名称					设备编号	
测试部位					天气情况	
检测依据					测试日期	
测点编号	测回	盘左 X(北坐标)	盘左 Y(东坐标)	盘左 Z(高程)	备注	
		盘右 X(北坐标)	盘右 Y(东坐标)	盘右 Z(高程)		
测试部位略图						

测试:　　　　　　　　　记录:　　　　　　　　　校核:

附表 18-10　外观尺寸记录表(直接量测)

工程名称							编号:	
设备名称						设备编号		
天气情况						检测日期		
检测依据								
检测对象名称	具体部位	检测值(mm)					平均值（mm）	备注
		1	2	3	4	5		

测试:　　　　　　　　　　记录:　　　　　　　　　　校核:

附表 18－11　测回法测角记录表

工程名称											编号		

设备名称											设备编号		

天气情况											测试日期		

检测依据													

测站	测回	目标	竖盘位置	水平度盘读数			半测回角值			一测回平均角值		
				°	′	″	°	′	″	°	′	″
示意图												

观测：　　　　　　记录：　　　　　　计算：　　　　　　复核：

附表 18-12 全圆方向法水平角观测记录

工程名称		编号	
设备名称		设备编号	
天气情况		测试日期	
检测依据			

测站	测回数	目标	水平度盘读数						2C	盘左盘右平均读数			归零方向值			各测回归零方向平均值		
			盘左			盘右												
			°	′	″	°	′	″	″	°	′	″	°	′	″	°	′	″
示意图																		

观测：　　　　　记录：　　　　　计算：　　　　　复核：

工程名称							编号：	
设备名称						设备编号		
天气情况						检测日期		
检测依据								
检测部位		检测值（m）					坡度	备注
		高程	平距	高差	平距			
	坡顶							
	坡脚							
	坡顶							
	坡脚							
	坡顶							
	坡脚							
	坡顶							
	坡脚							
	坡顶							
	坡脚							
	坡顶							
	坡脚							
	坡顶							
	坡脚							
	坡顶							
	坡脚							

测试：　　　　　　　　　　　记录：　　　　　　　　　　　校核：

工程名称											编号：	
设备名称											设备编号	
天气情况											检测日期	
检测依据												
检测部位	检测值（mm）										最大值（mm）	备注
	1	2	3	4	5	6	7	8	9	10		

测试：　　　　　　　　　记录：　　　　　　　　　校核：

附表 18－15　水平位移（视准线法）测试记录表

工程名称					编号	
设备名称					设备编号	
天气情况					测试日期	
检测依据						
测点编号	测回	正镜		标尺读数 （mm）		备注
		倒镜				
施工工况						

测试：　　　　　　　　　　记录：　　　　　　　　　　校核：

附表 18-16 裂缝测试原始记录表

工程名称					编号：	
设备名称				设备编号		
天气情况				检测日期		
检测依据						

检测部位		检测值（mm）			平均值（mm）	备注
		读数 1	读数 2	读数差		

测试：　　　　　　　　　记录：　　　　　　　　　校核：

附表 18 - 17 倾斜测试记录表

工程名称					编号	
设备名称					设备编号	
天气情况					测试日期	
检测依据						
测点编号	平距(m)	测回	正镜		标尺读数（mm）	备注
			倒镜			
施工工况						

测试：　　　　　　　　　记录：　　　　　　　　　校核：

附表 18－18 容积法渗流量观测记录、计算表

工程名称：							编号：			
设备名称：							设备编号：			
测点编号：							位置：			

日期	第一次			第二次			实测平均流量 L/s	上游水位 $/m$	下游水位 $/m$	备注
	充水时间 s	充水容积 L	实测流量 L/s	充水时间 s	充水容积 L	实测流量 L/s				

观测：　　　　　　　　　　记录、计算：　　　　　　　　　　校核：

工程名称：			编号：		
设备名称：			仪器编号：		
测点编号：			位置：		
日期	堰上水位 H(m)	实测流量 Q(m³/s)	上游水位(m)	下游水位(m)	备注
观测：		记录、计算：		校核：	

注：各类型量水堰应采用标准量水堰，实测流量按式(1)~式(3)计算

(1) 直角三角堰法：

$$Q = 1.4H^{2.5}$$

式中　Q——渗流量(m³/s)；

　　　H——堰上水位(m)，适用范围为 $H=0.03\sim0.25$ m。

当采用其他夹角(如 30°,45°,60°等)的三角形量水堰时，流量系数应重新标定。

(2) 梯形堰法：

$$Q = 1.86bH^{1.5}$$

式中　Q——渗流量(m³/s)；

　　　H——堰上水位(m)；

　　　b——堰口底宽(m)。

(3) 矩形堰法：

$$Q = \omega b\sqrt{2}gH^{1.5}$$

$$\omega = 0.402 + 0.054\frac{H}{P}$$

式中　Q——渗流量(m³/s)；

　　　b——堰宽(m)；

　　　H——堰上水位(m)；

　　　g——重力加速度(m/s²)；

　　　P——堰口至堰槽底的距离(m)。

附表 18－20　测压管水位观测记录、计算表

工程名称：						编号	
设备名称：						设备编号：	
天气情况：						测试日期：	
测点编号：						管口高程：	

日期	管口至管内水面距离（m）			测压管水位（m）	上游水位（m）	下游水位（m）	备注
	一次	二次	均值				

观测：　　　　　　　　　　记录、计算：　　　　　　　　　　校核：

附表 18－21　弦式仪器测试记录表

工程名称		编号	
设备名称		设备编号	
天气情况		测试日期	
检测依据			

测点编号	仪器读数		备注
	频率或模数（　）	温度（℃）	
施工工况			

测试：　　　　　　　　　　记录：　　　　　　　　　　校核：

附表 18－22 差动式仪器测试记录表

工程名称		编号	
设备名称		设备编号	
天气情况		测试日期	
检测依据			

测点编号	仪器读数		备注
	电阻比(0.01%)	电阻(Ω)	
施工工况			

测试：　　　　　　　　　　记录：　　　　　　　　　　校核：

附表 18－23　电阻温度计测试记录表

工程名称			编号	
设备名称			设备编号	
天气情况			测试日期	
检测依据				
测点编号	仪器读数		备注	
	电阻值(Ω)	温度(℃)		
施工工况				

测试：　　　　　　　　　　记录：　　　　　　　　　　校核：

工程名称			编号	
设备名称			设备编号	
天气情况			测试日期	
检测依据				
测点编号	孔口高程(m)	读数(m)	水位高程(m)	备　　注
施工工况				

测试：　　　　　　　　　　记录：　　　　　　　　　　校核：